住房和城乡建设领域职业培训教材

测 量 员

（第二版）

本书主编　巩晓东　白会人

本书编写委员会

（按姓氏笔画排序）

上官子昌　王　健　王洪德　白会人

白雅君　巩晓东　吴　彦　杨　伟

苏永清　周　梅　林志伟　高永新

曹启坤　戴成元

http://www.hustp.com

华中科技大学出版社

中国·武汉

图书在版编目（CIP）数据

测量员 / 巩晓东，白会人主编 . —2 版 . —武汉：华中科技大学出版社，2014.10
（住房和城乡建设领域职业培训教材）
ISBN 978-7-5680-0369-8

Ⅰ.①测… Ⅱ.①巩… ②白… Ⅲ.①建筑测量-职业培训-教材 Ⅳ.①TU198

中国版本图书馆 CIP 数据核字（2014）第 187156 号

住房和城乡建设领域职业培训教材
测量员（第二版）　　　　　　　　　　　　　　巩晓东　白会人　主编

出版发行：华中科技大学出版社（中国·武汉）
地　　址：武汉市武昌珞喻路 1037 号（邮编：430074）
出 版 人：阮海洪

责任编辑：刘之南　　　　　　　　　　　　　　　　　　　　　责任监印：秦　英
责任校对：宁振鹏　　　　　　　　　　　　　　　　　　　　　装帧设计：王亚平

录　　排：北京泽尔文化
印　　刷：北京润田金辉印刷有限公司
开　　本：787 mm×1092 mm　1/16
印　　张：14.5
字　　数：362 千字
版　　次：2014 年 10 月第 2 版第 2 次印刷
定　　价：35.00 元

华中出版

投稿热线：(010) 64155588—8031
本书若有印装质量问题，请向出版社营销中心调换
全国免费服务热线：400－6679－118　竭诚为您服务

内容提要

本书在第一版的基础上，章节略做改动，本书共分为 11 章，分别为概述、建筑工程图的基本知识、水准仪及高程测量、角度观测与经纬仪、距离丈量和直线定向、全站仪及 GPS、小地区控制测量、地形图测绘、建筑施工测量、工程建（构）筑物的变形测量、建筑施工测量工作的管理及实训。

本书可作为建筑施工企业专业管理人员岗位资格培训教材，也可供工业与民用建筑、土建类高、中级职业技术教育教学及建筑施工技术人员参考。

前　言

近年来，我国建筑业发展很快，城镇建设规模日益扩大，建筑施工队伍人员不断增加，建筑工程基层施工组织中的测量员肩负重要的职责。工程项目能否高质量、按期完成，施工现场的基层业务管理人员是最终决定因素，测量员又是其中非常重要的角色，是施工项目能否有序、高效、高质量完成的关键。我国目前从事建筑测量施工的技术力量尚且不足，迫切需要培养建筑测量施工技术管理人才。本书根据建筑施工企业的特点，针对测量员岗位人员实际工作需要编写，注重理论和实践结合，具有适用性、指导性和针对性。

全书共分 11 章，分别为概述、建筑工程图基础知识、水准仪及高程测量、角度观测与经纬仪、距离丈量和直线定向、全站仪及 GPS、小地区控制测量、地形图测绘、建筑施工测量、工程建（构）筑物的变形测量、测量技术管理。

本书自 2009 年出版以来深受广大读者的欢迎，对提高测量员素质和工作水平起到了较好的作用。编者以多年的施工一线经验，对建筑工程测量知识进行了重新组织，参照了各种相关的最新规范，对本书进行了修订，供读者参阅。

由于目前建筑测量施工技术发展迅速，编者的经验和学识有限，加之时间仓促，内容难免有疏漏或未尽之处，敬请专家和读者批评指正。

编者

2014 年 7 月

目　　录

第1章 概　　述

1.1　测量仪器保养

【要　　点】

　　随着国民经济的不断发展,施工技术水平、精度要求及施工机械化、自动化程度提高,对测量工作也有新的要求。作为一名测量人员,不仅要掌握测量仪器,还应熟悉如何保养测量仪器。

【解　　释】

 测量仪器的检定和维修

　　仪器的定期检定应按照《监视和测量装置的控制程序》中的有关规定执行。检定和正常维修费用均由仪器使用单位承担。在仪器检定后的10个月之内,应将属于固定资产仪器的检定证书报工程部备案。对于未能按照要求执行者,工程部可按《管理体系运行奖罚规定》中的有关规定予以处罚。

 测量仪器的停用要求

　　测量仪器检定的有效期到期时,如果没有该监测项目,可申请停用,并由原使用单位填写监测装置停用申请报告,经工程部审批后生效。停用的仪器应由原使用单位保管,以备其他工地需要时调拨。停用的装置再次启用前必须经检定后方可使用。

 完工后,测量仪器的处理方式

　　凡工程完工后,项目经理部的测量仪器经工程部批准以后,首先在本项目经理部进行内部调拨;调拨后剩余的仪器,应由项目经理部负责对其进行检修、保养,包装后就地封存停用,并将封存停用仪器的停用报告报工程部批准,待其他工地需要时再进行调拨。

 测量仪器设备的维护与管理

1) 仪器保存

仪器应在通风、干燥、温度稳定的房间内存放。各种仪器均不可受压、受冻、受潮或受高温。仪器柜不得靠近火炉或暖气管、片，也不可靠近强磁场。存放仪器时，尤其是在夏天和车内，应保证温度在－20～50℃内。注意防止未经许可的人员接触仪器。

2）仪器运输

仪器长途运输时，应切实做好防碰撞、防振及防潮工作。装车时一定要使仪器箱正放，不可倒置。测量人员携带仪器乘坐汽车时，应将仪器放在腿上并抱在怀中，或背在背上，以防颠簸振动损坏仪器。如果发生仪器损坏，应按照相关规定对运输过程中的仪器责任人进行处理。

3）操作保养规程

（1）仪器负责人必须精通仪器使用知识，必须遵循仪器生产厂家列出的安全须知，而且能向其他使用者讲述仪器的操作和安全防护知识并进行有效的监督。

（2）不可自行拆卸、装配或改装仪器。

（3）操作前应先熟悉仪器。一切操作均应手轻、心细、动作柔稳。

（4）仪器开箱之前，应将仪器箱平放在地面上。严禁手提或怀抱着仪器箱子开箱，以免开箱时仪器落地摔坏。开箱后要注意看清楚仪器在箱中安放的状态，以便在用完以后能够按照原样安放。

（5）仪器自箱中取出前，应松开各制动螺栓，提取仪器时，应用一只手托住仪器基座，另一手握持支架，将仪器轻轻取出，严禁用手提望远镜的横轴。仪器及所用附件取出以后，应及时合上箱盖，以免灰尘进入箱内。仪器箱应放在测站附近，箱上严禁坐人。

（6）测站应尽量选在容易安牢脚架且行人车辆少的地方，以保证仪器及人员的安全。安置脚架时，应以便于观测为原则，选好三条腿的方向，高度与观测者的身高适应。

（7）安置仪器时，应确保附件（如脚架、基座、测距仪、连接电缆）连接正确，安全地固定并锁定在其正确位置上，避免设备引起机械震动。切勿不拧仪器的连接螺栓就将仪器放在脚架平面上，螺栓松了以后应立即将仪器从脚架上卸下来。

（8）仪器安置后，必须有专人看护。

（9）转动仪器之前，应先松开相应制动螺栓，用手轻扶支架使仪器平稳旋转。当仪器出现失灵或有杂音等不正常的情况时，应先查明原因，妥善处理。严禁强力扳扭或拆卸、锤击而损坏仪器。仪器故障不能排除或查明时，要向有关人员声明，及时采取维护措施，不应继续勉强使用，以免加重仪器损坏程度或使仪器产生错误的测量结果。

（10）制动螺栓应松紧适当，并尽量保持微动螺旋在微动行程的中间一段移动。

（11）在工作过程中，短距离迁站时应先将仪器各制动螺栓旋紧，物镜朝下，检查连接栓是否牢固，然后将三脚架合拢，一手挟持脚架于肋下，另一手紧握仪器基座将仪器放于胸前。严禁单手抓提仪器或将仪器扛在肩上。抱着仪器前进时，要稳步中速走。如需跨越沟谷、陡坡或距离较远时，应装箱背运。

（12）观测结束以后，应先将脚螺旋和各制动、微动螺旋旋到正常位置，用镜头纸轻轻擦掉仪器上的灰尘、水滴等。然后按原样装箱，将各制动螺旋轻轻旋紧，检查附件齐全后轻轻合上箱盖，箱口吻合后方可上锁。如箱口不吻合，应检查仪器各部位状态是否正确，切勿用力强压箱盖，以免损坏仪器。

（13）仪器应尽量避免日晒、雨淋，在烈日下或雨中测量时，应给仪器打伞。

（14）仪器应尽量避免在雨中使用，如必须使用时，时间不要太长，使用后要及时将水擦干，放在阴凉处晾干后装箱，切勿放在太阳光下暴晒。

（15）仪器清洗之前，应先将光学部件上的灰尘吹掉。不可用手触摸物镜、目镜、棱镜等光学部件的表面。清洗镜头时，要用干净、柔软的布或镜头纸进行擦拭。如有必要，还可稍微蘸点纯酒精（不要使用其他液体，以免损坏仪器部件）。

（16）不得用仪器直接观测太阳，这样不仅可能会损坏测距仪或全站仪的内部部件，还可能会造成眼睛受伤。

（17）雷雨天不要进行野外测量，否则可能会遭受雷击。

（18）电子仪器的充电器只能在干燥的房间里使用，而不得在潮湿和酷热的地方使用。如果装置受潮，使用时可能会发生电击。

（19）仪器如有激光发射，不可用眼睛直接观测激光束，也不得将激光束对准其他人。

（20）使用金属水准尺、对中杆等装置，在电气设备如电缆或电气化铁路附近工作时，应与电气设备保持一定的距离，并遵从有关电气安全方面的规定。

（21）仪器从温度低的地方移至温度较高的地方时，仪器表面及其光学部分将产生水汽，可能会影响观测，这时可用镜头纸将其轻轻擦去，也可在使用之前将仪器用衣服包住，使仪器温度尽快与环境温度适应，水汽即会自动消除。

（22）应保持电缆和插头的清洁干燥，经常清理插头上的灰尘。仪器工作时，不要拔掉连接电缆。

 测量用具的保养方法

1）钢尺

使用中不可抛掷、脚踏或车轧，以免将钢尺折断或劈裂。在城市道路上量距时，应设专人护尺。钢尺由尺盘上放开后，应保证平直伸展，如有扭结或打环，应先解开而后拉紧，以防折断。为保护尺上刻划及注记不被磨损或锈蚀，携尺前进时应将尺提起，不得拖地而行。钢尺应尽量避免接触泥水，如必须接触时，应尽早擦干净。使用完毕后需在尺面涂一层凡士林油，再收入卷盘中。

2）皮尺

量距时拉力要均匀适当，不得用力过猛，以免拉断。使用过程中应避免接触泥水、车轧或折叠成死扣，如受潮或浸水则应及时将尺面由尺盘中放出，晾干后再收拢。

3）水准尺、花杆、脚架

尺面刻划应精心保护，以保持其鲜明清晰。使用过程中不可将其自行靠放在电杆、树木或墙壁上撒手不管，以免倒下摔坏。塔尺使用完毕以后，应将抽出的部分及时收回，使接头处保持衔接完好。扶尺时不得用塔尺底部敲击地面，以保持塔尺零点位置精确可靠。暂不使用时，应将其平放在地面上，不准坐在水准尺、花杆及脚架上。也不准用以上工具抬、挑物品。木质测量用具使用及存放时还应注意防水、防潮，以免变形。

4）垂球

不得用垂球尖在地面上刻划，也不可将垂球当做工具敲击其他物体。

（构）筑物都要进行可行性研究、综合分析，然后进行初步设计、详细设计和施工图设计，在各个阶段中，都离不开测量工作。地形图是由专门的测绘部门测绘而成，使用单位按需要去索取，但对于个别偏远地区及小山村没有适当的地形图，则需要当地规划部门自行测绘。

【相关知识】

测量仪器档案及台账的建立

通常情况下，应由测量组建立本部门所属测量仪器的档案和台账，并填写仪器使用动态。使用动态应由仪器责任人负责填写，每月填写一次，并交由测量组负责人检查。

一般应由工程部通知项目经理部将所有属于固定资产的测量装置、台账及检定证书上报工程部。所报资料如为传真件，应在资料的每一页都标明项目经理部及工地名称，以免混淆。台账中所有在用仪器均须附有检定证书，停用的仪器必须附有停用报告。

项目部所属的全部或部分测量仪器，从一个工地向另外一个工地转移后的 15 天内，仪器接收工地的技术室将属于固定资产的监测装置和 2 000 元以上主要监测装置的台账及检定证书报工程部一份。

项目经理部所有属于低值易耗品的测量设备台账和检定证书，应由技术室负责建立并保存，并由工程部进行不定期检查。

1.2　地面点位的确定

【要　　点】

测量工作是在地球表面上进行的，因此，我们在测量工作中要确定地面点的位置。

【解　　释】

地面点在投影面上的坐标

1）独立平面直角坐标系

大地水准面是由静止海水面并向大陆延伸形成的不规则的封闭曲面。虽是曲面，但当测量区域较小时（半径小于 10 km 范围），可以用测区的切平面代替椭球面作为基准面。在切平面上建立独立平面直角坐标系，如图 1-1 所示。规定 O 为地心，南北方向为纵轴，记为 X 轴，X 轴向北为正，向南为负。X 轴选取的方式有 3 种：①真南北方向；②磁南北方向；③建筑上的南北主轴线。

以东西方向为横轴，记为 Y 轴。Y 轴向东为正，向西为负。象限按顺时针排列编号。这些规定与数学上平面直角坐标系正相

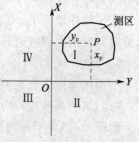

图 1-1　独立平面直角坐标系

反,X 轴与 Y 轴互换,象限排列也不同,其目的是为了把数学的公式直接运用到测量上。为避免坐标出现负值,将原点选在测区的西南角。

2) 高斯独立平面直角坐标系

当测区范围较大,不能把水准面当作水平面。把地球椭球面上的图形展绘到平面上,必然产生变形。地图投影有多种方法,在大面积地形测绘中,我国采用高斯投影。

(1) 高斯投影的方法。

高斯投影是按一定经差将地球划分为若干个带,先将每个带投影到圆柱面上,然后展成平面。根据高斯原则将地球椭球面沿子午线划分成经差相等的地带,以便分带投影。将地球按 $6°$ 分带,从 $0°$ 起算往东划分,$0°\sim6°$ 为第 1 带,$6°\sim12°$ 为第 2 带,$\cdots$,$174°\sim180°$ 为第 30 带,东半球共分 30 个投影,按带进行投影。各带中央的一条经线,例如,第 1 带的 $3°$ 经线,第 2 带的 $9°$ 经线,称为中央经线。进行第 1 带投影时,使地球 $3°$ 经线与圆柱面相切,$3°$ 经线长不变形。进行第 2 带投影时,则旋转地球,使 $9°$ 经线与圆柱面相切,$9°$ 经线长不变形。因各带中央经线与圆柱面相切,所以中央经线投影后不变形,而两边经线投影后有变形,由于 $6°$ 分带,所以变形很小。赤道投影后成一条直线。图 1-2 为高斯投影分带情况,上半部为 $6°$ 带分带情况,下半部为 $3°$ 带分带情况。我国领土 $6°$ 带是从第 13 带~第 23 带。

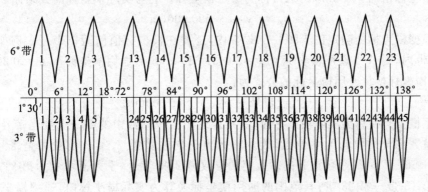

图 1-2　高斯投影 $6°$ 带与 $3°$ 带

(2) 高斯投影的特点。

① 等角,即椭球面上图形的角度投影到平面之后,其角度相等,无角度变形,但距离与面积稍有变形。

② 中央经线投影后仍是直线,且长度不变,如图 1-3 所示。用这条直线作为平面直角坐标系的纵轴——X 轴。两侧其他经线投影后呈向两极收敛的曲线,并以中央经线为轴两边对称,距中央经线越远长度变化越大。

③ 赤道投影也为直线。因此,这条直线作为平面直角坐标系的横轴——Y 轴。南北纬线投影后呈离向两极的曲线,且以赤道投影为轴两边对称。

(3) 高斯平面直角坐标系定义。

高斯投影按 $6°$ 分带或 $3°$ 分带,各带构成独立的坐标系,各带的中央经线为 X 轴,赤道投影为 Y 轴,两轴的交点为坐标原点。我国位于北半球,所以纵坐标 X 均为正。横坐标有正有负,如图 1-4(a)所示。

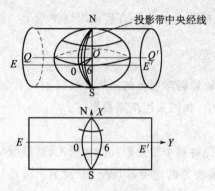

图 1-3 高斯投影的特点

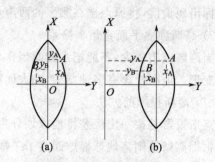

图 1-4 高斯平面直角坐标系
(a)实际高斯平面直角坐标系；
(b)横坐标值加 500 km 后

例如，设 $y_A = +137\,680$ m，$y_B = -274\,240$ m。为了避免横坐标出现负值，故规定把坐标纵轴向西移 500 km。如图 1-4(b)所示。这时：

$$y_A = 500\,000 + 137\,680 = 637\,680\,(\text{m})$$
$$y_B = 500\,000 - 274\,240 = 225\,760\,(\text{m})$$

实际横坐标值加 500 km 后，通常称为通用横坐标。它与实际横坐标的关系如下：

$$y_{通} = y_{实际} + 500\,000\,(\text{m})$$

为了根据横坐标能确定位于哪一个 6°带内，还要在横坐标值前冠以带号。例如，A、B 点位于第 20 带内，则 A 点通用横坐标 $y_{A通} = 20\,637\,680$ m，B 点通用横坐标 $y_{B通} = 20\,225\,760$ m。因此，实际横坐标换算通用横坐标的公式为：

$$y_{通} = 带号 + y_{实际} + 500\,000\,(\text{m}) \tag{1-1}$$

当通用横坐标换算为实际横坐标时，要判定通用横坐标数中的哪一个数是带号。由于通用横坐标整数部分的数均为 6 位数，故从小数点起向左数第 7、第 8 位数才是带号。例如，$y_{通} = 2\,123\,456.77$ m，从小数点起向左数第 7 位数为 2，即带号，千万不可看为第 21 带。我国领土是从第 13 带～第 23 带，其范围的通用横坐标换算为实际横坐标时，通用横坐标数中第 1、第 2 两位均为带号。

在一般测量工作中，以大地水准面作为高程起算的基准面。因此，地面上任意点至水准面的垂直距离称为该点的高程，用 H 表示。某点至大地水准面的垂直距离称为该点的绝对高程（海拔），如图 1-5 所示，H_A、H_B 分别表示地面上 A、B 两点的高程。我国规定以 1950—1956 年青岛验潮站多年记录的黄海平均海水面统计资料作为我国的统一基准面，由此建立的高程系称为"1956 年黄海高程系"。新的国家高程基准面是根据青岛验潮站 1953—1979 年的验潮统计资料计算确定的，依此基准面建立的高程系称为"1985 年国家高程基准"，其高程为 72.260 m，并于 1985 年开始执行新

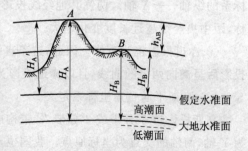

图 1-5 地面点的高程

的高程基准。

当测区附近暂没有国家高程点可测时,也可临时假定一个水准面作为该区的高程起算面。某点至假定水准面的垂直距离,称为该点的相对高程或假定高程。如图1-5中的 H'_A、H'_B 分别为地面上 A、B 两点的假定高程。

地面上两点之间的高程之差称为高差,用 h 表示。例如,A 点至 B 点的高差可写为:

$$h_{AB} = H_B - H_A = H'_B - H'_A \tag{1-2}$$

由上式可知,h_{AB} 有正负,B 点高于 A 点时,h_{AB} 为正(＋),表示上坡;B 点低于 A 点时,h_{AB} 为负(－),表示下坡。在土木建筑工程中,将绝对高程和相对高程统称为标高。

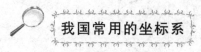

我国常用的坐标系

1）1954年北京坐标系

新中国成立初期采用前苏联克拉索夫斯基教授提出的地球椭球体元素建立坐标系,从前苏联普尔科伐大地原点连测到北京某三角点求得的大地坐标作为我国大地坐标的起算数据,称1954年北京坐标系。该系统的参考椭球面与大地水准面差异存在自西向东系统倾斜,最大达到65 m,平均差达29 m。

2）1980年国家大地坐标系

1980年坐标系采用国际大地测量协会1975年推荐的椭球参数,确定新的大地原点,大地原点选在我国中部陕西省泾阳县永乐镇。椭球定位按我国范围内高程异常值平方和最小为原则求解参数。1980系统比1954系统精度更高,参考椭球面与大地水准面平均差仅10 m。

3）WGS—84世界坐标系

用GPS卫星定位系统得到的地面点位是WGS—84世界坐标系,是美国国防部研制确定的大地坐标系,是一种国际上采用的地面坐标。

【相关知识】

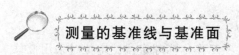

测量的基准线与基准面

1）基准线

测量工作是在地球表面上进行的,由于地球的自转运动,地球上任一点都受离心力和地球引力的双重的作用,这两个力的合力称重力,重力的方向线称为铅垂线,它是测量工作的基准线。

2）基准面

测量工作开始时,要把仪器安置在水平状态。是否为水平要借助于仪器上的水准气泡判断。对很小的范围而言,水面是一个水平面,但它实际上是一个曲面,我们把静止水面形成的曲面称为水准面。空间任何一点都有水准面,处处和重力方向相垂直的曲面均称水准面,水准面就是测量的基准面。和水准面相切的平面称为水平面。由于水准面的高度不同,水准面有无穷多个,其中与平均海水面重合并向陆地延伸所形成的封闭地面,称为大地水准面,它是又一个测量的基准面。

地球上陆地面积仅占整个地球表面的 29%，海洋面积占 71%，把大地水准面延伸所包围整个地球的形体最能代表地球的形状，这个形体称为大地体。由于地球内部分布不均匀，使铅垂线方向变化无规律性，因而使大地水准面成为一个不规则的复杂曲面，如图 1-6(a) 所示。

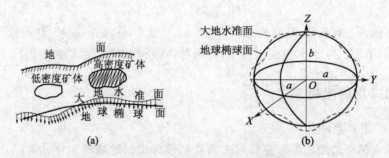

图 1-6　大地水准面与地球椭球面
(a)大地水准面起伏原因；(b)大地水准面与地球椭球面关系

大地水准面不规则起伏，大地体形为不规则的几何球体，其表面不是数学曲面，如图 1-6(b)虚线所示。在这样复杂的曲面上无法进行测量数据的处理。地球非常接近一个旋转椭球（由椭圆旋转而得），所以测量上可选择用数学公式描述的旋转椭球代替大地体，如图 1-6(b)实线所示。地球椭球的参数可用 a（长半径）、b（短半径）及 α（扁率）表示。扁率 α 为：

$$\alpha = \frac{a-b}{a} \tag{1-3}$$

1979 年国际大地测量与地球物理联合会推荐的地球椭球参数 $a=6\ 378\ 140$ m，$b=6\ 356\ 755.3$ m，$\alpha=1:298.257$。

当扁率 $\alpha=0$，即 $a=b$ 时，此时椭球就成了圆球。

旋转椭球面是数学表面，可用以下公式表示：

$$\left(\frac{x}{a}\right)^2 + \left(\frac{y}{a}\right)^2 + \left(\frac{z}{b}\right)^2 = 1 \tag{1-4}$$

按一定的规则将旋转椭球与大地体套合在一起，这项工作称椭球定位。定位时采用椭球中心与地球质心重合，椭球短轴与地球短轴重合，椭球与全球大地水准面差距的平方和最小，这样的椭球称总地球椭球。

各国为测绘本国领土采用另一种定位法，如图 1-7 所示，地面上选一点 P，由 P 点投影到大地水准面得 P' 点，在 P 点定位椭球使其法线与 P' 点的铅垂线重合，并要求 P' 上的椭球面与大地水准面相切，该点称为大地原点。同时还要使旋转椭球短轴与地球短轴相平行(不要求重合)，达到本国范围内的大地水准面与椭球面十分接近，该椭球面称为参考椭球面。

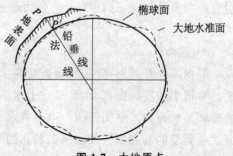

图 1-7　大地原点

1.3 测量工作

【要 点】

测量是一项精密细致的工作,测量的成果,是基本建设规划、设计和施工的重要资料和依据,要求具有一定的精确度。

【解 释】

测量的三项基本工作

测量学要测定地面各点的空间位置,常需要大量、反复地进行以下三项基本工作。

(1) 测量点的绝对(或相对)高程。

(2) 测量水平投影角。测量两条水平投影线间的夹角,称为"水平投影角",简称"水平角"。

(3) 测量水平距离。

测量两点在基准面水平投影点间的距离,称为"测量水平距离"。

测量的三项基本工作即测高程、测水平角和丈量水平距离。初学者需切实理解这三项基本工作的施测原理,掌握好施测的方法和操作技能。在测量过程中,对测量数据需要进行整理计算,并绘制成图,获得合乎精度要求的测量成果。

测量工作的程序

为测量一个地区的实际情况,测量前需对测量区域进行全方位考察,选择一些对周围地面上各种地物和地貌具有控制意义的点作为测量的控制点 A、B、C……如图 1-8(a)。通过较精密的测量水平距离和高程,将这些控制点在空间的位置测算出来,称为"控制测量";再按比例缩绘成控制网平面图,如图 1-8(b)中的虚线;然后分别在各控制点,用精度较低一些的测量方法,将各点周围的地物、地貌特征点测算出来,称为"碎部测量";最后用同样的比例尺,在同一张图纸上绘出各地物、地貌特征点,按实地情况连接各相关的点,便得到这一测区的地形平面图,如图 1-8(b)所示。

由此可见,测量工作需先在室外进行实地测量,称为"室外作业"(以下简称"外业"),然后将外业得到的数据、资料带回室内进行计算、整理、绘图,称为"室内作业"(以下简称"内业")。在外业工作中,必须先做精度较高的控制测量,建立控制网控制整个测区的全局,然后再做一些精度较低的碎部测量,测出控制点周围的局部区域。

所以,测量工作的程序是:先外业,后内业;先整体,后局部;高精度控制低精度。

这一程序也称为测量工作的基本原则。

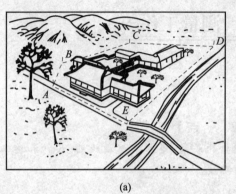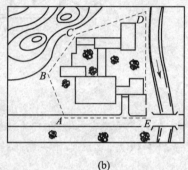

(a)　　　　　　　　　　　　　　(b)

图 1-8　测量地形平面图的方法

(a)选择测量控制点；(b)绘制地形平面图

【相关知识】

学习测量应注意的事项

　　测量是一项严谨精密的工作，测量的成果是基本建设规划、设计和施工的重要资料和依据，要求具有一定的精确度。因此，从事测量的人员，从学习测量学开始，必须努力做到：

　　(1)培养负责、认真、严格、精细的工作作风，养成良好的操作习惯。

　　(2)对测得的每个数据，必须实事求是，精益求精，绝不容许弄虚作假。

　　(3)测量仪器和工具多为精密贵重的设备，必须精心爱护，不能疏忽大意。粗心操作有损于仪器和工具并直接影响施测结果的精确度，严重的还会造成国家财产的损失，测量人员要负法律责任。

　　(4)尽快熟悉测量仪器及工具的构造、性能，熟练掌握操作技能，不断提高自己的测算和绘图能力，才能更好地完成测量任务。

1.4　施工测量

【要　点】

　　在施工阶段，要将设计的建筑物、构筑物的平面位置和高程测设于实地，以便进行施工。施工结束后，还要进行竣工测量，施测竣工图，供日后扩建和维修之用。即使竣工以后，对某些大型及重要的建筑物和构筑物还要进行变形观测，以保证建筑物的安全使用。因此，工程测量包括工程勘察测量、施工测量、变形观测和竣工观测等。对于一般建筑施工企业，测量工作的重点是施工测量。

【解 释】

施工测量的基本任务

图纸上建筑物的位置通常用角度、距离和高度表示。角度和距离反映建筑物的平面位置，高度反映建筑物的高程。因此，在施工测量的拟定任务中，主要的工作内容就是测设建筑物的平面位置和高程。

无论何种工程建筑物，在其规划设计阶段，设计部门都要根据建筑区的地理位置、地形条件和建筑物本身的结构要求确定其位置，并将测得的数据标明在图纸上。这中间的测量工作就是勘察测量。施工测量的基本任务是：把图纸上已经设计好的建筑物的位置，按设计要求测设到地面上，并用各种标志表示，为施工提供定位和放线依据。

学习施工测量的途径

施工测量在施工中有着极为重要的作用，作为一名现场测量员，应该掌握施工测量的相关知识和各种测量方法。

（1）应从基本知识入手，弄清表示建筑物位置的理论概念，如角度、高程、平距。然后学习它们的测量方法。

（2）在学习施工测量的各种具体方法时，把书本知识和实践结合起来。每学习一种测量方法，就应掌握其操作原理，看书上是怎么讲的，实际中是怎样做的，加深印象，为今后的工作打下坚实基础。

在学习过程中，一定要多增加感性认识。测量仪器一定要动手操作，熟练掌握操作技巧，以便在工作中更好更快地使用。

施工测量基本工作

1）施工测量的目的

施工测量的目的是把设计的建筑物、构筑物的平面位置和高程，采用专用测量工具，通过一定的技术方法真实放样到现场。设置标志作为施工的依据，并在施工过程中进行一系列的测量工作，以衔接和指导各工序间的施工。

2）施工测量的内容

施工测量在施工过程中占主导地位。其内容包括：施工前施工控制网的建立；建筑物定位和基础放线；工程施工中各道工序及细节部位的测设，如基础模板的测设、工程砌筑和设备安装的测设工作；工程竣工时，为了便于今后管理、维修和扩建，还必须编绘竣工图；有些高大或特殊的建筑物在施工期间和运营管理期间要进行沉降、水平位移、倾斜、裂缝等变形观测。总之，施工测量贯穿施工的全过程。

3）施工测量的特点

对施工测量的精度要求主要取决于建（构）筑物的结构、材料、性质、用途、大小和施工方法等。一般情况下，高层建筑物的测设精度高于低层建筑物，装配式建筑物的测设精度高于非装配式建筑物，钢结构建筑物的测设精度高于钢筋混凝土结构建筑物，工业建筑物测设精度高于民用建筑物。

工程质量及施工进度与施工测量工作有密切联系。测量人员必须掌握设计内容、性质，了解测量工作的精度要求，熟悉图纸上的平面和高程数据及符号标识，了解施工的全过程，并掌握施工现场的变动情况，使施工测量工作能够与施工密切配合。同时，土木工程施工技术、管理人员也要了解施工测量的工作内容，为施工测量工作的开展创造有利的条件（包括时间、场地、物资等），进行必要的指导、协调、检查工作，使测量工作更好地为施工服务。

施工场地多为地面与高空各工种交叉作业，并有大量的土方填挖，地面情况变动很大，再加上动力机械及车辆频繁施工，因此各种测量标志必须埋设稳固且在不易破坏的位置，应做妥善保护并经常检查，如有破坏应及时修复。

4）施工测量的原则

"从整体到局部，先控制后碎部"是施工测量必须遵循的原则，首先在建筑物场地上建立统一的施工控制网，其次根据控制网测设建（构）筑物的平面位置和高程。测量工作的检核工作也很重要，必须采用各种不同的方法加强外业和内业的检核工作。

5）施工测量的准备工作

在施工测量之前，应建立完善的测量组织和检查制度，并核对设计图纸和数据，如有不符之处及时向监理或设计单位提出，进行修正。然后对施工现场进行实地勘察，根据实际情况编制测设详图，计算测设数据并拟订测量方案。对施工测量所使用的仪器、工具应进行检验与校正，否则，不得在施工现场使用。工作中必须注意自身和仪器的安全，特别是在高空和危险地区进行测量时，必须采取妥善的防护措施，安全第一。

6）施工测量的工作程序

施工测量的全过程大致可概括为以下几点。

（1）准备工作。熟悉图纸的设计意图，踏勘现场，掌握测区概况，弄清建筑物定位、放线依据，根据设计意图和施工要求，并参照相应的规范，拟订测量方案。

（2）内业计算。把设计部门提交的有关数据，结合现场情况，换算为施工测量的必需数据。

（3）外业实测。把拟订的测量方案付诸现场的施工中。

（4）连标做点。把实测成果在场地上标定下来，作为施工的相应标志。

（5）实地校核。按设计要求校核已作出的标志，以保证测量精准度和施工质量。

【相关知识】

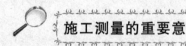

施工测量的重要意义

一个设计精良的建筑物，必须通过完善施工才能实现。要做到完善施工，必须依靠施工测量提供的各种施工标志。施工测量作为一种控制手段，无论是在房屋建筑的场地平整、道路铺设、基槽开挖、基础和主体的砌筑、构件安装和屋面处理中，或者是在烟囱、水塔施工及管道铺设等工程的施工中，都有十分重要的实际意义。施工测量贯穿于整个施工的全过程。可以这样说，不进行施工测量，施工建设就无法开始。

施工单位在接到工程任务后，测量人员往往最先进场。为检测施工质量，当工程竣工后，测量人员常常最后撤离施工现场。担负施工测量的广大测量人员，是工程建设的"开路先锋"，是确保工程质量的"千里眼"。为此，施工测量人员必须明确自己的工作准则，牢记自己的职业道德，实事求是，认真负责，为配合施工作出应有的贡献。

【发展动态】

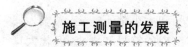

施工测量的发展

随着信息技术和科学技术的不断发展,施工测量工作达到一个崭新的阶段。现在,很多工程在施工测量中开始使用全站仪、电子经纬仪等光电测量仪器,还有部分施工单位的测量仪器比较陈旧,施工测量工作者仍采用常规测量仪器进行施工测量。但有理由相信,随着社会经济的不断发展和测量仪器的不断更新、价格不断降低,将会有更多的施工单位能够使用新型电子测量仪器,大大减轻广大测量工作人员的工作强度,工作效率将会不断提高。

1.5　测量误差基础知识

【要　点】

测量工作是在一定条件下进行的,外界环境、观测者技术水平和仪器本身构造不完善等原因,都可能导致测量误差的产生。

【解　释】

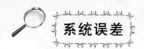

系统误差

观测条件相同的情况下,对某量进行一系列观测,如误差出现的符号和大小均相同或按一定的规律变化,这种误差称为系统误差。产生系统误差的原因主要是测量仪器和工具的构造不完善或校正不准确。例如,一条钢尺名义长度为 20 m,与标准长度比较,其实际长度为 20.003 m,用此钢尺进行量距时,每量一尺段就会产生 -0.003 m 的误差。该误差的大小和符号是固定的,即属于系统误差。又如,水准仪经检验校正后,视准轴与水准管轴之间仍然会存在不平行的残差 ι 角,观测时水准尺上的读数会产生 $D\dfrac{\iota''}{\rho}$ 误差,它是 ι 角及水准仪至水准尺之间距离 D 的函数。

系统误差具有积累性,对测量结果有很大影响,但它们的符号和大小有一定的规律。有的误差可以用计算的方法改正并加以消除,例如,尺长误差和温度对尺长的影响;有的误差可以用一定的观测方法加以消除,例如,在水准测量中,用前后视距相等的方法消除 ι 角影响,在经纬仪测角中,用盘左、盘右观测值取中数的方法消除视准差、支架差和竖盘指标差的影响;有的系统误差,例如,经纬仪照准部水准管轴不垂直于竖轴的误差对水平角的影响,则只能采用对仪器进行精确校正并在观测中仔细整平的方法,将其影响减小到被允许的范围内。

偶然误差

在相同的观测条件下，对某量做一系列观测，误差出现的符号和大小都不一定，表现为偶然性，即从单个误差看没有什么规律，在观测前我们不能预知其出现的符号和大小，但就大量误差总体看，则具有一定的统计规律，这种误差称为偶然误差，又称随机误差。例如，用经纬仪测角时的照准误差，水准仪在水准尺上读数时的估读误差。偶然误差受许许多多微小的偶然因素综合影响，观测次数增多，表现越明显。这便是偶然误差的统计规律。

偶然误差是由于人、仪器和外界条件等诸多因素引起的，随着各种偶然因素综合影响而不断变化。对于这些不断变化的大小不等、符号不同但又不可避免的小误差，找不到一个能完全消除的方法。因此，可以说在一切测量结果中不可避免地存在偶然误差。一般地说，测量过程中，偶然误差和系统误差同时发生，系统误差在一般情况下必须采取适当的方法加以消除或减弱，使其减弱到低于偶然误差，处于次要地位。这样便可认为在观测成果中主要存在偶然误差。测量学中所讨论的测量误差一般是指偶然误差。

偶然误差从表面上看没有什么规律，但从大量误差的总体看，具有一定的统计规律，并且观测值数量越大，其规律性就越明显。人们通过反复实践，由大量的观测统计资料总结出偶然误差具有下列统计特性：

（1）有限性。在一定的观测条件下，偶然误差的绝对值有一定限值，或者是超出该限值的误差出现的概率为零。

（2）集中性。绝对值较小的误差比绝对值较大的误差出现的概率大。

（3）对称性。绝对值相等的正、负误差出现的机会相等。

（4）抵偿性。同一量的等精度观测，其偶然误差的算术平均值随着观测次数的无限增加而趋于零，即

$$\lim_{n\to\infty}\frac{[\Delta]}{n}=0 \tag{1-5}$$

式中：n 为观测次数，$[\Delta]=\Delta_1+\Delta_2+\cdots+\Delta_n$。

在数理统计中，称式（1-5）为偶然误差的数学期望（即理论平均值）等于零。

误差的有限性说明误差出现的范围；集中性说明误差绝对值大小的规律；对称性说明误差符号出现的规律；抵偿性可由对称性导出，说明偶然误差具有抵偿性。

实践证明，偶然误差不能用计算改正，也不能用一定的观测方法简单地加以消除，只能根据偶然误差的特性改进观测方法并合理地处理观测数据，以减少偶然误差对测量成果产生的影响。

学习误差理论知识的目的，是让施工测量人员了解偶然误差的规律，正确地处理观测数据，即根据一组带有偶然误差的观测值，求出未知量的最可靠值及衡量其精度；同时，根据偶然误差的理论指导实践，使测量成果能达到预期的要求。

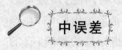

中误差

测量中最为常用的衡量精度的标准是中误差。设在等精度条件下对某未知量进行了 n 次观测，其观测值分别为 L_1、L_2、$\cdots$、L_n，若该未知量的真值为 X，其真值与各观测值的差为真

误差：$\Delta_i = X - L_i$，相应的 n 个观测值的真误差分别为 Δ_1、Δ_2、$\cdots$、Δ_n，观测精度可以用式(1-6)的计算结果衡量，即

$$m = \pm \sqrt{\frac{[\Delta\Delta]}{n}} \tag{1-6}$$

式中：$[\Delta\Delta] = \Delta_1^2 + \Delta_2^2 + \cdots + \Delta_n^2$；$m$ 为观测值的中误差，亦被称为均方误差，即每个观测值都具有这个值的精度。

从式(1-6)可以看出中误差与真误差的关系。中误差不等于真误差，它是一组真误差的代表值。中误差 m 值的大小反映了该组观测值精度的高低，而且它能明显地反映测量结果中较大误差，所以一般采用中误差作为衡量观测精度的标准。

限差又称极限误差或容许误差。根据偶然误差的有限性可知，在一定的观测条件下，偶然误差的绝对值不会超过一定的限值。个别观测值的偶然误差超过了这个限值，就应认为这个观测值的质量不符合要求，该观测结果应不被采用。应该如何确定这个限值呢？根据中误差与被衡量值的真误差之间存在的统计学上的关系，可以确定用中误差来计算这个限值。根据误差理论和大量的统计资料证明：在一系列等精度的观测误差中，绝对值大于 1 倍中误差的偶然误差，其出现的概率约为 30％；绝对值大于 2 倍中误差的偶然误差，出现的概率大约只有 5％；绝对值大于 3 倍中误差的偶然误差，出现的概率仅有 3‰。因此在观测次数相对不多的情况下，可以认为大于 3 倍中误差的偶然误差实际是不可能出现的。所以通常以 3 倍中误差作为偶然误差的限差，亦可称为极限误差，即

$$\Delta_限 = 3m \tag{1-7}$$

在实际工作中，有的测量规范要求不允许存在较大的测量误差，规定以 2 倍中误差作为限差，即

$$\Delta_限 = 2m \tag{1-8}$$

如果观测值中出现超过极限误差的值，则认为此观测值不符合要求，应该舍去。

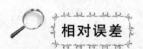

上面介绍的真误差、中误差和限差都是绝对误差。在衡量观测值精度的时候，单纯比较绝对误差的大小，还不能完全表达精度的优劣。例如，丈量两段距离，设第一段长度为 D_1(m)，其中误差为 $\pm m_1$(cm)；第二段长度为 D_2(m)，其中误差为 $\pm m_2$(cm)。如果单用中误差的大小评定其精度，可能会得出错误结论。实际长度丈量的误差与长度大小有关，距离越大，误差的积累越大。所以必须用相对误差评定精度。相对误差 K 是绝对误差的绝对值与响应观测量之比。它是一个无名数，通常以分子为1的分数式表示。

上述第一段丈量相对误差为：

$$K_1 = \frac{|m_1|}{D_1} = \frac{1}{\dfrac{D_1}{|m_1|}} \tag{1-9}$$

第二段丈量相对误差为：

$$K_2 = \frac{|m_2|}{D_2} = \frac{1}{\dfrac{D_2}{|m_2|}} \tag{1-10}$$

用相对误差衡量，可以直观地看出前者与后者哪一个精度高。

在距离测量中，用往返测量结果的较差率进行检核。较差率是相对真误差，它只能反映往返的符合程度，以作为测量结果的检核。显然较差率越小，观测结果精度越高。

$$\frac{|D_{往} - D_{返}|}{D_{平均}} = \frac{|\Delta D|}{D_{平均}} = \frac{1}{\dfrac{D_{平均}}{|\Delta D|}} \tag{1-11}$$

特别指出，用经纬仪测角时，不能用相对误差衡量测角精度。因为测角误差与角度的大小无关。

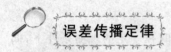

误差传播定律

前面介绍了衡量一组等精度观测值的精度指标，指出在测量工作中，通常用中误差作为衡量指标。但在实际工作中，某些未知量不可能或不方便直接进行观测，需由另一些量的直接观测值根据一定的函数关系计算出来。例如，欲测定不在同一水平面上两点间的平距 D，可以用光电测距仪测量斜距 S，并用经纬仪测量竖直角 α，以函数关系 $D = S\cos\alpha$ 推算。显然，在此情况下，函数 D 的中误差与观测值 S 及 α 的中误差之间必定有关系。阐述这种关系的定律，称为误差传播定律。

设有一般函数：

$$Z = F(x_1, x_2, \cdots, x_n) \tag{1-12}$$

式中：$x_1, x_2, \cdots, x_n$——可直接观测的未知量；

Z——不方便直接观测的未知量。

设 $x_i (i=1,2,\cdots,n)$ 的观测值为 l_i，其相应的真误差为 Δx_i。由于 Δx_i 的存在，使函数 Z 亦产生相应的真误差 ΔZ。将式(1-12)取全微分：

$$dZ = \frac{\partial F}{\partial x_1}dx_1 + \frac{\partial F}{\partial x_2}dx_2 + \cdots + \frac{\partial F}{\partial x_n}dx_n \tag{1-13}$$

因误差 Δx_i 及 ΔZ 都很小，故在上式中，可近似用 Δx_i 及 ΔZ 取代 dx_i 及 dZ，于是有：

$$\Delta Z = \frac{\partial F}{\partial x_1}\Delta x_1 + \frac{\partial F}{\partial x_2}\Delta x_2 + \cdots + \frac{\partial F}{\partial x_n}\Delta x_n \tag{1-14}$$

式中：$\dfrac{\partial F}{\partial x_i}$——函数 F 对各自变量的偏导数。

将 $x_i = l_i$ 代入各偏导数中，即为确定的常数，设：

$$\left(\frac{\partial F}{\partial x_i}\right)_{x_i = l_i} = f_i \tag{1-15}$$

则式(1-14)可写成：

$$\Delta Z = f_1 \Delta x_1 + f_2 \Delta x_2 + \cdots + f_n \Delta x_n \tag{1-16}$$

为求得函数和观测值之间的中误差关系式，设想对各 x_i 进行了 K 次观测，则可写出 K 个类似于式(1-16)的关系式：

$$
\begin{cases}
\Delta Z^{(1)} = f_1 \Delta x_1^{(1)} + f_2 \Delta x_2^{(1)} + \cdots + f_n \Delta x_n^{(1)} \\
\Delta Z^{(2)} = f_1 \Delta x_1^{(2)} + f_2 \Delta x_2^{(2)} + \cdots + f_n \Delta x_n^{(2)} \\
\cdots \\
\Delta Z^{(K)} = f_1 \Delta x_1^{(K)} + f_2 \Delta x_2^{(K)} + \cdots + f_n \Delta x_n^{(K)}
\end{cases}
\tag{1-17}
$$

将以上各式分别取平方后再求和,得:

$$
[\Delta Z^2] = f_1^2 [\Delta x_1^2] + f_2^2 [\Delta x_2^2] + \cdots + f_n^2 [\Delta x_n^2] + \sum_{i,j=1 \ i \neq j}^{n} f_i f_j [\Delta x_i \Delta x_j]
\tag{1-18}
$$

上式两端各除以 K:

$$
\frac{[\Delta Z^2]}{K} = f_1^2 \frac{[\Delta x_1^2]}{K} + f_2^2 \frac{[\Delta x_2^2]}{K} + \cdots + f_n^2 \frac{[\Delta x_n^2]}{K} + \sum_{i,j=1 \ i \neq j}^{n} f_i f_j \frac{[\Delta x_i \Delta x_j]}{K}
\tag{1-19}
$$

设对各 x_i 的观测值 l_i 彼此独立,则当 $i \neq j$ 时,Δx_i、Δx_j 也为偶然误差。根据偶然误差的抵偿性可知式(1-19)最后项当 $K \to \infty$ 时趋近于零,即

$$
\lim_{K \to \infty} \frac{[\Delta x_i \Delta x_j]}{K} = 0
\tag{1-20}
$$

故式(1-19)可写为:

$$
\lim_{K \to \infty} \frac{[\Delta Z^2]}{K} = \lim_{K \to \infty} \left(f_1^2 \frac{[\Delta x_1^2]}{K} + f_2^2 \frac{[\Delta x_2^2]}{K} + \cdots + f_n^2 \frac{[\Delta x_n^2]}{K} \right)
\tag{1-21}
$$

根据中误差定义,式(1-21)可写成:

$$
\sigma_Z^2 = f_1^2 \sigma_1^2 + f_2^2 \sigma_2^2 + \cdots + f_n^2 \sigma_n^2
\tag{1-22}
$$

当 K 为有限值时,可近似表示为:

$$
m_Z^2 = f_1^2 m_1^2 + f_2^2 m_2^2 + \cdots + f_n^2 m_n^2
\tag{1-23}
$$

即

$$
m_Z = \pm \sqrt{\left(\frac{\partial F}{\partial x_1} \right)^2 m_1^2 + \left(\frac{\partial F}{\partial x_1} \right)^2 m_2^2 + \cdots + \left(\frac{\partial F}{\partial x_n} \right)^2 m_n^2}
\tag{1-24}
$$

式(1-24)即为计算函数中误差估值的一般形式。应用式(1-24)时,必须注意:各观测值必须是相互独立的变量。当 l_i 为未知量 x_i 的直接观测值时,可认为各 l_i 之间满足相互独立的条件。

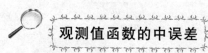

观测值函数的中误差

在测量中,不是所有的量都能直接观测的,有些量是要通过直接观测的结果,再经过一定的函数关系计算出来的。从上面内容我们已经了解了直接观测值的中误差的计算方法,接下来将讨论观测值函数的中误差及精度计算方法。函数的形式很多,归纳起来有以下四种。

1) 倍数函数的中误差

设倍数函数的关系为:

$$
z = Kx
\tag{1-25}
$$

式中:K——常数;

$\quad x$——未知量的直接观测值;

z——x 的函数。

则
$$m_z = K m_x \tag{1-26}$$

式中：m_z——函数值 z 的中误差；

$\quad m_x$——观测值 x 的中误差。

2）和或差函数的中误差

设某一量 z 是独立观测值 x 和 y 的和或差，则有关系式：
$$z = x \pm y \tag{1-27}$$

及
$$m_z^2 = m_x^2 + m_y^2$$

即
$$m_z = \pm \sqrt{m_x^2 + m_y^2} \tag{1-28}$$

式中：m_x、m_y——独立观测值 x 和 y 的中误差；

$\quad m_z$——独立观测值 x、y 和或差的函数 z 的中误差。

将公式（1-28）进一步推广，如 z 为独立观测值 x_1、x_2、$\cdots$、x_n 的和或差的函数，则 z 的中误差 m_z 为：
$$m_z = \pm \sqrt{m_1^2 + m_2^2 + \cdots + m_n^2} \tag{1-29}$$

3）线性函数的中误差

设有独立观测值 x_1、x_2、$\cdots$、x_n，它们的中误差分别为 m_1、m_2、$\cdots$、m_n，常数 K_1、K_2、$\cdots$、K_n，函数关系式为：
$$z = K_1 x_1 \pm K_2 x_2 \pm \cdots \pm K_n x_n \tag{1-30}$$

z 的中误差按照倍数及和与差的中误差的公式可以直接写为：
$$m_z = \pm \sqrt{K_1^2 m_1^2 + K_2^2 m_2^2 + \cdots + K_n^2 m_n^2} \tag{1-31}$$

求算术平均值时用下式：
$$x = \frac{[l]}{n} = \frac{l_1}{n} + \frac{l_2}{n} + \cdots + \frac{l_n}{n} \tag{1-32}$$

设 x 的中误差为 M，每次观测值 $l_i (i = 1, 2, \cdots, n)$ 的中误差为 m，则：
$$M = \pm \sqrt{\frac{m^2}{n^2} + \frac{m^2}{n^2} + \cdots + \frac{m^2}{n^2}} = \pm \sqrt{\frac{nm^2}{n^2}} = \pm \frac{m}{\sqrt{n}} = \pm \sqrt{\frac{[vv]}{n(n-1)}} \tag{1-33}$$

以上是对式（1-24）的验证说明。

由式（1-33）可知，增加观测次数可以提高观测值的精度。但当观测次数增加到一定程度时，对精度的影响是微小的。所以一般情况下，观测次数应在 10 次以内。如仍达不到所需要的精度，就要选用更精密的仪器工具或是采用更为精确的测量方法。

4）一般函数的中误差

设有一般函数
$$z = f(x_1、x_2、\cdots、x_n) \tag{1-34}$$

对式（1-34）进行全微分，得：
$$\mathrm{d}z = \frac{\partial f}{\partial x_1} \mathrm{d}x_1 + \frac{\partial f}{\partial x_2} \mathrm{d}x_2 + \cdots + \frac{\partial f}{\partial x_n} \mathrm{d}x_n \tag{1-35}$$

由此，把一般函数式变为线性关系，可利用线性关系求得观测值函数的中误差。如果 x_1、

x_2、$\cdots$、x_n 的中误差是 m_1、m_2、$\cdots$、m_n,z 的中误差为 m_z,则有:

$$m_z^2 = \left(\frac{\partial f}{\partial x_1}\right)^2 m_1^2 + \left(\frac{\partial f}{\partial x_2}\right)^2 m_2^2 + \cdots + \left(\frac{\partial f}{\partial x_n}\right)^2 m_n^2 \tag{1-36}$$

在使用式(1-34)、式(1-35)和式(1-36)时应注意以下几点:

(1)列函数式时,观测值必须是独立的、最简便的形式;

(2)对函数式进行全微分时,是对每个观测值逐个求偏导数,将其他的观测值认为是常数;

(3)如果观测值中有以角度为单位的中误差,则把角度化成弧度。

【相关知识】

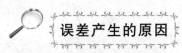
误差产生的原因

测量工作是在一定条件下进行的,这些条件主要是外界环境、观测者的技术水平和仪器本身构造等,这些都可能导致测量误差的产生。通常把测量仪器、观测者的技术水平和外界环境三个方面因素综合起来,称为观测条件。观测条件不理想和不断变化,是产生测量误差的根本原因。通常把观测条件相同的多次观测,称为等精度观测;观测条件不同的多次观测,称为不等精度观测。

具体地说,测量误差主要来自以下三个方面:

(1)外界条件。主要指观测环境中温度、风力、大气折光、空气湿度和清晰度等因素不断变化,导致测量结果中带有误差。

(2)仪器条件。在加工和装配等工艺过程中,零部件的加工精密度不能达到百分之百的准确,这样的仪器必然会给测量带来误差。

(3)观测者的自身条件。由于观测者视觉鉴别能力所限,以及仪器使用技术熟练程度不同,也会在仪器对中、整平和瞄准等方面产生误差。

第 2 章 建筑工程图的基本知识

2.1 建筑施工图的识读

【要　点】

本节重点是建筑总平面图、平面图、立面图、剖面图及详图的识读要点。

【解　释】

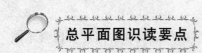
总平面图识读要点

(1) 熟悉总平面图的图例,查阅图标及文字说明,了解工程性质、位置、规模及图纸比例。

(2) 查看建设基地的地形、地貌、用地范围及周围环境等,了解新建房屋和道路、绿化布置情况。

(3) 了解新建房屋的具体位置和定位依据。

(4) 了解新建房屋的室内、外高差,道路标高,坡度及地表水的排流情况。

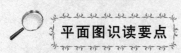
平面图识读要点

(1) 熟悉建筑配件图例、图名、图号、比例及文字说明。

(2) 定位轴线。定位轴线是用来表示建筑物主要结构或构件位置的点划线。凡是承重墙、柱、梁、屋架等主要承重构件均应画上轴线,并编好轴线号,以确定其位置;对于次要的墙、柱等承重构件,则编附加轴线号以确定其位置。

(3) 房屋平面布置,包括平面形状、朝向、出入口、房间、走廊、门厅、楼梯间等的布置组合情况。

(4) 阅读各类尺寸。图中标注了房屋总长及总宽尺寸,各房间开间、进深、细部尺寸和室内外地面标高。阅读时,应依次查阅总长和总宽尺寸、轴线间尺寸、门窗洞口和窗间墙尺寸、外部及内部局(细)部尺寸、高度尺寸(标高)。

(5) 门窗的类型、数量、位置及开启方向。

(6) 墙体、(构造)柱的材料和尺寸。涂黑的小方块表示构造柱的位置。

(7) 阅读剖切符号和索引符号的位置和数量。

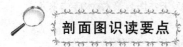

（1）了解立面图的朝向及外貌特征。如房屋层数，阳台、门窗的位置和形式，雨水管、水箱的位置及屋顶隔热层的形式。

（2）外墙面装饰做法。

（3）各部位标高尺寸。找出图中标示的室外地坪、勒脚、窗台、门窗顶及檐口等处的标高。

剖面图识读要点

（1）熟悉常用建筑材料图例，见表 2-1。

表 2-1　常用建筑材料图例

序号	名称	图例	备注
1	自然土壤		包括各和自然土壤
2	夯实土壤		
3	砂、灰土		靠近轮廓线绘较密的点
4	砂砾石、碎砖三合土		
5	石材		
6	毛石		
7	普通砖		包括实心砖、多孔砖、砌块等砌体。断面较窄不易绘出图例线时，可涂红
8	耐火砖		包括耐酸砖等砌体
9	空心砖		指非承重砖砌体
10	饰面砖		包括铺地砖、陶瓷马赛克、人造大理石等
11	焦渣、矿渣		包括与水泥、石灰等混合而成的材料
12	混凝土		(1)本图例指能承重的混凝土及钢筋混凝土 (2)包括各种强度等级、骨料、添加剂的混凝土 (3)在剖面图上面出钢筋时，不画图例线
13	钢筋混凝土		(4)断面图形小，不易画出图例线时，可涂黑
14	多孔材料		包括水泥珍珠岩、沥青珍珠岩、泡沫混凝土、非承重加气混凝土、软木、蛭石制品等

续表

序号	名称	图例	备注
15	纤维材料		包括矿棉、岩棉、玻璃棉、麻丝、木丝板、纤维板等
16	泡沫塑料材料		包括聚苯乙烯、聚氨酯等多孔聚合物类材料
17	木材		(1)上图为横断面,上左图为垫木、木砖或木龙骨 (2)下图为纵断面
18	胶合板		应注明×层胶合板
19	石膏板		包括圆孔、方孔石膏板、防水石膏板等
20	金属		(1)包括各种金属 (2)图形小时,可涂黑
21	网状材料		(1)包括金属、塑料网状材料 (2)应注明具体材料名称
22	液体		应注明具体液体名称
23	玻璃		包括平板玻璃、磨砂玻璃、夹丝玻璃、钢化玻璃、中空玻璃、夹层玻璃、镀膜玻璃等
24	橡胶		
25	塑料		包括各种软、硬塑料及有机玻璃等
26	防水材料		构造层次多或比例大时,采用上面图例
27	粉刷		本图例采用较稀的点

（2）了解剖切位置、投影方向和比例。注意图名及轴线编号应与底层平面图相对应。

（3）分层、楼梯分段与分级情况。

（4）标高及竖向尺寸。图中的主要标高包括：室内外地坪、入口处、各楼层、楼梯休息平台、窗台、檐口、雨篷底等；主要尺寸包括：房屋进深、窗高度，上、下窗间墙高度，阳台高度等。

（5）主要构件之间的关系，图中各楼板、屋面板及平台板均搁置在砖墙上，并设有圈梁和过梁。

（6）屋顶、楼面、地面的构造层次和做法。

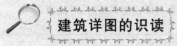 **建筑详图的识读**

建筑详图是把房屋的某些细部构造及构配件用较大的比例（如 1：20，1：10，1：5），将其形状、大小、材料和做法详细表达出来的图样，简称详图或大样图、节点图。

建筑详图分为局部构造详图和构配件详图两种。前者主要表示房屋某一局部构造的做法和材料的组成，如墙身详图、楼梯详图；后者主要表示构配件本身的构造，如门、窗、花格详图。建筑详图的特点如下：

（1）图形详。图形采用较大比例绘制，各部分结构应表达详细，层次清楚，但又要详而不繁。

（2）数据详。各结构的尺寸要标注完整齐全。

（3）文字详。无法用图形表达的内容应采用文字说明，文字要详尽清楚。

详图的表达方式和数量，可根据房屋构造的复杂程度来确定。有的只用一个剖面详图即可表达清楚（如墙身详图），有的则需加平面详图（如楼梯间、卫生间），或用立面详图（如门窗详图）。

【相关知识】

工程建设制图常见线型宽度及用途

工程建设制图常见的线型宽度及用途见表 2-2。

表 2-2　工程建设制图常见的线型宽度及用途

名　称		线　型	线　宽	一般用途
实线	粗	——————	b	主要可见轮廓线
	中	——————	$0.5b$	可见轮廓线
	细	——————	$0.25b$	可见轮廓线、图例线
虚线	粗	— — — —	b	见各有关专业制图标准
	中	— — — —	$0.5b$	不可见轮廓线
	细	— — — —	$0.25b$	不可见轮廓线、图例线
单点长划线	粗	—·—·—	b	见各有关专业制图标准
	中	—·—·—	$0.5b$	见各有关专业制图标准
	细	—·—·—	$0.25b$	中心线、对称线等
双点长划线	粗	—··—··	b	见各有关专业制图标准
	中	—··—··	$0.5b$	见各有关专业制图标准
	细	—··—··	$0.25b$	假想轮廓线、成形前原始轮廓线

2.2　结构施工图的识读

【要　点】

结构施工图是表示建筑物的承重构件（如基础、承重墙、梁、板、柱）的布置、形状大小、内部构造和材料做法等的图样。

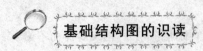

【解　释】

基础结构图的识读

基础结构图简称基础图，是表示建筑物室内地面（±0.000）以下基础部分的平面布置和构造的图样，包括基础平面图、基础详图和文字说明等。

1）基础平面图

（1）基础平面图的形成。基础平面图是假设用一个水平剖切面在地面附近将整幢房屋剖切后，向下投影所得到的剖面图（不考虑覆盖在基础上的泥土）。

基础平面图主要用来表示基础的平面位置，以及基础与墙、柱轴线的相对关系。在基础平面图中，被剖切到的基础墙轮廓要画成粗实线，基础底部的轮廓线要画成细实线，基础的细部构造则不必画出，它们将详尽地表达在基础详图上。图中的材料图例可与建筑平面图的画法一致。

在基础平面图中，必须注明与建筑平面图一致的轴间尺寸。此外，还应注明基础的宽度尺寸和定位尺寸。宽度尺寸包括基础墙宽和大放脚宽；定位尺寸包括基础墙、大放脚与轴线的联系尺寸。

（2）基础平面图的内容。基础平面图的内容主要包括：

① 图名、比例；

② 纵横定位线及其编号（必须与建筑平面图中的轴线一致）；

③ 基础的平面布置，即基础墙、柱及基础底面的形状、大小及其与轴线的关系；

④ 断面图的剖切符号；

⑤ 轴线尺寸、基础大小尺寸和定位尺寸；

⑥ 施工说明。

2）基础详图

基础详图是用放大的比例画出的基础局部构造图，主要用其表示基础不同断面处的构造做法、详细尺寸和材料。基础详图的内容主要包括：

（1）轴线及编号。

（2）基础的断面形状、基础形式、材料及配筋情况。

（3）基础详细尺寸，表示基础各部分的长宽高、基础埋深、垫层宽度和厚度等尺寸；主要部位标高，如室内外地坪及基础底面标高。

（4）防潮层的位置及做法。

楼层（屋顶）结构平面布置图的识读

楼层结构平面布置图也称为梁板平面结构布置图，其内容包括定位轴线网、墙、楼板、框架、梁、柱及过梁、挑梁、圈梁的位置，墙身厚度等尺寸，要与建筑施工图一致（交圈）。

（1）梁。一般用点划线表示梁的位置，旁边注以代号和编号。L 表示一般梁；XL 表示现浇梁；TL 表示挑梁（或楼梯梁）；QL 表示圈梁；GL 表示过梁；LL 表示连系梁；KJ 表示框架。梁、柱的轮廓线一般画成细虚线或细实线。圈梁一般加画单线条布置示意图。

（2）墙。楼板下墙的轮廓线，一般画成细或中粗的虚线或实线。

（3）柱。截面涂黑表示钢筋混凝土柱，截面画斜线表示砖柱。

（4）楼板。

① 现浇楼板。在现浇板范围内划一对角线，线旁注明代号 XB 或 B、编号、厚度。如 XB$_1$ 或 B$_1$、XB—1。

现浇板的配筋有时另采用剖面详图表示，有时也直接在平面图上画出受力钢筋形状，每类钢筋只画一根，并注明其编号、直径和间距。如 $\phi6@200$、$\phi8/\phi6@200$，前者表示一级钢筋，直径为 6 mm，间距为 200 mm；后者表示直径为 8 mm 及 6 mm 的钢筋交替放置，间距为 200 mm。分布配筋一般不画，另以文字说明。

有时采用折断断面（图中涂黑部分）表示梁板布置的支承情况，并注明板面标高和板厚。

② 预制楼板。常在对角线旁注明预制板的块数和型号，如 4YKB339A2 表示 4 块预应力空心板，标志尺寸为 3.3 m 长，900 mm 宽，A 表示 120 mm 厚（如为 B，则表示 180 mm 厚），荷载等级为 2 级。

为了表明房间内不同预制板的排列次序，可直接按比例分块画出。

如果是板布置相同的房间，可只标出一间板布置并编上甲、乙或 B$_1$、B$_2$（现浇板有时编 XB$_1$、XB$_2$），其余只写编号表示类同。

（5）楼梯的平面位置。楼梯的平面位置常用对角线表示，其上标注"详见结施××"字样。

（6）剖面图的剖切位置。一般在平面图上标有剖切位置符号，剖面图常附在本张图纸上，有时也附在其他图纸上。

（7）构件表和钢筋表。一般编有预制构件表，用来统计梁板的型号、尺寸和数目等。钢筋表常标明其形状、尺寸、直径、间距或根数、单根长、总长、总重等。

（8）文字说明。用图线难以表达或对图纸有进一步的说明，如说明施工要求、混凝土强度等级、分布筋情况、受力钢筋净保护层厚度及其他，可采用文字说明。

钢筋混凝土构件详图的识读

钢筋混凝土构件分为现浇和预制两种。预制构件有图集，可不必画出构件的安装位置及其与周围构件的关系。现浇构件要在现场支模板、绑扎钢筋、浇筑混凝土，需画出梁的位置、支座情况等。

1）现浇钢筋混凝土梁、柱结构详图

梁、柱的结构详图一般包括梁的立面图和截面图两种。

（1）立面图（纵剖面）。用来表示梁、柱的轮廓与配筋情况，因是现浇，一般仅画出支承情况、轴线编号。梁、柱的立面图纵横比例可以不一样，以尺寸数字为准。图上还标有剖切线符号，表示剖切位置。

（2）截面图。通过截面图，可以了解到沿梁和柱的长、高方向钢筋的所在位置、箍筋的肢数。

（3）钢筋表。主要包括构件编号、形状尺寸直径、单根长、根数、总长、总重等。

2）预制构件详图

为加快设计速度，对通用、常用构件常选用标准图集。标准图集有国标、省标及各院自设的标准。一般施工图上只注明标准图集的代号及详图的编号，不绘出详图。查找标准图时，应先弄清是哪个设计单位编的图集，看总说明，了解编号方法，再按目录页次查阅。

【相关知识】

结构施工图的主要用途

（1）结构施工图是施工放线，构件定位，支模板，绑扎钢筋，浇筑混凝土，安装梁、板、柱等构件及编制施工组织设计的依据。

（2）结构施工图是编制工程预算和工料分析的依据。

结构施工图中常用的构件代号见表2-3。

表2-3　常用构件代号

序号	名称	代号	序号	名称	代号	序号	名称	代号
1	板	B	19	圈梁	QL	37	承台	CT
2	屋面板	WB	20	过梁	GL	38	设备基础	SJ
3	空心板	KB	21	连系梁	LL	39	桩	ZH
4	槽形板	CB	22	基础梁	JL	40	挡土墙	DQ
5	折板	ZB	23	楼梯梁	TL	41	地沟	DG
6	密肋板	MB	24	框架梁	KL	42	柱间支撑	ZC
7	楼梯板	TB	25	框支梁	KZL	43	垂直支撑	CC
8	盖板或沟盖板	GB	26	屋面框架梁	WKL	44	水平支撑	SC
9	挡雨板或檐口板	YB	27	檩条	LT	45	梯	T
10	吊车安全走道板	DB	28	屋架	WJ	46	雨篷	YP
11	墙板	QB	29	托架	TJ	47	阳台	YT
12	天沟板	TGB	30	天窗架	CJ	48	梁垫	LD
13	梁	L	31	框架	KJ	49	预埋件	M—
14	屋面梁	WL	32	钢架	GJ	50	天窗端壁	TD
15	吊车梁	DL	33	支架	ZJ	51	钢筋网	W
16	单轨吊车梁	DDL	34	柱	Z	52	钢筋骨架	G
17	轨道连接	DGL	35	框架柱	KZ	53	基础	J
18	车挡	CD	36	构造柱	GZ	54	暗柱	AZ

注：1. 预制钢筋混凝土构件，现浇钢筋混凝土构件、钢构件和木构件，一般可直接采用以上构件代号。当需要区别上述构件的材料种类时，可在构件代号前加注材料代号，并附说明。

　　2. 预应力钢筋混凝土构件的代号，应在构件代号前加注"Y—"，如 Y—DL 表示预应力钢筋混凝土吊车梁。

2.3　图纸会审主要内容

【要　点】

图纸会审是指施工、建设、监理及其他参建单位,在收到审查合格的施工图设计文件以后,在设计交底前进行的全面细致熟悉和审查施工图纸的活动。

【解　释】

图纸会审的主要内容

(1) 承包范围是否与图纸符合,承包范围内的图纸是否齐全。

(2) 施工难度大,通过设计修改可以减少难度,利于保证质量的施工问题。

(3) 在能够满足设计功能的前提下,从经济角度出发是否可以对图纸进行修改。

(4) 取消或改变一些复杂的节点或要花费大量人工的装饰线、角、弧等,以降低生产成本和提高生产效率。

(5) 建筑与结构构造是否存在不能施工,或施工难度大容易导致质量、安全或加大费用等方面的问题。

(6) 关键工序是否可以通过设计进行优化,以增加工程进度,降低工程成本。

(7) 建筑施工场地周围的工艺管道、电气线路、运输道路与建筑物之间的位置或间距是否合理,拟建建筑物的定位是否合理。

(8) 施工图纸是否有特殊要求,施工装备的条件能否满足设计要求,如需要采用非常规的施工技术措施时,技术上有无困难,能否保证施工安全。

(9) 是否采用了特殊材料或新型材料,其品种、规格、数量等材料的来源和供应能否满足要求。

(10) 是否出现违反规范强制性条文的情况。

(11) 表达不规范,可能会造成理解偏差,须进一步澄清的问题;施工做法是否具体,与施工质量验收规范、规程等是否一致,剖面图之间是否产生矛盾,标高是否一致,总平面与施工图的几何尺寸、平面位置、标高是否一致。

【相关知识】

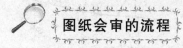
图纸会审的流程

图纸会审的流程:识图→找出设计遗漏或不合理之处→组织图纸会审会议→提出问题→各方形成书面意见,签字认可作为施工依据。

第 3 章　水准仪及高程测量

3.1　水准测量的原理

【要　点】

水准仪的主要功能就是它能为水准测量提供一条水平视线。水准测量就是利用水准仪所提供的水平视线直接测出地面上两点之间的高差,然后再根据其中一点的已知高程来推算出另一点的高程。

【解　释】

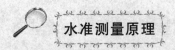

水准测量原理

水准测量的原理是借助水准仪提供的水平视线,首先配合水准尺测定地面上两点间的高差,然后根据已知点的高程来推算出未知点的高程。例如,图 3-1 中,为了求出 A、B 两点的高差 h_{AB},在 A、B 两个点上竖立水准尺,在 A、B 两点之间安置可提供水平视线的水准仪,当视线水平时,在 A、B 两个点的标尺上分别读得读数 a 和 b,则 A、B 两点的高差等于两个标尺读数之差。即

$$h_{AB} = a - b \tag{3-1}$$

如果 A 为已知高程的点,B 为待求高程的点,则 B 点的高程为:

$$H_B = H_A + h_{AB} \tag{3-2}$$

读数 a 是在已知高程点上的水准尺读数,称为"后视读数";读数 b 是在待求高程点上的水准尺读数,称为"前视读数"。高差等于后视读数与前视读数之差。高差 h_{AB} 的值可能是正,也可能是负,正值表示待求点 B 高于已知点 A,负值表示待求点 B 低于已知点 A。此外,高差的正负号又与测量进行的方向有关,例如,图 3-1 中测量由 A 向 B 进行,高差用 h_{AB} 表示,值为正;反之由 B 向 A 进行,则高差用 h_{BA} 表示,值为负。所以说,必须标明高差的正负号,同时要说明测量进行的方向。

当两点相距较远或高差较大时,可分段连续进

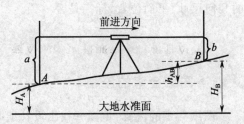

图 3-1　水准测量原理

行,从图 3-2 中可得:

$$h_1 = a_1 - b_1$$
$$h_2 = a_2 - b_2$$
$$\cdots$$
$$h_n = a_n - b_n$$
$$h_{AB} = \sum h = \sum a - \sum b \qquad (3\text{-}3)$$

即两点之间的高差等于连续各段高差的代数和,也等于后视读数之和减去前视读数之和,通常要同时用 $\sum h$ 和 $\sum a - \sum b$ 进行计算,用来检核计算是否有误。

图 3-2 中放置仪器的点为 I,II,…,称为测站。立标尺的点 1,2,…,称为转点,它们在上一测站先作为待求高程的点,然后在下一测站再作为已知高程的点,转点起传递高程的作用。每相邻两个水准点之间称为一个测段。

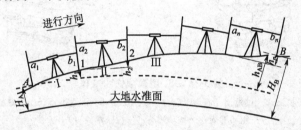

图 3-2 分段水准测量

由此可见,水准测量的基本原理是利用水平视线比较两点的高低,求出两点的高差。

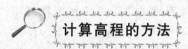

计算高程的方法

如图 3-1 所示,B 点(未知点)的高程等于 A 点(已知点)的高程加上两点间的高差,即

$$H_B = H_A + h_{AB} = H_A + (a - b) \qquad (3\text{-}4)$$

这就是由高差来计算未知点高程,式中 $(a-b)$ 为两点高差。

由图 3-1 可知,A 点高程加后视读数等于仪器视线的高程,设视线高程为 H_i,即 $H_i = H_A + a$,则 B 点高程等于视线高程减去前视读数的差,即

$$H_B = H_i - b = H_A + a - b \qquad (3\text{-}5)$$

这就是由视线高程计算未知点高程,式中 $(H_A + a)$ 为视线高程。

【相关知识】

水准测量仪器及工具

水准仪是进行水准测量的主要仪器。目前水准仪的种类繁多。常用的水准仪从构造上可分为两大类:一类是利用水准管来获取水平视线的水准管水准仪,称为微倾式水准仪;另一类是利用补偿器来获得水平视线的自动安平水准仪。此外,还有一种新型电子水准仪,它配合条纹编码尺,利用数字化图像处理的方法,可自动显示高程和距离,使水准测量实现自动化操作。

我国的水准仪按其精度指标划分为 DS_{05}、DS_1、DS_3 等几个等级。D 是大地测量仪器的代号，S 是水准仪的代号，下标数字表示仪器的精度。其中 DS_{05} 和 DS_1 为精密水准仪，用于精密水准测量和精密工程测量，DS_3 主要用于水准测量和常规工程测量。

1）DS_3 微倾式水准仪的构造

图 3-3 为 DS_3 型微倾式水准仪的结构图，主要由以下三个部分组成。

望远镜：它可以构成平视线，可瞄准目标并对远处水准尺进行读数。

水准器：用于指示仪器或判断视线是否处于水平位置。

基座：用于安置仪器，它支撑仪器的上部并能使仪器的上部在水平方向平稳转动。

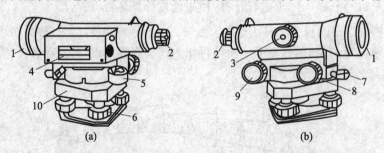

(a)   (b)

图 3-3   DS₃ 型微倾式水准仪

1—物镜；2—目镜；3—调焦螺旋；4—管水准器；5—圆水准器；6—脚螺旋；

7—制动螺旋；8—微动螺旋；9—微倾螺旋；10—基座

水准仪各部分的名称如图 3-3 所示。基座上有三个脚螺旋，调节脚螺旋可使圆水准器的气泡居中，使仪器达到粗略整平。望远镜及管水准器与仪器的竖轴连接成一体，竖轴插入基座的轴套内，可使望远镜和管水准器在基座上围绕竖轴旋转。制动螺旋和微动螺旋用来控制望远镜在水平方向的转动。制动螺旋松开时，望远镜自由旋转；旋紧时望远镜则固定不动。旋转微动螺旋可使望远镜在水平方向缓慢转动，但只有在制动螺旋旋紧时，微动螺旋才起作用。旋转微倾螺旋可使望远镜同管水准器作俯仰微量的倾斜，从而可使视线精确整平。因此这种水准仪叫做微倾式水准仪。

微倾式水准仪主要部件的构造和性能具体介绍如下。

（1）望远镜。

望远镜一般是由物镜、物镜调焦透镜、目镜和十字丝分划板组成。物镜的作用是使物体在物镜的另一端构成一个倒立的实像，目镜的作用是使这一实像在同一端形成一个放大的虚像（见图 3-4）。为了使物像清晰并消除单透镜的一些缺陷问题，物镜和目镜采用两种不同材料的复合透镜组合而成（见图 3-5）。

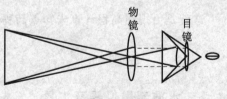

图 3-4   虚像

测量仪器上的望远镜还必须有一个十字丝分划板，是安装在物镜与目镜之间的一块平板玻璃，上面刻有两条相互垂直的细线，称为十字丝，十字丝分划板上竖直的长丝称为竖丝（纵丝），中间横的一条称为中丝（或横丝）。水准测量中，中丝所对应的水准尺读数是用来计算测站两观测点的高差。在中丝上下对称为两条与中丝平行的短横丝，称为视距丝，其在同一把尺上所对应读数用来计算仪器与观测点间的测定距离。望远镜十字丝的示意图如图 3-6 所示。

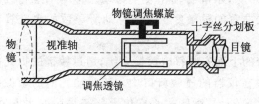

图 3-5 物镜和目镜

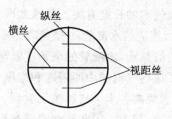

图 3-6 望远镜十字丝

十字丝交点和物镜光心的连线称为视准轴。它是瞄准目标视线,通过旋转调焦螺旋使目标清晰。视准轴是水准仪的主要轴线之一。

为了能准确地照准目标且读出读数,在望远镜内必须能同时看到清晰的物像和十字丝分划。为此必须使物像成像在十字丝分划板平面上。为了使不同距离的目标都能成像于十字丝分划板平面上,望远镜内必须安装一个调焦透镜。观测不同距离的目标时,可旋转调焦螺旋改变调焦透镜的位置,从而可在望远镜内清晰地看到十字丝和所要观测的目标。

(2) 水准器。

水准器是一种整平装置,是测量仪器上的重要部件。水准器分为管水准器和圆水准器两种。

① 管水准器,又称水准管,是内装液体并留有气泡的密封的玻璃管。首先把管的内壁纵向磨成圆弧形,然后在管内灌装酒精或乙醚的混合液体,最后加热融封形成气泡(见图 3-7)。管的内壁圆弧上分划的对称中点为水准管的零点,对称于中心点的两侧刻有若干间隔为 2 mm 的分划线。通过水准管零点所作水准管圆弧的纵切线称水准管轴。当气泡的中心点与零点重合时,称气泡居中,水准管轴此时处于水平状态;若气泡不居中,则水准管轴处于倾斜位置。

水准管上相邻两个间隔线间的弧长所对应的圆心角称为水准管的分划值 τ,即

$$\tau = \frac{2}{R}\rho'' \tag{3-6}$$

式中:τ——分划值($''$);

ρ''——206 265$''$;

R——水准管圆弧半径(mm)。

根据几何关系可以看出,分划值是气泡移动一格水准管轴所变动的角值(见图 3-8)。

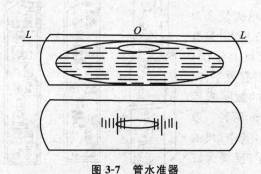

图 3-7 管水准器

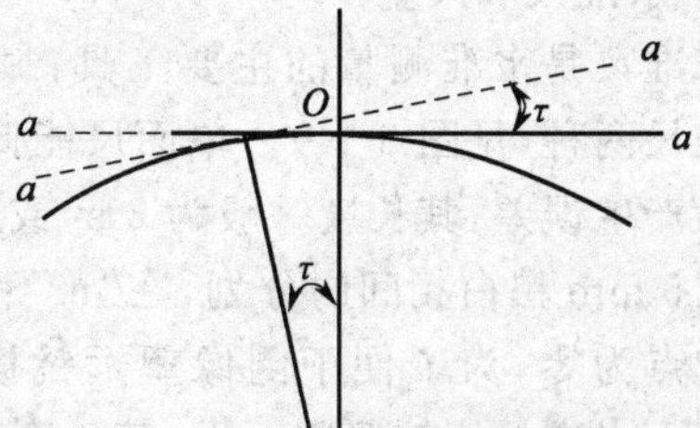

图 3-8 分划值

水准管的分划值与水准管的半径成反比例关系,分划值越小,视线置平的精度就越高,DS$_3$ 型水准仪的分划值约为 20$''$/2 mm。另外,水准管的置平精度还与水准管的研磨质量、液

体性质及气泡的长度有关。受这些因素的综合影响，水准管轴将发生移动。移动水准管气泡0.1格时，相应的水准管轴所变动的角值称为水准管的灵敏度。气泡移动所导致的水准管轴变动的角值越小，水准管的灵敏度就越高。

为了提高气泡居中的精度和速度，在水准管的上面安装符合棱镜系统，通过棱镜的折光作用，将气泡两端各半个的影像反射到一起且反映在仪器的显微窗口中。若两端气泡的影像符合，表示气泡居中。因此这种水准器称为符合水准器，是微倾式水准仪上普遍采用的水准器。图 3-9(a)表明气泡不居中，需要转动微倾螺旋使气泡居中。图 3-9(b)表明气泡已经居中，不需要转动微倾螺旋。

② 圆水准器：顶面内壁被磨成球面，刻有圆分划圈，通过圆圈中心作球面的法线。容器内盛装乙醚类液体，且形成圆气泡（见图 3-10）。容器顶盖中央刻有小圈，小圈的中心是圆水准器的零点。通过零点的球面法线是圆水准器轴，当圆水准器气泡居中时，圆水准器轴处于铅垂位置。圆水准器的分划值，是顶盖球面上 2 mm 弧长所对应的圆心角值，水准仪上圆水准器的圆心角值约为 $8'$。

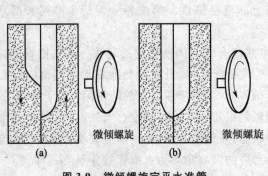

图 3-9　微倾螺旋定平水准管
(a)气泡不居中；(b)气泡居中

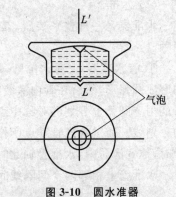

图 3-10　圆水准器

（3）基座。

基座用于支撑仪器的上部，通过连接螺旋与三脚架相连接。它是由轴座、脚螺旋、底板和三角压板构成（见图 3-3）。转动脚螺旋，可使圆水准器气泡居中，使仪器竖轴竖直。

2）水准尺和尺垫

水准尺是水准测量的主要工具，最常用的有单面尺和双面水准尺两种（见图 3-11）。单面尺能伸缩，携带方便，但接合处容易产生误差，其长度一般为 3 m 或 5 m。单面尺上标有 1 mm 或 5 mm 黑白相间的分划，在"m"和"dm"处注有数字，尺底端起点为零，为了便于倒像望远镜读数，标注的数字常倒写。双面水准尺比较坚固可靠，其长度有 2 m 和 3 m 两种。双面水准尺在两面标注刻划，尺的分划线宽为 1 cm，其中，尺的正面为黑白相间刻划，称为黑面，尺底端起点为零；反面为红白相间刻划，称为红面，尺底端起点不为零，而是一常数 K。每两根配为一对使用，其中一把尺常数为 4.687 m，与之相配的另一把尺常数为 4.787 m。利用黑红两面尺零点差可对水

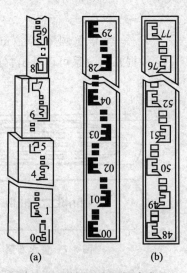

图 3-11　单面尺和双面水准尺

(a)单面尺；(b)双面水准尺

准测量读数进行校核。为了方便扶尺竖直,在水准尺的两端装有把手和圆水准器,双面水准尺多用在三、四等水准测量中。

尺垫是放置水准尺用的,是一种用在转点上的辅助测量工具,用钢板或铸铁制成(见图 3-12)。使用时把三个尖脚牢固地插入土中,把水准尺立在凸出的半球体上。依据尺垫可保证转点稳固,防止下沉。

3) 自动安平水准仪与精密水准仪简介

(1) 自动安平水准仪简介。

自动安平水准仪是在圆水准器气泡居中的条件下,利用仪器内部的自动安平补偿器,能使水准仪望远镜在倾斜 $\pm 15''$ 的情况下,仍能自动提供一条水平视线。自动安平水

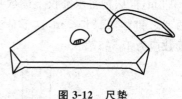

图 3-12 尺垫

准仪安置后只需调置圆水准器气泡使其居中就可以进行水准测量,然用望远镜照准水准尺,即可读取读数,与 DS_3 型微倾式水准仪相比没有精平的操作步骤。自动安平水准仪的特点是没有管水准器和微倾螺旋,水平微动螺旋依靠摩擦传动无限量限制,照准目标十分方便。在自动安平水准仪的基座上有水平度盘刻度线,利用它还能在较为平坦的地方进行碎部测量。因此,自动安平水准仪在建筑施工测量中被广泛使用。

(2) 精密水准仪简介。

精密水准仪主要用于国家一、二等水准测量及高精度要求的工程测量。水准仪在结构上的精确性与可靠性具有重要意义。为此,对精密水准仪须具备的一些条件提出下列要求:

① 水准管具有较高的灵敏度,水准管 τ 值为 $10''/2$ mm;

② 望远镜的放大倍率为 38 倍,望远镜的物镜有效孔径为 47 mm,视场亮度高;

③ 十字丝的中丝刻成楔形,能较精确地照准水准尺的分划;

④ 具有光学测微器的装置,可直接读取水准尺上一个分格的 1/100。如图 3-13 所示。

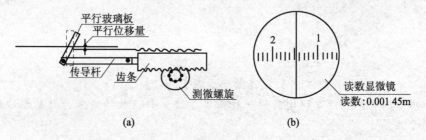

图 3-13 精密水准仪读数装置

如图 3-13(a)所示,精密光学水准仪测微装置由平行玻璃板、测微尺、传导杆、测微螺旋、读数显微镜组成。旋转测微螺旋通过齿条传导杆使平行玻璃板发生倾斜,将由折射产生平行位移,其量在水准尺上为 1 格,并将这一格即 1 mm 分成 100 等份,制成测微尺,与测微螺旋联动,如图 3-13(b)所示读数为 0.001 45 m。

精密光学水准仪测量时必须使用配套的精密水准尺,这种尺是在木质的尺身槽内,安有一根钢钢尺带,尺带上标有两排刻划,每排分划间距为 1 cm,但相互错开 5 mm,木质的尺身左边标注米数(m)、右边标注分米数(dm),尺身上标有大小三角形,小三角形表示 0.5 dm 处,大三角形表示分米的起始线。如图 3-14(a)所示。这种水准尺,其注记数字比实际长度

增加了一倍，即 5 cm 注记为 1 dm。所以，使用这种水准尺测量得出的数据应除以 2 才是实际结果。

精密光学水准仪的操作与一般水准仪基本相同。只是水准仪精平后，应旋转测微螺旋使十字丝中丝楔形对正精密水准尺上的某一分划线，读出米、分米、厘米数，如图 3-14(b)所示为 3.13 m，再从精密水准仪上读数显微镜中读出毫米数，如图 3-14(c)所示读数为 0.001 45 m。两者之和为 3.131 45 m，这不是实际结果，应将两者结果之和除以 2 才是实际结果，所以实际读数应为 1.565 725 m。

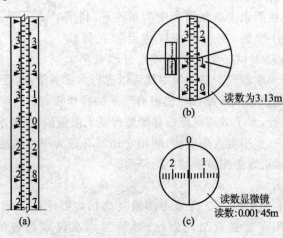

图 3-14　精密水准尺及读数

3.2　水准测量的方法和记录

【要　点】

水准测量是进行高程控制的一种基本方法。本节教学内容为熟悉水准测量的方法。

【解　释】

 水准测量的操作程序

安置一次仪器测量两点间高差的操作程序和主要工作内容如下。

1）安置仪器

在安置仪器之前，应选择合适的地点放好仪器的三角架，其位置应位于两标尺中间。

高度适中,架头大致水平,稳固地架设在地面上。用连接螺栓将水准仪固定在三角架上。转动脚螺旋,使圆水准器气泡居中,此称为粗平。调平方法:图 3-15(a)表示气泡偏离在 a 的位置,首先按箭头指示的方向同时转动调平螺旋 1、2,使气泡移到 b 点[图 3-15(b)],再转动调平螺旋 3,使气泡居中。变换水准盒位置,反复调平,调节微倾螺旋,使水准管观察孔中的两个气泡精确吻合。转动调平螺旋让水准盒气泡居中,规律是:气泡需向哪个方向移动,左手拇指就向哪个方向转动;若使用右手,拇指就向相反方向转动。

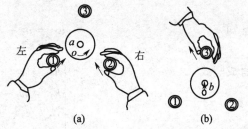

图 3-15　水准盒调平顺序

2) 读后视读数

操作顺序:立尺于已知高程点上→利用望远镜准确瞄准后视尺→拧紧制动螺旋→目镜对光,看清十字丝→物镜对光,看清后视尺面→转动水平微动,用十字线竖丝照准尺中→调整微倾螺旋,让水准管气泡居中(观察镜中两个部分相吻合)→按中丝所指位置读出后视精确读数→及时做好记录。读数完毕后还应检查水准管气泡是否仍居中,如有偏离,应重新调整,重新读数,并修改记录。读数时要调焦使水准尺成像清晰,调目镜使十字丝清晰,消除视差。

3) 读前视读数

松开制动螺旋用望远镜照准前视水准尺,按后视读数的操作程序,读出前视读数。

4) 做好原始记录

每一测站都应如实地把记录填写好,经简单计算、核对无误。记录的字迹要清楚,以备复查。只有把各项数据归纳完毕后,方能移动仪器到下一个测点。

测量已知点的高程

测量已知点的高程的方法,是以任意已知点为测站点,以另外一点定向,然后测量另一点的高程。如测水准点、测量地形特征点等都属于这种方法。

前面介绍了安置一次仪器测量两点之间的高差,这是水准测量的基本方法。在实际工作中经常遇到距离较远或高差较大的情况,安置一次仪器就不能完成任务。可采用分段转站的办法进行测量。从图 3-16 中可以看出,我们在已知点和待测点间加设若干转点,分成若干段以后,每段都可以按水准测量的基本方法测出高差,再根据起点高程(A 点为已知高程)依次推算出转点 1、2、3、…和终点 B 的高程。

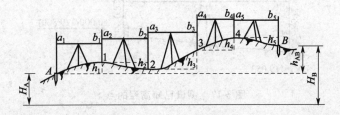

图 3-16　转点测量方法

B 点对 A 点的高差

$$h_{AB} = h_1 + h_2 + h_3 + h_4 + h_5$$

已知　　　　　　　　　　$h_1 = a_1 - b_1, h_2 = a_2 - b_2 \cdots$

写成竖式

$$
\left.
\begin{array}{l}
h_1 = a_1 - b_1 \\
h_2 = a_2 - b_2 \\
\cdots \\
\phantom{h_{AB} = \sum h = }h_5 = a_5 - b_5 \\
\hline
h_{AB} = \sum h = \sum a - \sum b
\end{array}
\right\vert
\tag{3-7}
$$

从式（3-6）中可以看出，终点到起点的高差等于各段高差的总和，即各段高差的总和 $\sum h = \sum a$（后视总和）$- \sum b$（前视总和）。

$$待测点高程\ H_B = H_A（起点高程）+ \sum h（各段高差总和）$$

从图 3-16 中还可以看出，长距离的转站测量，实际上是测量基本方法的连续运用。在施测过程中不能忽视转点高程的施测、计算正确与否对最后终点高程的准确性有直接影响，转点必须设在比较坚实、有突起的地方，如设在一般的土地上应加尺垫或钉木桩，以防转点高程变化产生误差。

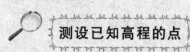
测设已知高程的点

测设已知高程的点，是根据已知水准点的高程在地面上或物体立面上测设出设计高程位置，并做好标志，作为施工过程控制高程的依据。如建筑物 ±0.000 的测设、道路中心高的测设等都属于这种方法，施工中应用比较广泛。

测设的基本方法如下：

（1）以已知高程点为后视，测出后视读数，求出视线高。

$$H_i = H_0 + a \tag{3-8}$$

（2）根据视线高先求出设计高程与视线高的高差，再计算出前视应读读数。

$$b_{应} = H_i - H_{设} \tag{3-9}$$

（3）以前视应读读数为准，在尺底画出设计高程的竖向位置。

例 3-1　图 3-17 某建筑楼房 ±0.000 的设计高程 $H_{设} = 119.800\ \text{m}$，已知水准点 BM_0 的高程 $H_0 = 119.053\ \text{m}$，在木桩侧面测出 119.800 m 的高程。

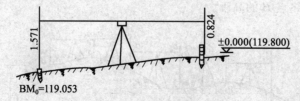

图 3-17　测设已知高程的点

测设步骤如下：

（1）两点间安置仪器，测 BM_0 点上后视读数 $a = 1.571$ m，则视线高：
$$H_i = H_0 + a = 119.053 + 1.571 = 120.624(m)$$

（2）计算设计高程的前视应读数：
$$b_{应} = H_i - H_{设} = 120.624 - 119.800 = 0.824(m)$$

（3）立水准尺于木桩侧面，按测量员指挥，上下慢慢移动尺身，当中丝对准 0.824 m 时停止，沿尺底在木桩侧面画一水平线，其高程就是要求的设计高程 119.800 m。

测设已知高程的点时，由于两点高程均为已知，其两点间高差可以预先算出 $[119.800 - 119.053 = 0.747(m)]$，可不必求视线高。当测出后视读数后，后视读数与高差相减，便得到前视应读读数。
$$b_{应} = 1.571 - 0.747 = 0.824(m)$$

采用上下移动水准尺的方法比较不方便，可先立尺于桩顶，测出桩顶读数，根据下式求出桩顶修改数：

$$桩顶修改数 = 前视应读读数 - 桩顶读数 \tag{3-10}$$

由式（3-10）计算得到的修改数为"＋"时，表示桩顶高于设计高程，应从桩顶向下量出修改数并画出设计高程的位置；若为"－"时，说明桩顶低于设计高程，应更换木桩。

施工现场的习惯做法是沿所画水平线将木桩上部截掉，以便以后利用此点时将尺直接立在桩顶，既便于扶尺，又可减少差错。截后的桩顶应水平，并应将水准尺立在桩顶进行复核。另一种做法是在高程线处画一小三角形，其顶尖与高程线对齐，并注有 ±0.000(119.800)。

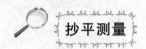
抄平测量

建筑施工中的水准测量和高程测量称为抄平。如测设龙门板、设置水平桩，为了提高工作效率，仪器要经过精确整平，利用视线高法原理，安置一次仪器就可测出较多同一标高的点。实际工作中一般习惯用一小木杆代替水准尺，既方便灵活，又可避免读数误差。木杆的底面应与立边相垂直。

图 3-18 中 A 点是建立的 ±0.000 标高点，欲在 B、C、D、E 各桩上分别测出 ±0.000 标高线。

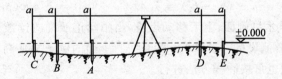

图 3-18　抄平

操作方法：仪器安置好后，将木杆立在 A 点 ±0.000 标志上，扶尺员平持铅笔在视线的大约高度按测量员指挥沿木杆上下移动，在中丝照准位置停止，并画一横线，即视线高。然后移木杆于待抄平桩侧面，按测量员指挥上下移动木杆（注意随时调整微倾螺旋，保持水准管气泡居中）。当木杆上的横线恰好与中丝对齐时，沿尺底画一横线，此线即为 ±0.000 位置。不移动仪器，采用相同方法即可在各桩上测出同一标高线。

要测设比 ±0.000 高 50 cm 的标高线，先从木杆横线向下量 50 cm 另画一横线，测设时以改后横线为准，即可测设出高 50 cm 的标高线。若有同等情况依次类推。

需注意的是当仪器高发生变动时（重新安置仪器或重新调平），要再将木杆立在已知高程点上,重新在木杆上测出视线高横线,不能利用以前所画横线。杆上以前画的没用的线要抹掉,以防止观测中发生错误。

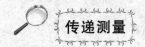
传递测量

在建筑施工中有时两点间高差很大,可采用吊钢尺法或接力法测量。

1) 吊钢尺法

某工程地下室基础深−7.000 m,当土方快挖到设计标高时,要根据±0.000 标高点向坑底引测−6.000 m 的标高桩,作为基础各阶段施工的标高控制点。

具体作法是在槽边设一吊杆,从杆顶向下吊一钢尺(图 3-19),尺的零端在下,钢尺下端吊一重锤以便使尺身竖直。在地面安置仪器用水准仪读数,先立尺于±0.000 点,测得后视读数 $a_1=1.420$ m(即视线高 1.420 m),测得钢尺读数 $b_1=7.040$ m,然后移动仪器于槽内,测得钢尺读数 $b_2=1.020$。

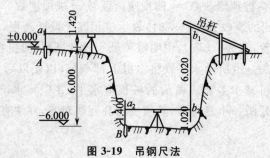

图 3-19　吊钢尺法

待测点与视线高的高差:
$$h = 1.420 - (-6.00) = 7.420 (\text{m})$$

钢尺两次读数差:
$$b_1 - b_2 = 7.040 - 1.020 = 6.020 (\text{m})$$

故 B 尺前视应读读数:
$$a_2 = h - (b_1 - b_2) = 7.420 - 6.020 = 1.400 (\text{m})$$

将水准尺立于 B 点木桩侧面,上下移动尺身,当中丝正照准应读数 1.400 m 时,沿尺底画一横线,该横线就是所要测设的−6.000 m 标高线。上面的例子是从高处向低处引测的情况,反之从低处向高处引测也可按同样方法进行。

2) 接力法

接力法测设是指两点之间存在阶梯地段。如图 3-20 所示,测坑底标高做法是在阶梯地段设一转点 C,先根据地面上已知 A 点标高测出 C 点标高,然后再利用 C 点标高测出 B 点标高。

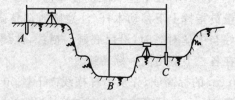

图 3-20　接力法

【相关知识】

水准测量应注意的事项

水准测量时,测量员应遵守以下要求。

(1) 应力求前、后视的视线等长。

(2) 使用仪器动作要轻,只能用手轻轻旋动螺旋和望远镜管进行各种操作。不准用手扶在仪器或脚架上,也不准两脚跨在一支脚架腿上观测。

(3) 晴天或阴雨天测量,要撑伞保护仪器,不得让仪器日晒雨淋。

(4) 搬动仪器时,若迁移的距离不远,地面又较平坦时,可用左手握住仪器下部的基座,右手抱住收拢的脚架腿,将仪器置于胸前,看清路面,小心搬移。不得将仪器连同脚架扛在肩上搬动,以免碰撞房屋、山石或树木等物,使仪器损坏。如迁移距离较远,应将仪器从脚架上取下,装箱后搬移。

(5) 在野外测量时,不准用仪器箱当凳坐。观测人员不得远离仪器,避免过路行人乱动,或被车辆、行人、牲畜撞倒摔坏。

(6) 立尺点要先放置尺垫,立尺必须力求竖直,不得前后、左右歪斜。

(7) 测量员必须养成读尺前后检查符合水准是否符合的习惯。

(8) 要精细读尺读数,谨防误读。

(9) 用单面尺时,立尺人要经常检查尺子接头的卡口是否卡好,谨防上节单面尺下滑。

(10) 记录应用硬铅笔,书写端正,字迹清楚。在复述测量员所报的尺读数,经观测员核对无误后,方可录入手册。如发现记录有误,应将错误数字划去,将正确结果改写在上面空白处,绝对不可在记错的数字上涂改。

(11) 立尺员应集中精力,随时注意测量员的指挥,不可东张西望、分散精力。

(12) 必须用规定的记录手册作记录,不准用零星纸片记录,带回驻地再誊写在手册上。手册是外业工作的原始记录,工作完毕要归档保存,不得丢失,以备日后参考。

(13) 要加强观测、记录和计算过程中的校核,除自校外,还需换人校核,以免出现差错。

(14) 校正仪器时,应先弄清仪器校正部分的构造、功能、校正螺丝的旋转方向。凡装有上下或左右成对校正螺丝的,要先松一侧螺丝,再旋紧另一侧螺丝。

(15) 校正用的拨针或螺丝刀,应与校正螺丝的针孔或槽口相吻合,否则将会损坏螺丝,使其失去校正仪器自身的功能。

(16) 校正仪器时,动作要"轻、慢、稳",不准用蛮力,更不准用敲打的方法。

(17) 测量完毕,要注意检查仪器的各种附件是否齐全,以防丢失。仪器装箱时,先用箱内的毛刷拭去仪器上的灰尘,如仪器上有水点,应用绒布拭干。镜头必须用拭镜头纸拭擦,不准用手或粗糙的纸片、布片擦拭镜头。仪器入箱,要按原装箱位置,使各部件复位后,轻轻旋紧各固定螺旋,再合上箱盖。如发现箱盖不能关上或不能密合,必是仪器未恢复原位,查明原因,调整位置,绝对不可硬压箱盖,强力合上。

(18) 冬天在室外测量完毕,应先将仪器装箱后,才能移入室内,等箱内仪器慢慢升温到与室温相同时,再开箱取出仪器进行擦拭,清洁后再装入箱,并送回仪器室归还。仪器骤冷骤热将使表面或镜片上结露,使仪器受损。

以上各点是测量人员多年的经验总结,初学者要谨记在心,并付诸实践,使自己成为一个有修养的技术人员。

3.3 水准测量的精度要求和校核方法

【要 点】

仪器在经过运输或长期使用后,其各轴线之间的关系会发生变化。为保证测量工作能得出正确的成果,要定期对仪器进行检验和校正。

【解 释】

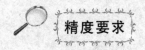
精度要求

1) 误差

从理论上讲在两点间安置两次仪器,测得两个高差,两次所得高差应相等。但由于仪器本身构造的误差、估读数值的偏差及各种外界自然条件等因素的影响,这些高差的观测值中包含误差,误差满足其限值,称为条件闭合差,或叫闭合差。错误与误差不同,误差是指施测过程中由于不可能绝对避免的因素造成的,其数值较小而不超过一定的限值;错误是由于工作中粗心大意造成的,是应该而且可以避免的,数值往往较大。

只观测一次得出的成果不能确定其误差是多少,必须用比较的方法(再观测一次或数次)才能鉴别出来。

2) 精度要求

建筑施工测量中,按不同的工程对象,技术标准、检定规程等对误差所规定的允许的极限值叫允许误差,用 $\Delta h_允$ 表示。测量误差若小于允许误差,精度合格,成果可用;若大于允许误差,成果就不可用。允许误差也就是精度要求。水准网的主要技术要求见表3-1。

表3-1 水准网的主要技术要求

等级	每千米高差中误差/mm	附合路线长度/km	水准仪型号	水准尺	观测次数		往返较差、附合或环线闭合差	
					与已知点联测	附合或环线	平地/mm	山地/mm
二	±2		S_1	铟瓦	往返各一次	往返各一次	$\pm 4\sqrt{L}$[1]	
三	±6	50	S_3	双面	往返各一次	往返各一次	$\pm 12\sqrt{L}$	$\pm 4\sqrt{n}$[2]
			S_1	铟瓦		往一次		

等级	每千米高差中误差/mm	附合路线长度/km	水准仪型号	水准尺	观测次数		往返较差、附合或环线闭合差	
					与已知点联测	附合或环线	平地/mm	山地/mm
四	±10	16	S_3	双面	往返各一次	往一次	$±20\sqrt{L}$	$±6\sqrt{n}$
图根	±20	5	S_3		往返一次	往一次	$±40\sqrt{L}$	$±12\sqrt{n}$

注:1. L 为水准路线的总长(km);

2. n 为测站数。

施工测量中建立高程控制点时采用四等水准要求,允许误差为:

$$\Delta h_允 = ±20\sqrt{L}$$

或

$$\Delta h_允 = ±6\sqrt{n} \tag{3-11}$$

一般工程测量允许误差采用:

$$\Delta h_允 = ±40\sqrt{L}$$

或

$$\Delta h_允 = ±12\sqrt{n} \tag{3-12}$$

当每千米测站少于 15 站时采用式(3-11),每千米多于 15 站时采用式(3-12)。

建筑物施工过程的水准测量一般为等外测量,其允许误差应符合各分项工程质量要求。精密设备安装及生产线施工应采用等级测量。工作中应精益求精,合理地控制误差,以提高测量精度。高程测量允许误差见表 3-2 和表 3-3。

表 3-2　高程测量允许误差(一)　　　　　　　　　　　单位:mm

测量距离/km	四等测量 $±20\sqrt{L}$	一般工程 $±40\sqrt{L}$	测量距离/km	四等测量 $±20\sqrt{L}$	一般工程 $±40\sqrt{L}$
0.1	6	13	1.9	28	55
0.2	9	18	2.0	28	57
0.3	11	22	2.2	30	59
0.4	13	25	2.4	31	62
0.5	14	28	2.6	32	64
0.6	15	31	2.8	33	66
0.7	17	33	3.0	35	69
0.8	18	36	3.2	36	72
0.9	19	38	3.4	37	74
1.0	20	40	3.6	38	76
1.1	21	42	3.8	39	78
1.2	22	44	4.0	40	80
1.3	23	46	4.2	41	82
1.4	24	47	4.4	42	84
1.5	25	49	4.6	43	86
1.6	25	50	4.8	44	88
1.7	26	52	5.0	45	89
1.8	27	54	5.2	46	91

表 3-3　高程测量允许误差（二）　　　　　　　　　　单位：mm

测站数 n	四等测量 $\pm 5\sqrt{n}$	一般工程 $\pm 12\sqrt{n}$	测站数 n	四等测量 $\pm 5\sqrt{n}$	一般工程 $\pm 12\sqrt{n}$
5	11	27	32	28	68
6	12	29	33	29	69
7	13	32	34	29	70
8	14	34	35	30	71
9	15	36	36	30	72
10	16	38	37	30	73
11	16	40	38	31	74
12	17	42	39	31	75
13	18	43	40	32	76
14	19	45	41	32	77
15	19	46	42	32	78
16	20	48	43	33	79
17	21	49	44	33	80
18	21	51	45	33	80
19	22	52	46	34	81
20	22	54	47	34	82
21	23	55	48	35	83
22	23	56	49	35	84
23	24	57	50	35	85
24	24	59	51	36	86
25	25	60	52	36	86
26	25	61	53	36	87
27	26	62	54	37	88
28	26	63	55	37	89
29	27	65	56	37	90
30	27	66	57	38	91
31	28	67	58	38	91

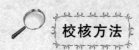 校核方法

● 1）复测法（单程双线法）

从已知水准点测到待测点，再从已知水准点开始重测一次，叫复测法或单程双线法。再次

测得的高差,符号(+、-)应相同,数值应相等。如不相等,两次所得高差之差叫较差,用 $\Delta h_{测}$ 表示。其公式为:

$$\Delta h_{测} = h_{初} - h_{复} \tag{3-13}$$

较差小于允许误差,其精度合格。然后取高差平均值计算待测点高程,公式为:

$$高差平均值 h = \frac{h_{初} + h_{复}}{2} \tag{3-14}$$

高差的符号有"+""-"之分,按其所得符号代入高程计算式。

复测法用在测设已知高程的点时,初测时在木桩侧面画一横线,复测又画一横线,若两次测得的横线不重合(图 3-21),两条线间的距离就是误差,若较差小于允许误差,取两线中间位置作为测量成果。

2) 往返测法

从已知水准点开始测到待测点,作为起始依据,再按相反方向测回到原来的已知水准点,称往返测法。两次测得的高差,符号(+、-)应相反,往返高差的代数和应等于零。如不等于零,其差值叫较差。即

$$\Delta h_{测} = h_{往} + h_{返} \tag{3-15}$$

较差小于允许误差,精度合格。取高差平均值计算待测点高程。

$$高差平均值 h = \frac{h_{往} - h_{返}}{2} \tag{3-16}$$

3) 闭合测法

从已知水准点开始,在测量水准路线上若干个待测点后,又测回到原来的起点上(图 3-22),由于起点与终点的高差为零,所以全线高差的代数和应等于零。某个量的观测结果与其应有值之间的差值叫闭合差。闭合差小于允许误差,叫精度合格。

在复测法、往返测法和闭合测法中,都是以一个水准点为起点,如果起点的高程记错、用错或点位发生变动,即使高差测得再准确,计算也无误,测得的高程还是不正确的。因此,必须注意准确抄录起点高程并检查点位有无变化。

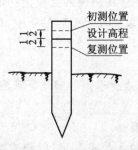

图 3-21 复测法测设计高程

图 3-22 闭合测法

4) 附合测法

从一个已知水准点开始到测完待测点(一个或数个)后,继续向前施测到另一个已知水准点上闭合(图 3-23)。把测得终点对起点的高差与已知终点对起点的高差比较,其差值叫闭合差,闭合差小于允许误差,精度合格。

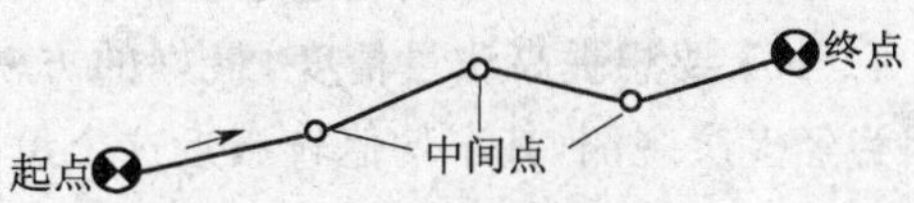

图 3-23 附合测法

【相关知识】

施测中的操作要领

正确掌握施工测量的操作要领,可防止错误产生,减少误差,提高测量精度。

1) 施测过程中的注意事项

(1) 施测前,所用仪器和水准尺等器具必须经检校,以免影响测量成果的质量。

(2) 前后视距应尽量相等,以消除仪器误差和其他自然条件因素(地球曲率、大气折光等)的影响。从图 3-24(a)中可以看出,如果把仪器安置在两测点中间,即使仪器有误差(水准管轴不平行视准轴),前后视读数中都含有同样大小的误差,用后视读数减去前视读数所得的高差,误差即抵消。如果前后视距不相等,如图 3-24(b)所示,因前后视读数中所含误差不相等,计算出的高差仍含有误差。

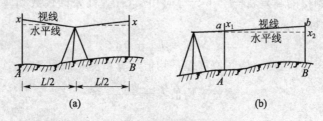

图 3-24 仪器安置位置对高差的影响

(a) $(a-x)-(b-x)=a-b$;(b) $(a-x_1)-(b-x_2)\neq a-b$

(3) 仪器要安稳,选择比较坚实的地方,三脚架要牢固地插入地面。

(4) 读数时水准管气泡要居中,读数后应检查气泡是否仍居中。在强阳光照射下,要撑伞遮住阳光,防止气泡不稳定。

(5) 水准尺要立直,防止尺身倾斜造成读数偏大。如 3 m 长塔尺上端倾斜 30 cm,读数每 1 m 将增大 5 mm。要经常检查和清理尺底泥土。水准尺要立在坚硬的点位上(加尺垫、钉木桩)。作为转点,前后视读数尺子必须立在同一标高点上。单面尺上节容易下滑,使用上尺时要检查卡簧位置,防止造成尺差错误。

(6) 物镜、目镜要仔细对光清晰,以消除视差。

(7) 视距不宜过长,因视距越长读数误差越大。在春季或夏季雨后阳光下观测时,由于地表蒸汽流的影响,也会引起读数误差。

(8) 了解尺的刻划特点,注意倒像的读数规律,读数要准确。

(9)认真做好记录,按规定的格式填写,字迹整洁、清楚。禁止草记,以免发生误解造成错误。

(10) 测量成果必须经过检验校核,才能认为准确可靠。

(11)要想提高测量精度,最好的方法是多观测几次,最后取算术平均值作为测量成果。因为经多次观测,其平均值较接近这个量的真值。

2) 指挥信号

观测过程中,测量员要随时指挥扶尺员调整水准尺的位置,结束时还要通知扶尺员,如采用喊话等形式不仅费力而且容易产生误解。习惯做法是采用手势指挥。

（1）向上移。

如水准尺（或铅笔）需向上移，测量员就向身侧伸出左手，以掌心朝上，做向上摆动之势，需大幅度移动，手即大幅度活动。需小幅度移动，只用手指活动即可，扶尺员根据测量员的手势朝向和幅度大小移动水准尺。当视线正确照准应读读数时，手势停止。需注意的是望远镜中看到的是倒像，指挥时不要弄错方向。

（2）向下移。

如果水准尺需向下移，测量员应同样伸出左手，但掌心朝下摆动，做法同前。

（3）向右移。

如水准尺没有立直，上端需向右摆动，测量员就抬高左手过头顶，掌心朝里，做向右摆动之势。

（4）向左移。

如水准尺上端需向左摆动，测量员就抬高右手过头顶，掌心朝里，做向左摆动之势。

（5）观测结束。

测量员准确读出读数，做好记录，认为没有错误后，用手势通知扶尺员结束操作。其手势是：测量员举双手由身侧向头顶划圆弧运动。扶尺员只有得到测量员结束手势后，方能移动水准尺。

3.4　精密水准仪的基本性能、构造和用法

【要　点】

精密水准仪能提供精确水平视线、准确照准目标和精确读数，是一种高级水准仪。本节内容要求熟悉光学测微器和精密水准尺的构造，掌握精密水准仪的读数方法和使用要点。

【解　释】

精密水准仪的基本性能

精密水准仪和一般微倾式水准仪的构造基本相同。与一般水准仪相比，其具有制造精密、望远镜放大倍率高、水准器分划值小、最小读数准确等特点。因此，它是能提供精确水平视线、准确瞄准目标和精确读数的一种高级水准仪。测量时它和精密水准尺配合使用，可取得高精度测量成果。精密水准仪主要用于国家一、二等水准测量和高等级工程测量，如大型建（构）筑物施工、大型设备安装、建筑物沉降观测等测量中。表 3-4 列出一些国产精密水准仪的技术参数。

表 3-4　国产精密水准仪的技术参数

技术参数项目	水准仪型号	
	DS$_{0.5}$	DS$_1$
每千米往返测平均高差中误差/mm	±0.5	±1
望远镜放大倍率	≥40	≥40
望远镜有效孔径/mm	≥60	≥50
水准管分划值	10″/2 mm	10″/2 mm
测微器有效移动范围/mm	5	5
测微器最小分划值/mm	0.05	0.05

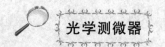

光学测微器

　　光学读数测微器通过扩大了的测微分划尺，可以精读出小于分划值的尾数，改善普通水准仪估读毫米位存在的误差，提高了测量精度。

　　如图 3-25 所示，精密水准仪的测微装置由平行玻璃板、测微分划尺、传动杆和测微螺旋系统组成，读数指标线刻在一个固定的棱镜上。测微分划尺刻有 100 个分格，与水准尺的10 mm 相对应，即水准尺影像每移动 1 mm，测微分划尺上移动 10 个分格，每个分格为 0.1 mm，可估读至0.01 mm。

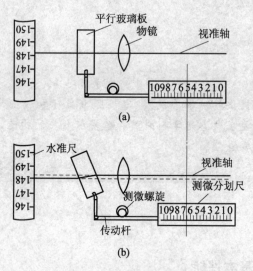

图 3-25　测微读数装置

　　测微装置工作原理是：平行玻璃板装在物镜前，通过传动齿条与测微分划尺连接，齿条由测微螺旋控制，转动测微螺旋，齿条前后移动带动玻璃板绕其轴向前后倾斜，测微分划尺也随之移动。

　　当平行玻璃板竖直时（与视准轴垂直），如图 3-25（a）所示，水平视线不产生平移，测微分划尺上的读数为 5.00 mm；当平行玻璃板向前后倾斜时，根据光的折射原理，视线上下平移，如图 3-25（b）所示，测微分划尺有效移动范围为上下各 5 mm（50 个分格）。如测微分划尺移到 10 mm 处，视线向下平移 5 mm；若测微分划尺移到 0 处，视线向上平移 5 mm。

需说明的是,测微分划尺上的 10 mm 注字,实际真值是 5 mm,也就是注记数字比真值大 1 倍,这样就和精密水准尺的注字一致(精密水准尺的注字也是比实际长度大 1 倍),以便于读数和计算。

如图 3-25 所示,当平行玻璃板竖直时,水准尺上的读数在 1.48~1.49 m,此时测微分划尺上的读数是 5 mm,而不是 0。旋转测微螺旋,平行玻璃板向前倾斜,视线向下平移,与就近的 1.48 m 分划线重合,此时测微分划尺的读数为 6.54 mm,视线平移量为(6.54－5.00)mm,最后读数为:1.48 m＋6.54 mm－5.00 mm＝1.481 54 m。

在上面的最后读数中,每次读数都应减去一个常数值 5 mm。但在水准测量计算高差时,因前、后视读数都含这个常数,互相抵消。因此,在读数、记录和计算过程中都不考虑这个常数。但在进行单向测量读数时,必须减去这个常数。

精密水准尺的构造

图 3-26 为精密水准尺,与 DS$_1$ 型精密水准仪配套使用。该尺全长 3 m,注字长 6 m,在木质尺身中间的槽内装有膨胀系数极小的铟瓦合金带,故称铟瓦尺。带的下端固定,上端用弹簧拉紧,以保证带的平直且不受尺身长度变化的影响。铟瓦合金带分左右两排分划,每排最小分划均为 10 mm,彼此错开 5 mm,把两排的分划合在一起使用,便成为左右交替形式的分划,其分划值为 5 mm。合金带右边从 0~5 注记米数,左边注记分米数,大三角形标志对准分米分划,小三角形标志对准 5 cm 分划,注记的数字为实际长度的 2 倍,即水准尺的实际长度等于尺面读数的 $\frac{1}{2}$,所以用此水准尺进行测量作业时,须将观测高差除以 2,才是实际高差。

图 3-26　精密水准尺

精密水准仪的读数方法

精密水准仪与一般微倾水准仪的构造原理及使用方法基本相同,只是精密水准仪装有光学测微读数系统,所测量的对象要求精度高,操作要更加准确。

图 3-27 所示是 DS$_1$ 型精密水准仪目镜视场影像,读数程序如下。

(1)望远镜水准管气泡调到精平,提供高精度的水平视线,调整物镜、目镜,精确照准尺面。

(2)转动测微螺旋,使十字丝的楔形丝精确夹住尺面整分划线,读取该分划线的读数,图 3-27 中为 1.97 m。

(3)再从目镜右下方测微尺读数窗内读取测微分划尺读数,图 3-27 中为 1.50 mm(测微分划尺每分格为 0.1 mm,每注字格 1 mm)。

(4)水准尺全部读数为 1.97 m＋1.50 mm＝1.971 50 m。

(5)尺面实际高度是尺面读数的一半,应除以 2,即实际高差为 1.971 50÷2＝0.985 75(m)。

测量作业过程中,可用尺面读数进行运算,在求高差时,再将所得高差值除以 2。

图 3-28 所示为蔡司 NI004 水准仪目镜视场影像。该图下面是水准管气泡影像,并刻有读

数,测微分划尺刻在测微鼓上,随测微螺旋转动。该尺刻有 100 个分格,最小分划值为 0.1 mm(尺面注字比实际长 1 倍,所以最小分划实长为 0.05 mm)。

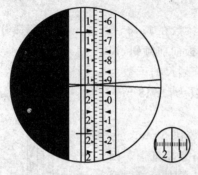

图 3-27　DS₁ 型水准仪目镜视场

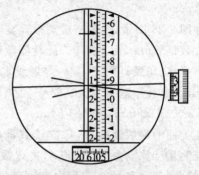

图 3-28　蔡司 NI004 水准仪目镜视场

当楔形丝夹住尺面 1.92 m 分划时,测微分划尺上的读数为 34.0(即 3.40 mm),尺面全部读数为 1.92 m＋3.40 mm＝1.923 40 m。

实际尺面高度为 1.923 40÷2＝0.961 70(m)。

 精密水准仪使用要点

(1) 水准仪、水准尺要定期检校,以减少仪器本身存在的误差。

(2) 为减少与距离有关的误差影响,仪器安置位置应符合所测工程对象的精度要求,视线长度、前后视距差、累计视距差和仪器高都应符合观测等级精度的要求。

(3) 选择合适观测的外界条件,要考虑强光、光折射、逆光、风力、地表蒸汽、雨天和温度等外界因素的影响,以减少观测误差。

(4) 仪器应安稳精平,水准尺应利用水准管气泡保持竖直,立尺点(尺垫、观测站点、沉降观测点)要有良好的稳定性,防止点位变化。

(5) 观测过程要仔细认真,粗心大意是测不出精确成果的。

(6) 熟练掌握所用仪器的性能、构造和使用方法,了解水准尺尺面分划特点和注字顺序,情况不明时不要作业,以防造成差错。

 精密水准仪的检验与校正

1) 圆水准器气泡的校正

(1) 校正的目的是使圆水泡的轴线垂直,以便安平。

(2) 校正方法:用长水准管使纵轴确切垂直,然后进行校正,使圆水准器气泡居中。其步骤如下:拨转望远镜使其垂直于一对水平螺旋,然后用圆水准器粗略安平,再用微倾螺旋使长水准器气泡居中微倾螺旋之读数,拨转仪器180°,如果气泡有偏差,仍用微倾螺旋安平,再次得到一读数,旋转微倾螺旋至两读数之平均数。此时长水准轴线已与纵轴垂直。接着再用水平螺旋安平长水准管气泡居中,纵轴即垂直。转动望远镜至任何位置,气泡像符合差不大于 1 mm。纵轴既已垂直,可校正圆水准使气泡恰好在黑圈内。在圆水泡的下面有 3 个校正螺旋,校正时螺旋不可旋得过紧,以免损坏水准盒。

2）微倾螺旋上刻度指标差的改正

在上述进行的使长水准轴线与纵轴垂直的步骤中，曾得到微倾螺旋两数的平均数。当微倾螺旋对准此数时，长水准轴线则应与纵轴垂直，此数本应为零，如果不对零线，则有指标差，可将微倾螺旋外面周围的三个小螺旋各松开半转，轻轻旋动螺旋头至指标恰好指向"0"线为止，然后重新旋紧小螺旋。在进行此项工作时，长水准必须始终保持居中，即气泡保持符合状态。

3）长水准的校正

（1）校正的目的是使水准管轴与视准轴平行。

（2）步骤与普通水准仪的检验校正相同。

3.5 自动安平水准仪

【要　点】

自动安平水准仪在抄平时，只用圆水准盒粗略整平仪器，不需用微倾螺旋精确调平符合水准管。借助仪器中的补偿装置，即可准确读出水平视线的尺读数，从而加快了水准测量的观测速度，节约外业时间，减少风力、气温、震动和水准尺因拖延时间而致尺底下沉等因素对观测结果的影响。

【解　释】

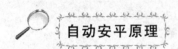
自动安平原理

自动安平水准仪是 1950 年国外研制的水准仪。由于这种仪器在抄平时，没有管水准器和微倾螺旋，在粗略整平之后，即在圆水准气泡居中的条件下，借助仪器中的补偿装置可准确读出水平视线的尺读数，从而加快了水准测量的观测速度，节省外业时间，减少风力、气温、震动和水准尺因拖延时间而致尺底下沉等因素对观测结果的影响。因此，现代水准仪已多采用这种装置。

图 3-29 为我国北京测绘仪器厂生产的 DSZ3—ZD 型自动安平水准仪。

如图 3-30 所示，OZ 为水平视线，Z 为十字丝交点。如仪器尚未精确整平，望远镜有一微小倾角 α（如图 3-30 中虚线所示），十字丝偏移到 Z' 位置，由图中几何关系可知十字丝中心的偏移量为：

$$ZZ' \approx f\alpha \tag{3-17}$$

式中：f——望远镜物镜的焦距。

如在 OZ 间适当位置 C 安装一补偿器，由图 3-33 中的几何关系可得：

$$ZZ' \approx s\beta \tag{3-18}$$

故 $$f\alpha \approx s\beta \qquad (3-19)$$

$$\frac{\beta}{\alpha} \approx \frac{f}{s} = n \qquad (3-20)$$

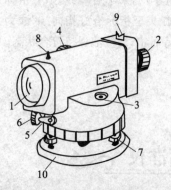

图 3-29　DSZ3—ZD 型自动安平水准仪
1—物镜；2—目镜；3—圆水准器；4—调焦螺旋；
5—固定扳手；6—微动螺旋；7—脚螺旋；8—准星；
9—照门；10—底板

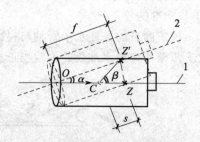

图 3-30　自动安平水准仪的安平原理
1—水平视线；2—倾斜视线

当仪器满足这一条件时，经补偿器补偿，能将水平视线沿箭头指示的途径通过十字丝的中心 Z，从而可读得正确的尺读数。

国产 DSZ3—ZD 型自动安平水准仪的补偿器，如图 3-31 所示。

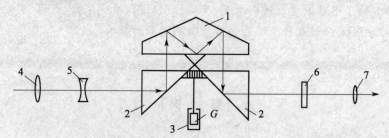

图 3-31　DSZ3—ZD 型自动安平水准仪的补偿器
1—屋脊形棱镜；2—直角棱镜；3—空气阻尼器；4—物镜；
5—调焦透镜；6—十字丝分划板；7—目镜

其补偿器安装在调焦透镜与十字丝分划板之间（相当于图 3-30 的 C 点处）。它是由屋脊形棱镜、两块直角棱镜和空气阻尼器组成。其中屋脊棱镜固定在望远镜的镜筒上，在屋脊棱镜架上用交叉金属丝悬挂两个直角棱镜，下有重物 G。当望远镜偏转一个 α 角时，两直角棱镜由于重物 G 的作用，也在相反方向偏转一个 α 角。重物 G 置于空气阻尼器中，可使棱镜的摆动尽快停止，处于静止状态。

自动安平水准仪如何应用上述安平原理呢？如图 3-32 所示，当镜管微倾一个 α 角时，两直角棱镜受重物 G 的作用，在相反方向也偏转一个 α 角（如图 3-32 中虚线所示）。视线经两直角棱镜及屋脊棱镜的反射，仍水平并投射到十字丝的中心 Z' 上，故能读得正确的尺读数。如直角棱镜随仪器微倾而偏转（如图 3-32 中实线所示），视线将偏转一个 β 角，通过十字丝中心 Z 的视线，必然沿倾斜视线（如图 3-32 中实线所示），向上倾斜一个 α 角，读尺读数，自然不能得到正确的结果。

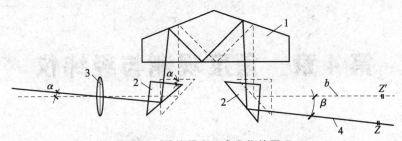

图 3-32 补偿器安平水准仪的原理

1—屋脊形棱镜;2—直角棱镜;3—调焦透镜;4—水平视线

由图 3-32 可见,视线偏转 α 角,直角棱镜若也偏转 α 角,光线经棱镜反射后,偏转 β 角将为 4α,由式(3-20)可得:

$$n = \frac{\beta}{\alpha} = \frac{4\alpha}{\alpha} = 4 \tag{3-21}$$

式中:n——补偿器的放大倍数。

由式(3-20)可求:

$$s = \frac{f}{n} = \frac{f}{4}$$

以此可确定安置补偿器 C 的位置。

【相关知识】

自动安平水准仪的应用

用自动安平水准仪作水准测量,与使用微倾式水准仪的方法基本相同,仪器置于测站点后,用脚螺旋和圆水准器粗略整平仪器,即可照准测点的立尺。由于补偿器的作用,仪器仍可提供一条水平视线,用十字丝横丝截读水准尺的尺读数即可如法进行水准测量。

为检查补偿器的工作是否正常,可轻微调整脚螺旋,如尺读数仍无变化,说明补偿器工作正常,否则,应对仪器进行检修。

由于自动安平水准仪的金属丝较脆弱,故使用自动安平水准仪更要倍加爱护,严防仪器受剧烈震动,更不能使仪器有人为的损坏。

自动安平水准仪与微倾式水准仪的区别及优点

自动安平水准仪是一种只需概略整平即可获得水平视线读数的仪器,即在利用水准仪上的圆水准仪将仪器概略整平时,由于仪器内部自动安平机构(自动安平补偿器)的作用,十字丝交点上读得的读数始终为视线严格水平时的读数,与微倾式水准仪的区别主要在于其由补偿装置代替水准管与微倾螺旋,初平后,即可读取正确读数。

这种仪器的优点是操作迅速简便,由于自动安平水准仪大大加快了安置使用速度,提高了工效,在施工中的应用尤其广泛。

第4章　角度观测与经纬仪

4.1　角度测量原理

【要　　点】

角度测量是测量基本的工作之一,本节的教学内容包括水平角和竖直角的测量原理。

【解　　释】

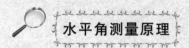

为确定一点的空间位置,角度是基本要素之一,角度测量是测量的一项基本工作。水平角是指地面上一点到两个目标点的方向线垂直投影到水平面上的夹角。

如图 4-1 所示,设有从 O 点出发的 OA、OB 两条方向线,分别过 OA、OB 的两个铅垂面与水平面 H 的交线 Oa 和 Ob 所夹的 $\angle aOb$,即为 OA、OB 间的水平角 β。

经纬仪内部水平放置一个度盘,且度盘的刻划中心与 O 点重合,则两投影方向 Oa、Ob 在度盘上的读数之差即为 OA 与 OB 间的水平角值。也就是说,两个方向读数差就是所测的水平角的角值。

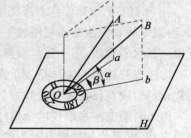

图 4-1　角度测量原理

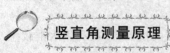

竖直角是在同一竖直面内倾斜视线与水平线的夹角,一般用 α 表示,其角值范围为 $0° \sim \pm 90°$。向上倾斜的仰角规定为正,用"＋"表示;向下倾斜的俯角规定为负,用"－"表示。如图 4-1 所示,对于经纬仪来说,其内部在铅垂面内设置了一个竖直度盘,也使 O 点与度盘刻划中心重合,由于 Ob 是水平线,且与 OB 在同一铅垂面内,OB 和 Ob 在竖直度盘上的读数之差即 $\angle BOb$ 为 OB 的竖直角。同样,$\angle AOa$ 为 OA 的竖直角。当视线水平时,竖盘读数都是一个固定值($90°$ 的整倍数,称为始读数)。

【相关知识】

角度测量的注意事项

角度测量应根据测量规范规定的要求进行,这是防止错误、减小误差的保证。另外,在角度测量过程中还应注意以下事项。

(1) 选择有利的时间进行观测,避开大风、雾天、烈日等不利的天气。

(2) 仪器安置稳定、高度适中,方便观测并减弱地面辐射影响。

(3) 使用仪器用力要轻而均匀,制动螺旋不宜拧得过紧,微动螺旋要用中间位置,否则容易对仪器造成损坏。

(4) 观测时,一测回内不可两次整平仪器,若结果超限,整平仪器后重新测量该测回。

(5) 应尽量瞄准目标的底部,视线应避开烟雾、建筑物、水面等,瞄准和读数时都要消除视差。

(6) 观测过程中应按测量规范顺序进行观测、记录并当场计算,如发现错误或误差过大,应马上返回观测点,重新测量。

4.2 光学经纬仪的构造与读数

【要　点】

经纬仪是测量角度的仪器,兼有其他测量功能。根据测角精度的不同,我国的经纬仪系列分为 DJ_{07}、DJ_1、DJ_2、DJ_6、DJ_{15} 等几个等级。D 和 J 分别是大地和经纬仪的意思,小数字表示其测角精度。这里主要介绍 DJ_6 级和 DJ_2 级光学经纬仪的构造和使用。

【解　释】

DJ_6 级光学经纬仪的构造

图 4-2 所示为 DJ_6 级光学经纬仪的构造,它主要由照准部、水平度盘与基座三大部分组成。

1) 照准部

指经纬仪上部可转动的照准部分,主要包括望远镜、竖直度盘、水准器及读数设备等。

(1) 望远镜。望远镜是瞄准目标的设备,与横轴固连在一起。横轴放在支架上,因此,望远镜可绕横轴在竖直面内转动,以便瞄准不同高度的目标,由望远镜制动螺旋与微动螺旋控制其上下转动。

（2）竖盘。竖直地固定在横轴的一端，当望远镜转动时，竖盘也随着转动，用它观测竖直角。

（3）光学读数装置。在望远镜旁的读数显微镜中读数。

（4）水准器。分圆水准器和管水准器两种，圆水准器一般安置在基座上，水准管安置在照准部上。前者用于粗平，后者用于精平。

（5）光学对中器。用它可将仪器中心精确对准地面上的点。早期的 DJ$_6$ 级光学经纬仪（例如 DJ$_6$－1 型）没有光学对中器。

（6）水平制动螺旋与微动螺旋都属于控制水平方向转动。

另一种 DJ$_6$ 级光学经纬仪，其照准部上配有复测旋钮，或称度盘离合器，可控制照准部与度盘的分离或相连，如 DJ$_6$－1 型，现已停产，但某些单位还在使用。图 4-3 所示为北京光学仪器厂生产的 DJ$_6$ 级光学经纬仪，型号为 TDJ6。

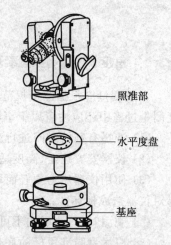

照准部
水平度盘
基座

图 4-2　DJ$_6$ 级光学经纬仪的构造

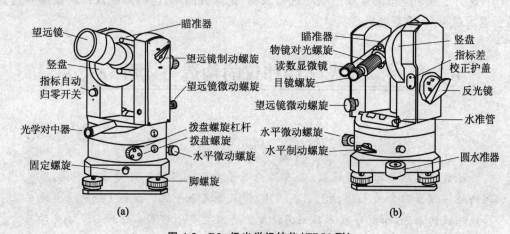

望远镜
竖盘
指标自动归零开关
光学对中器
固定螺旋
瞄准器
望远镜制动螺旋
望远镜微动螺旋
拨盘螺旋杠杆
拨盘螺旋
水平微动螺旋
脚螺旋

(a)

瞄准器
物镜对光螺旋
读数显微镜
目镜螺旋
望远镜微动螺旋
水平微动螺旋
水平制动螺旋
竖盘
指标差校正护盖
反光镜
水准管
圆水准器

(b)

图 4-3　DJ$_6$ 级光学经纬仪（TDJ6 型）
(a)正面；(b)反面

2）水平度盘

水平度盘用于观测水平角读数。它是用玻璃刻制的圆环，其上顺时针方向刻有 0°~360°，最小刻划为 1°。

3）基座

基座是仪器支撑的底座，设有 3 个脚螺旋。基座上固定有圆水准器，是作为仪器粗略整平之用。基座和三脚架头用中心螺旋连接，以便把仪器固定在三脚架上。

 DJ$_6$ 级光学经纬仪的读数法

光学经纬仪的竖直度盘和水平度盘的分划线通过一系列的棱镜和透镜成像在望远镜目镜旁的读数显微镜内。采用光学测微技术实现精密测角。不同的测微技术读数方法不同。DJ$_6$ 型光学经纬仪读数结构有分微尺测微器和单平板玻璃测微器两种。

1）分微尺测微器及读数方法

观察望远镜旁的读数显微镜，可以看到两个读数窗口，Hz(Horizontal)为水平度盘读数窗口，V(Vertical)为竖直度盘读数窗口，如图 4-4(b)所示。每个窗口同时显示度盘分划像和分微尺分划像。分微尺在窗口中央位置固定不动，其 0 分划为读数指标，而度盘分划影像随观测操作而移动。分微尺 60 小格总宽度恰好等于度盘 1°的宽度，如图 4-4(a)所示，分微尺的 1、2、3、…、6 表示 10′、20′、30′、…、60′，分微尺一小格代表 1′，可估读至 0.1′，即 6″。

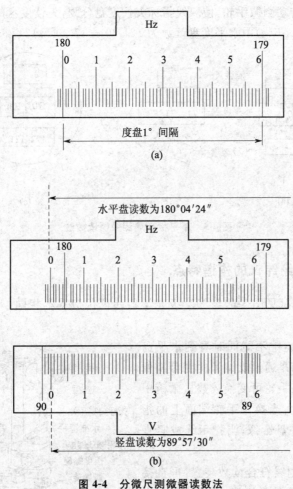

图 4-4 分微尺测微器读数法
(a)分微尺总宽度等于度盘 1°的宽度;(b)读数窗实例

读数方法是以分微尺 0 所指的度盘度数为指标，如见图 4-4(b)上半部所示，先读水平度盘 Hz 的度数（从小到大读），读为 180°；加上读数指标至度盘 180°之间分微尺的分划数（也是从小到大读），读为 4′；再加上估读不足 1′的秒值，估读 1 格的 1/10，即 6″，估读 0.4 格，即 24″，相加全部读数，水平度盘读数为 180°04′24″。同样方法读取竖盘 V 读数[见图 4-4(b)下半部]，分微尺 0 指标在 89°～90°，因此应读度数为 89°，整分值为 57′，再估读不足 1′的值，0.5 格，即 30″，竖盘读数为 89°57′30″。

2）单平板玻璃测微器及其读数方法

单平板玻璃测微器是利用平板玻璃对光线的折射作用实现测微。该测微装置主要由测微手轮、平板玻璃及测微尺组成。当来自度盘光线垂直射入到平板玻璃上，度盘分划线不改变原来的位置，如图 4-5(a)所示，这时双线指标在度盘上读数为 $73°+x$。为了读出 x 值，转动测微手轮，带动平板玻璃和分微尺同时转动，使度盘分划影像因折射而平移，当 $73°$ 分划影像移至双线指标中央时，其平移量为 x，x 值可由测微尺读出，测微尺读数为 $18'20''$，则全部读数为 $73°18'20''$，见图 4-5(b)。图 4-5(c)为读数显微镜中看到的图像，下面为水平度盘，中间为竖直度盘，最上面为测微尺，测微尺的指标为单线。度盘的分划值为 $30'$，测微尺的分划值为 $20''$，估读至 $5''$。读数时，转动测微手轮，使双线指标夹住度盘分划，先读度盘的度数，再加上测微尺上小于 $30'$ 的数，如图 4-5(c)中水平度盘读数为 $121°30'+17'30''=121°47'30''$。

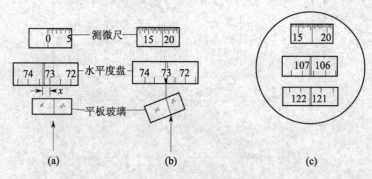

图 4-5　单平板玻璃测微器读数法

DJ₂ 级光学经纬仪的构造特点

DJ₂ 级光学经纬仪（见图 4-6）与 DJ₆ 级光学经纬仪构造基本相同。DJ₂ 级光学经纬仪具有以下特点：

（1）在读数显微镜中不能同时看到水平盘与竖盘的刻划影像，而是通过支架旁的度盘换像手轮实现的，即利用该手轮可变换读数显微镜中水平盘与竖盘的影像。当换像手轮端面上的指示线水平时，显示水平盘影像，当指示线成竖直时，显示竖盘影像。

（2）采用对径分划线符合读数装置，可直接读出度盘对径分划读数的平均值，因而消除了度盘偏心差的因素影响。

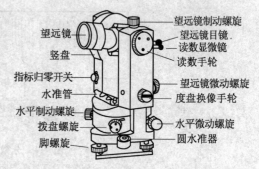

图 4-6　DJ₂ 级光学经纬仪（TDJ2 型）

DJ₂ 级光学经纬仪的读数

DJ₂ 级光学经纬仪多采用移动光楔对径分划符合读数装置进行读数。外部光线射入仪器后，经过一系列棱镜和透镜的作用，将度盘上直径两侧分划同时反映到读数显微镜的中间窗口，呈方格状。当读数手轮转动时，呈上下两部分的对径分划的影像做相对移动，当上下分划像精确重合时才能读数，如图 4-7 所示。顶上的窗口为应读的度数，读左边的度数。下凸框内是以 $10'$ 为单位应读的分数，最下面是测微尺，测微尺最上面一行注记为分，第 2 行注记为秒，整 10″一注。测微尺上每小格代表 1″,可估读 0.1″。图 4-7 中,上窗口读数为 169°20′,加上测微尺的 3′45″,全部的读数为 169°23′45″。

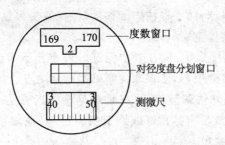

度数窗口

对径度盘分划窗口

测微尺

图 4-7　TDJ2 型光学经纬仪读数窗

【相关知识】

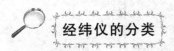

经纬仪的分类

目前经纬仪主要分为光学经纬仪与电子经纬仪两大类。

光学经纬仪是一种光学和机械组合的仪器,内部有玻璃度盘和许多光学棱镜与透镜。光学经纬仪按精度分 5 个等级,即 DJ_{07}、DJ_1、DJ_2、DJ_6 和 DJ_{15}。

电子经纬仪由精密光学器件、机械器件、电子度盘、电子传感器和微型机械组成,是在光学经纬仪的基础上加电子测角设备,因而能直接显示测角的数值。它必须配备电源才能工作。

4.3　经纬仪

【要　　点】

　　和水准仪相比,经纬仪是结构更复杂、制造更精密的仪器。本节的教学内容要求熟悉经纬仪的使用、检验与校正。

【解　　释】

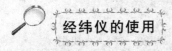

经纬仪的使用

1) 测站安置

经纬仪使用前的测站安置包括对中与整平两个步骤。

(1) 对中。

对中的目的是使仪器度盘中心与测站在同一铅垂线上。

对中操作步骤如下：

① 将三脚架张开，拉出伸缩腿，旋紧固紧螺丝，架在测站上，使其高度适中，架头大致水平。在连接螺旋下方挂一垂球，两手握住脚架移动（保持架头大致水平），使垂球尖基本对准测站，将三脚架三腿踩紧，使其稳定。

② 装上经纬仪，旋上连接螺旋，检查对中情况。若相差不大（1～2 cm），可稍松开连接螺旋，双手扶基座，在架头上移动仪器，使垂球尖精确对准测站点。故挂垂球的线长要调节合适，如图 4-8 所示。正确使用垂球线调节板，并将垂球尽量接近测站点，以便于垂球对中，误差一般应小于 3 mm。如果丢失或没有挂垂球线调节板，可用其他较结实的细绳，按图 4-9 所示的打结方法，将垂球线拉长或缩短。

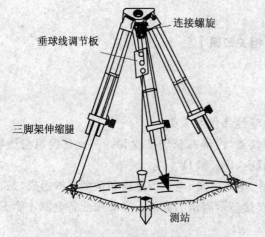

图 4-8　三脚架及垂球线调节板

图 4-9　自制垂球线

③ 使用光学对中器精确对中，操作步骤如下。

a. 垂球悬挂对中。

b. 应粗略整平仪器，调节脚螺旋使圆水准器的气泡居中。因为用光学对中器对准地面时，仪器的竖轴必须竖直。仪器未粗平，如图 4-10（a）所示，光学对中器的镜筒是倾斜的，此时无法精确对中。如图 4-10（b）所示，只有粗平后，才可使用光学对中器精确对中。

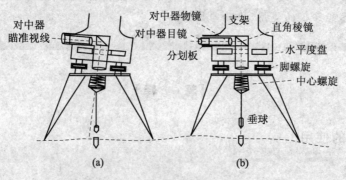

图 4-10　光学对中器精确对中

(a)未粗平；(b)粗平后

c. 旋转光学对中器的目镜使分划板的刻划圈清晰，再推进或拉出对中器的目镜管，使地面点标志成像清晰。尽量做到不转动仪器稍微松开中心连接螺旋,在架头上平移仪器,直到地面标志中心与刻划圆圈中心重合,最后旋紧连接螺旋。检查圆水准器气泡是否居中,然后再检查对中情况,反复进行调整,从而保证对中误差不超过1 mm。

（2）整平。

整平的目的是使水平度盘水平,即竖轴铅垂。整平包括粗略整平与精确整平(简称为粗平和精平),通过调节脚螺旋完成,与水准仪截然不同。

① 粗平。首先调节脚螺旋大致等高,然后转动脚螺旋使圆水准器的气泡居中,操作方法与水准仪相同。

② 精平。首先转动照准部,使照准部上水准管与任一对脚螺旋的连线平行,两手同时向内或向外转动脚螺旋1和2[图4-11(a)],使水准管气泡居中。气泡运动方向与左手大拇指运动方向一致。然后,将照准部旋转90°,如图4-11(b)所示,使水准管处于第1、2两个脚螺旋的连线的垂直线上,转动第3个脚螺旋,使水准管的气泡居中。再转回原来的位置,检查气泡是否居中,若不居中,按上述步骤反复操作,一般至少要反复做两遍。此两个位置气泡都居中,其他任何位置气泡必居中,否则,水准管本身有误差,需校正。整平要求气泡偏离量最大不应超过1格。

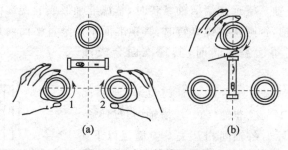

图4-11 水准管精平操作

2）瞄准

测角瞄准用的标志,一般是用标杆、测钎、用3根竹竿悬吊垂球或觇牌,如图4-12所示。

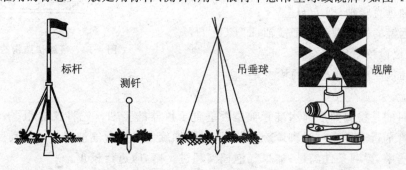

标杆　测钎　吊垂球　觇牌

图4-12 瞄准的标志

首先应转目镜螺旋,使十字丝清晰。然后松开水平制动螺旋和望远镜的制动螺旋瞄准目标,先使用望远镜上的瞄准器对准目标,对准目标时,目标必须在望远镜的视场内。当大致对准目标后,将制动螺旋固定后,再使用微动螺旋精确对准目标。瞄准目标一定要注意"先粗瞄准、后精瞄准"的原则,用瞄准器做粗瞄准,粗瞄准后一定要把制动螺旋旋紧。精瞄准要转动微动螺旋,为提高瞄准的精度,转动微动螺旋最后以旋进结束。瞄准目标时要注意消除视差,眼睛的视线应左右移动观察目标的像与十字丝是否存在错动现象，边观察，边调对光螺旋，直至无错动现象为止。十字丝的竖丝上半部分为单丝，下半部分为双丝。一般用单丝平分目标，用双丝夹目标。由于目标安置常有倾斜，所以在测水平角时尽可能瞄准目标的底部，如图 4-13 所示。

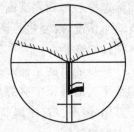

图 4-13　望远镜瞄准视场

3）读数

读数时，首先应调节反光镜，使读数窗明亮；其次，应调节读数显微镜的目镜螺旋，使刻划数字清晰，认清度盘刻划的形式。读数指标就是分微尺的 0 刻划，由小到大读数，先读度数。加上度盘分划落在分微尺相应的分值（也是从小到大读），再加上估读的不足 $1'$ 的秒值。注意：表示 $10'$、$20'$、$30'$、$40'$、$50'$、$60'$ 对应分微尺注记为 1、2、3、4、5、6。

 经纬仪的检验与校正

1）经纬仪构造应满足的主要条件

根据水平角测量原理，观测水平角时，经纬仪水平度盘必须成水平放置。操作时，一般是先粗平，后精平。为此，圆水准器轴应平行于仪器竖轴（仪器 360° 水平旋转的中心轴线），照准部水准管轴应垂直于竖轴。望远镜绕横轴纵转时，其视准轴形成的视准面必须是竖直平面，为此，视准轴应垂直于横轴，否则望远镜纵转时，其视准面不是竖直平面而是圆锥面。另外，横轴还应垂直于竖轴，否则望远镜纵转时，其视准面会成倾斜面。

由此可见，经纬仪结构有圆水准器轴（$L'L'$）、照准部水准管轴（LL）、竖轴（VV）、视准轴（CC）及横轴（HH）5 条主要轴线，如图 4-14 所示。各轴间相互关系应满足以下 4 个条件：

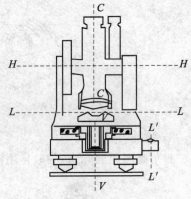

图 4-14　经纬仪结构的主要轴线

（1）圆水准器轴应平行于竖轴，即 $L'L' // VV$；

（2）照准部水准管轴应垂直于竖轴，即 $LL \perp VV$；

（3）横轴垂直竖轴，即 $HH \perp VV$；

（4）望远镜的视准轴垂直于横轴，即 $CC \perp HH$。

2）经纬仪检校项目

（1）经纬仪照准部水准管的检校。

① 检验。

检验的目的是检查照准部水准管轴是否垂直于仪器的竖轴。先将仪器粗平，然后转动照准部使水准管平行于任意一对脚螺旋，调节该对脚螺旋使水准管气泡居中。转动照准部 180°，如果气泡仍居中，说明条件满足；如果气泡偏离超过 1 格，应进行校正。

② 校正。

如图 4-15（a）所示，水准管轴水平，但竖轴倾斜，设它与铅垂线的夹角为 α。照准部转 180°，如图 4-15（b）所示，基座和竖轴位置不变，水准管轴与水平面的夹角为 2α，通过气泡中心偏离水准管零点的格数表现出来。校正时先用校正针拨动水准管校正螺丝，使气泡退回偏离量的一半（等于 α），如图 4-15（c）所示，此时，说明条件满足。最后用脚螺旋调节水准管气泡居中，如图 4-15（d）所示，水准管轴水平，竖轴也垂直。

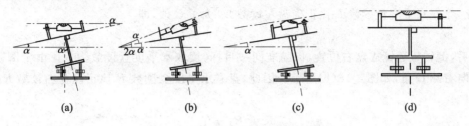

图 4-15　经纬仪照准部水准管的检校

（2）圆水准器的检校。

① 检验。

检验的目的是检查圆水准器轴是否与仪器的竖轴平行。如缺少此项检校,圆水准器做粗略整平以后就无法使用。检验的方法是,首先用已检校的照准部水准管,把仪器精确整平,此时再看圆水准器的气泡是否居中,如不居中,则需校正。

② 校正。

在仪器精确整平的条件下,校正时,用校正针直接拨动圆水准器底座下的校正螺丝使气泡居中。注意对校正螺丝一松一紧的操作,最后紧固螺丝。

（3）十字丝环的检校。

① 检验。

检验的目的是检查十字丝的竖丝是否垂直于横轴。检验时,用十字丝交点精确瞄准水平方向一清晰的目标点 A,然后用望远镜微动螺旋,使望远镜上下仰俯,如果 A 点不偏离竖丝,如图 4-16(a)所示,说明条件满足,否则,如图 4-16(b)所示,需校正。

② 校正。

旋下目镜十字丝分划板的护盖,松开 4 个压环螺丝,如图 4-17 所示,慢慢转动十字丝分划板座,使竖丝重新与目标点 A 重合,反复检验,直至条件完全满足。最后旋紧 4 个压环螺丝,旋上十字丝分划板护盖。

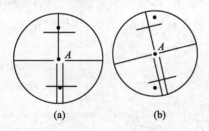

图 4-16　十字丝环检验

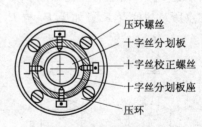

图 4-17　十字丝环构造

（4）视准轴的检校。

① 检验。

检验的目的是检查视准轴是否垂直于横轴。不满足该条件的主要原因是视准轴位置不正确。也就是说,十字丝交点位置不正确,十字丝交点偏左或偏右,使视准轴与横轴不垂直,形成视准轴误差,通常用 C 表示。检验的步骤如下:

首先,把经纬仪整平,以盘左位置,望远镜大约水平方向瞄准远方一清晰目标或白墙上某目标点 P,读取水平度盘读数 L。如图 4-18(a)所示,设十字丝交点偏右,使视准轴偏向左侧 C

角，因此，盘左水平度盘读数 L 比正确盘左读数 L_0 大了 C 值，即

$$L = L_0 + C \tag{4-1}$$

然后，倒转望远镜成盘右位置，仍瞄准同一目标，读取水平度盘读数为 R。由于倒镜后视准轴偏向右侧 C 角，如图 4-18(b) 所示。因此，盘右水平度盘读数 R 比正确盘右读数 R_0 小了 C 值，即

$$R = R_0 - C \tag{4-2}$$

因为瞄准同一水平方向目标，正确的正倒镜读数差为 $\pm 180°$，即 $L_0 - R_0 = \pm 180°$，所以式 (4-1) 减式 (4-2) 得：

$$2C = L - R \pm 180° \tag{4-3}$$

因此，视准轴的误差 C 公式为：

$$C = \frac{L - R \pm 180°}{2} \tag{4-4}$$

如果 $C > \pm 1'$ 应校正。

② 校正。

检验时的盘右位置（盘左位置也可），水平度盘对准盘左盘右读数的平均值（注意盘左或盘右应 $\pm 180°$ 后平均），此时望远镜纵丝偏离目标。调整十字丝环左右螺丝，如图 4-17 所示，要先松上下螺丝中的一个，然后左右螺丝一松一紧。调整完毕，把松开的螺丝旋紧。校正后再检验，直至 $C < \pm 1'$ 为止。

（5）横轴的检校。

① 检验。

检验的目的是检查横轴是否垂直于竖轴，在竖轴铅垂的情况下，如果横轴不与竖轴垂直，则横轴倾斜。此时视准轴绕横轴旋转的轨迹不是铅垂面。检验的步骤如下。

如图 4-19 所示，距墙面约 30 m 处安置经纬仪，先以盘左位置瞄准墙上明显的高点 P（要求仰角 $\alpha > 30°$），读竖盘读数 L。不要松开照准部，将望远镜大致放平，在墙上标出十字丝交点所对的位置 P_1，再用盘右位置瞄准 P 点，再次读竖盘读数 R，再放平望远镜后，在墙上标出十字丝交点所对的位置 P_2。如果 P_1 与 P_2 重合，表示横轴垂直于竖轴，否则，需要校正。

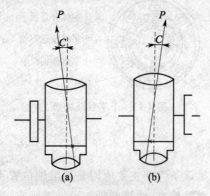

图 4-18　视准轴检验示意图
(a) 盘左时；(b) 盘右时

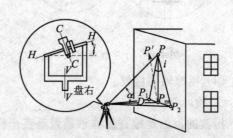

图 4-19　横轴检验与校正

当竖轴铅直时，横轴不水平，盘左与盘右横轴倾斜方向正相反，图 4-19 中盘左位置横轴是左高右低，所以瞄 P 投下后得 P_1 点；盘右位置横轴变成左低右高，瞄 P 投下后得 P_2 点，用尺

子量 P_1 至 P_2 的距离 l，横轴不垂直于竖轴，并与垂直位置相差一个 i 角，在图 4-19 中表示为两条倾斜线 PP_1 或 PP_2，与铅垂线 PP_m 的夹角 i。高点 P 的竖角 α 可以通过正倒镜观测 P 点的竖盘读数，l 与 R 按公式计算求得。从经纬仪至墙面的距离 D 可用尺子量得。从图 4-19 可看出：

$$\tan i = \frac{P_1 P_m}{P P_m} \tag{4-5}$$

因为 $P_1 P_m = l/2$，$P P_m = D\tan\alpha$，代入式(4-5)，并考虑 i 角很小，得：

$$i = \frac{l}{2} \cdot \frac{\rho''}{D} \cdot \cot\alpha \tag{4-6}$$

对于 DJ_6 经纬仪，若 $i>1'$，需校正。

② 校正。

此项校正需打开支架护盖，在室内进行。因操作技术性很高，应交给专业维修人员进行处理。

（6）竖盘指标差的检校。

① 检验。

当竖盘指标自动归零开关打开或竖盘指标水准管气泡居中，望远镜视线水平时，竖盘的读数应为理论值，如不为理论值，其差数即为竖盘指标差 x，x 值不得超过 $\pm 20''$。检验的方法：用正倒镜观测远处一水平清晰目标 3 个测回，按公式算出指标差 x，3 测回取平均，如果 x 大于 $\pm 20''$，则需校正。

② 校正。

校正时，先计算盘右瞄准目标的正确的竖盘读数（$R-x$），然后旋转竖盘指标水准管的微动螺旋对准竖盘读数的正确值，此时水准管气泡必偏离。打开护盖，用校正针拨动水准管的校正螺丝使气泡居中。校正后再复查。

对于有竖盘指标自动归零的经纬仪（如 TDJ6），校正方法略有不同。首先用螺丝刀拧下螺钉，取下长形指标差盖板，可以看到仪器内部有两个校正螺钉，松开其中一螺丝紧另一个螺丝，使垂直光路中一块平板玻璃转动，改变竖盘读数对准正确值便可。

（7）光学对中器的检校。

① 检验。

检验目的是检查光学对中器的视准轴与仪器竖轴是否重合。

检验的方法：

a. 经纬仪粗略整平，将一张白纸板放在仪器的正下方的地面上，使白纸板在对中器的视场中心，压上重物，使其固定。

b. 转照准部使对中器目镜位于一个脚螺旋方向，将对中器刻划中心投绘在白纸板上，得 a 点，如图 4-20 所示。

c. 再转照准部使对中器目镜位于另一个脚螺旋方向，将对中器刻划中心投绘在白纸板上，得 b 点。

d. 再转照准部使对中器目镜位于第三个脚螺旋方向，将对中器刻划中心投绘在白纸板上，得 c 点。如果 a、b、c 三点重合说明条件满足，否则需校正。

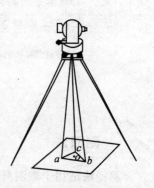

图 4-20 光学对中器的检校

② 校正。

如图 4-20 所示，找出△abc 三角形的重心 o。用校正针调节对中器 4 个校正螺丝(一松一紧)，使对中器刻划圆圈对准 o 点。反复检验与校正，直至条件满足要求。

【相关知识】

如何将经纬仪作为水准仪使用

用经纬仪定线在小型工程施工中经常使用。也可用经纬仪标定某构筑物的高度、整平小型场地、抄平路面、标定花坛、树坛高度等，此时可将经纬仪作为水准仪使用。要达到这一目的，关键的问题是使经纬仪的视准轴 CC 安置成水平位置，如图 4-21 所示。做法如下：

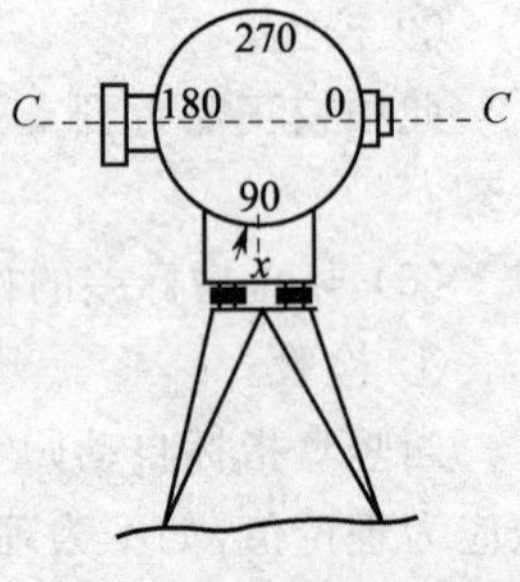

(1) 预先精确测定竖盘指标差。选 3 个清晰目标，正倒镜观测后求得 3 个指标差，x 取平均。每测一个目标均按下式计算指标差：

$$x = \frac{1}{2}(L + R - 360°) \qquad (4-7)$$

3 个 x 互差不超过 20″，取平均。

(2) 作水准仪使用时，应首先将经纬仪竖盘指标归零开关打开。

(3) 盘左位置，望远镜大约安置水平位置，转望远镜微动螺旋使竖盘读数精确对准90°＋x，此时，望远镜视准轴 CC 即为水平视线。

在使用过程中绝对不要碰触望远镜的制动螺旋与微动螺旋。以经纬仪望远镜的视准轴作水平视线用，瞄准的目标一般不宜太远，视工程施工精度要求而定。

图 4-21　经纬仪望远镜水平时

4.4　水平角测量的方法

【要　点】

水平角是指地面上一点到两个目标点的方向线垂直投影到水平面上的夹角。观测水平角的方法，应根据测量工作要求的精度、使用仪器、观察目标的多少而定，现使用的水平角观测法有测回法和方向观测法。

【解　释】

测回法

测回法适用于观测只有两个方向的单角。如图 4-22 所示，预测 OA、OB 两方向之间的水平角，在角顶 O 安置仪器，在 A、B 处各设立观测标志，可按下列步骤观测(以第一测回为例)。

1）上半测回（盘左）

（1）在 O 点处将仪器对中整平后，先以盘左（竖盘在望远镜视线方向的左侧时称盘左）利用望远镜上的粗瞄器，粗略照准左方目标 A；旋紧照准部及望远镜的制动螺旋，再用照准部及望远镜的微动螺旋精确照准目标 A，同时需要注意消除视差及尽可能照准目标的底部；利用水平度盘变换手轮将水平度盘读数置于稍大于 $0°$ 处，读取该方向上的水平读数 $a_左$（$0°12'00''$），记入表 4-1 中。

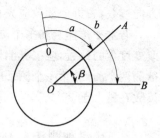

图 4-22　测回法基本原理

（2）松开照准部及望远镜的制动螺旋，顺时针方向转动照准部，粗略照准右方目标 B，再旋紧两制动螺旋，用两微动螺旋精确照准目标 B，并读取该方向上的水平度盘读数 $b_左$（$91°45'00''$），记入表 4-1 中。盘左所得角值 $\beta_左 = b_左 - a_左$。

表 4-1　测回法观测手簿

测站	测点	盘位	水平度盘读数（° ′ ″）	半测回水平角值（° ′ ″）	一测回角值（° ′ ″）	各测回平均角值（° ′ ″）	备注
1	2	3	4	5	6	7	8
	A	左	0　12　00	91　33　00			
	B		91　45　00		91　33　08		
	B	右	271　45　06	91　33　16			
O	A		180　11　50			91　33　06	
	A	左	90　06　12	91　33　06			
	B		181　39　18		91　33　03		
	B	右	1　39　06	91　33　00			
	A		270　06　06				

以上称为上半测回或盘左半测回。

2）下半测回（盘右）

（1）将望远镜纵转 $180°$，改为盘右。重新照准右方目标 B，并读取水平度盘读数 $b_右$（$271°45'06''$），记入表 4-1 中。

（2）顺时针或逆时针方向转动照准部，照准左方目标 A，读水平度盘读数 $a_右$（$180°11'50''$），盘右所得角值 $\beta_右 = b_右 - a_右$。

以上称为下半测回或盘右半测回。两个半测回角值之差不超过规定限值时，取盘左盘右所得角值的平均值 $\beta = (\beta_左 + \beta_右)/2$，即为一测回的角值。根据测角精度的要求，可以测多个测回而取其平均值，作为最后成果。观测结果应及时记入手簿，并进行计算。手簿的格式如表 4-1 所示。

上、下半测回合称为一个测回。上、下两个半测回所得角值差，应满足有关测量规范规定的限差，对于 DJ_6 级经纬仪，限差一般为 $40''$。如果超限，必须重测，如果重测的两半测回角值之差仍然超限，但两次的平均角值十分接近，说明这是由于仪器误差造成的。取盘左盘右角值的平均值时，仪器误差可以得到抵消，所以，各测回所得的平均角值是正确的。

注意：计算角值时始终应以右边方向的读数减去左边方向的读数，如果右方向读数小于左方向读数，右方向读数应先加 360° 后再减左方向读数。

若水平角需观测多个测回时，为了减少度盘刻度不均匀的误差，每个测回的起始方向都要改变度盘的位置，应按其测回数 n 将水平度盘读数改变 $180°/n$，再开始下一个测回的观测。如欲测两个测回，第一个测回时，水平度盘起始读数配置在稍大于 0° 处，第二个测回开始时配置读数在稍大于 90° 处。

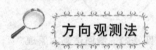

方向观测法又称全圆测回法。测回法适用两个方向观测。而当在一个测站上需观测 3 个或 3 个以上方向时，通常采用方向观测法（两个方向也可采用）。它的直接观测结果是各个方向相对于起始方向的水平角值，也称为方向值。相邻方向的方向值之差，就是各相邻方向间的水平角值。

如图 4-23 所示，设在 O 点有 OA、OB、OC、OD 四个方向，操作步骤如下：

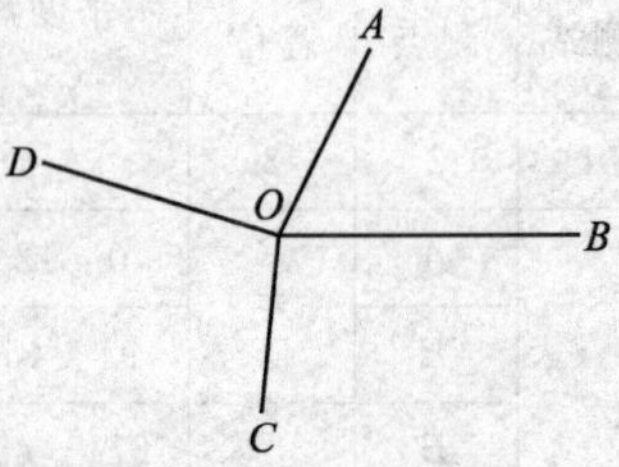

1）上半测回

（1）在 O 点安置好仪器，先盘左瞄准起始方向 A 点，设置水平度盘读数，稍大于 0°，读数并记录记入表 4-2 中。

（2）以顺时针方向依次瞄准 B、C、D 各点，分别读取各读数，最后再瞄准 A 读数，称为归零。以上读数均记入表 4-2 第 3 栏，两次瞄准起始方向 A 的读数差称为归零差。

图 4-23　方向观测法基本原理

2）下半测回

（1）倒转望远镜改为盘右，瞄准起始方向 A 点，读取水平度盘读数，记入表 4-2 中。

（2）以逆时针方向依次照准 D、C、B、A，分别读取水平度盘读数记入表中，下半测回各读数记入表 4-2 第 4 栏。

以上分别为上、下半测回，构成一个测回。

3）测站计算

（1）半测回归零差计算。计算表 4-2 第 3 栏和第 4 栏中起始方向 A 的两次读数之差，即半测回归零差，看其是否符合规范规定要求。

（2）两倍视准差 $2c$。同一方向上盘左盘右读数之差 $2c=$ 盘左读数 $-$（盘右读数 $\pm180°$）。规范只规定了 $2c$ 值变化范围的限值，对于 DJ_6 未做具体规定。

（3）计算各方向平均读数。平均读数 $=\dfrac{1}{2}$［盘左读数 $+$（盘右读数 $\pm180°$）］，将计算结果填入表 4-2 第 6 栏。

表 4-2　方向法观测手簿

测站	测点	水平盘读数		$2c$	平均读数 （° ′ ″）	归零后方向值 （° ′ ″）	各测回归零后 方向值的平均值 （° ′ ″）	备注
		盘左（° ′ ″）	盘右（° ′ ″）					
1	2	3	4	5	6	7	8	9
					（00　15　03）			

续表

测站	测点	水平盘读数		2c	平均读数 (° ′ ″)	归零后方向值 (° ′ ″)	各测回归零后 方向值的平均值 (° ′ ″)	备注
		盘左(° ′ ″)	盘右(° ′ ″)					
1	2	3	4	5	6	7	8	9
O	A	00　15　00	180　15　12	−12	00　15　06	0　00　03	0　00　01	
	B	41　51　54	221　52　00	−6	41　51　57	41　36　54	41　36　51	
	C	111　43　18	291　43　30	−12	111　43　24	111　28　21	111　28　15	
	D	253　36　06	73　36　12	−6	253　36　09	253　21　06	253　21　03	
	A	00　14　54	180　15　06	−12	00　15　00			
O	A	90　03　30	270　03　36	−6	(90　03　33) 90　03　33	0　00　00		
	B	131　40　18	311　40　24	−6	131　40　21	41　36　48		
	C	201　31　36	21　31　48	−12	201　31　42	111　28　09		
	D	343　24　30	163　24　36	−6	343　24　33	253　21　00		
	A	90　03　30	270　03　36	−6	90　03　33			

（4）计算归零后的方向值。将各方向的平均读数减去括号内起始方向的平均读数后得各方向归零后方向值，填入表 4-2 第 7 栏。

（5）计算各测回归零后方向值的平均值。各测回归零后同一方向值之差符合规范要求后，取其平均值作为该方向最后结果，填入表 4-2 第 8 栏。

（6）计算各方向间的水平角值。将表 4-2 第 8 栏中相邻两方向值相减即得水平角值。

为避免错误及保证测角的精度，对以上各部分的计算的限差，规范规定如表 4-3 所示。

表 4-3　方向观测法技术要求

仪器型号	光学测微器两次 重合读数之差/(″)	半测回归零差/(″)	各测回同方向 2c 值互差/(″)	各测回同一 方向值互差/(″)
DJ₂	3	8	13	10
DJ₆	—	18	—	24

【相关知识】

施测中的操作要领

1）误差产生原因及注意事项

（1）采用正倒镜法，取其平均值，以消除或减小误差对测角的影响。

（2）对中要准确，偏差不要超过 2～3 mm，后视边应选在长边，前视边越长对投点误差越大，而对测量角的数值精度越高。

（3）三脚架架头要支平，采用线坠对中时，架头每倾斜 6 mm，垂球线约偏离度盘中心 1 mm。

（4）目标要照准。物镜、目镜要仔细对光，以消除视差。要用十字线交点照准目标。投点时铅笔要与竖丝平行，以十字线交点照准铅笔尖。测点立花杆时，要照准花杆底部。

（5）仪器要安稳，观测过程不能碰触三脚架。强光下观测要撑伞，观测过程中要随时检查水准管气泡是否居中。

（6）操作顺序要正确。使用有复测器的仪器，照准后视目标读取读数后，应先扳上复测器，后放松水平制动，避免度盘随照准部一起转动，造成错误。在瞄准前视目标过程中，复测器扳上再转动水平微动，测微螺旋式仪器要对齐指标线后再读数。

（7）仪器不平（横轴不水平），望远镜绕横轴旋转扫出的是一个斜面，竖角越大，误差越大。

（8）测量成果要经过复核，记录要规则，字迹要清楚。

2）指挥信号

水平角测量过程的指挥与水准测量过程的指挥方式基本相同。略有不同的是：在测角、定线、投点过程中，如果目标（铅笔、花杆）需向左移动，观测员要向身侧伸出左手，以掌心朝外，做向左摆动之势；若目标需向右移动，观测员要向右伸手，做向右摆动之势。若视距很远，要以旗势代替手势。

4.5　角度测量误差分析

【要　点】

在角度测量过程中，造成测角误差的因素有三种：仪器误差、观测误差、外界条件的影响。

【解　释】

仪器误差

仪器检校后残余误差和仪器零部件加工不够完善引起的误差，称为仪器误差。它包括以下几种。

1）视准轴误差

视准轴误差是水平轴与视准轴的不正交误差，视准轴垂直于横轴，经检校其残余的视准轴误差 C，对水平度盘读数的影响用 (C) 表示，经推导可用下式表示：

$$(C) = \frac{C}{\cos\alpha} \tag{4-8}$$

式中：α——观测目标的竖角。

从图4-19可知，在正倒镜观测时，视准轴误差 C 的符号是相反的，因此可用正倒镜观测取平均值加以消除。

2）横轴误差

横轴应垂直于竖轴，经检校其残余的横轴误差 i，对水平度盘读数的影响用 (i) 表示，经推导可用下式表示：

$$(i) = i\tan\alpha \tag{4-9}$$

式中：α——观测目标的竖角。

当 $\alpha = 0$ 时，$(i) = 0$，即视线水平时，横轴误差对水平角没有影响。盘左观测时，若横轴右端高于左端，纵转望远镜成盘右观测，横轴变为左端高于右端，即正倒镜观测时，横轴误差 i 符号是相反的，因此取正倒镜的平均值可以消除其影响。

3）竖轴误差

竖轴应处于铅垂位置，但是由于水准管整平不够精确，或检验校正水准管不够完善，造成竖轴倾斜，从而引起横轴没有水平，给角度测量带来误差。照准部绕倾斜的竖轴旋转，无论盘左或盘右，竖轴倾斜方向都是一致的，致使横轴倾斜方向也一致，所以竖轴倾斜误差不能用正倒镜观测取平均值的办法消除。因此，角度测量前，应精确检验校正照准部水准管，以确保水准管轴与竖轴垂直。角度测量时，经纬仪应精确整平。观测过程中，水准管气泡偏离不得大于1 格，发现气泡偏离超过 1 格，要重新整平，重测该测回。特别是在山区观测，各目标竖角相差又较大时，更应特别注意。

4）竖盘指标差

竖盘指标差主要对观测竖角产生影响，但与水平角测量无关。对于具有竖盘指标水准管的经纬仪，指标差所产生的原因，可能是气泡没有严格居中，或检校后有残余误差产生。对于具有竖盘指标自动归零的经纬仪，可能原因是归零装置的平行玻璃板位置不正确。根据前面提到的竖角 α 公式，可以知道，采取正倒镜观测取平均值，可自动消除竖盘指标差对竖角的影响。

5）度盘偏心差

度盘偏心误差是由仪器零部件加工安装不完善引起的。它有水平度盘偏心差与竖直度盘偏心差两种。

由于照准部旋转中心与水平度盘圆心不重合引起指标读数的误差，则称为水平度盘偏心差。在正倒镜观测同一目标时，指标线在水平度盘上的位置具有对称性，所以也可用正倒镜观测取平均值予以减小。

竖盘的圆心与仪器横轴中心线不重合带来的误差，则称为竖直度盘偏心差。此项误差很小，可以忽略不计。

6）度盘刻划不均匀的误差

在目前精密仪器制造工艺中，出现刻度盘刻划不均匀误差的概率很小。为了提高测角精度，采用各测回之间变换度盘位置的方法，可以消除度盘刻划不均匀的误差影响。用变换度盘位置的方法还可避免相同度盘读数发生粗差，得到新的度盘读数与分微尺读数，从而提高测角精度。

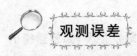

观测误差

1）对中误差

测量角度时，经纬仪应安置在测站上。若仪器中心与测站不在同一铅垂线上，称对中误差，又称测站偏心误差。

如图 4-24 所示，O 为测站点，A、B 为目标点，O' 为仪器中心在地面上的投影位置。OO' 的长度为偏心距，用 e 表示。由图 4-24 可知，观测角值 β' 与正确角值 β 有如下关系：

$$\beta = \beta' + (\varepsilon_1 + \varepsilon_2) \tag{4-10}$$

因 ε_1、ε_2 很小，可用下式计算：

$$\varepsilon_1 = \frac{\rho'' e}{D_1} \sin\theta \quad \varepsilon_2 = \frac{\rho'' e}{D_2} \sin(\beta' - \theta)$$

因此，仪器对中误差对水平角观测影响为：

$$\varepsilon = \varepsilon_1 + \varepsilon_2 = \rho'' e \left(\frac{\sin\theta}{D_1} + \frac{\sin(\beta' - \theta)}{D_2} \right) \tag{4-11}$$

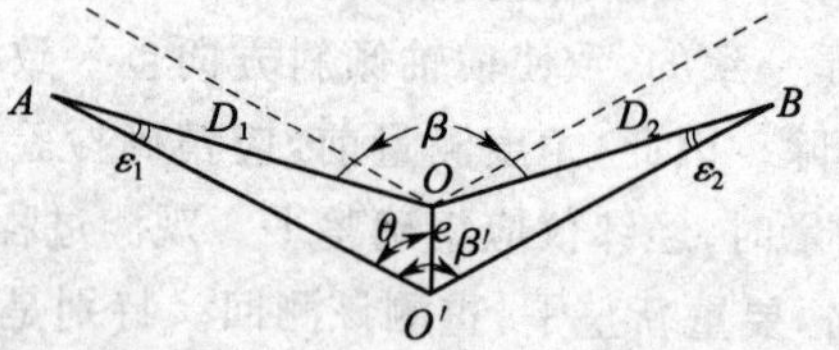

图 4-24 对中误差对水平角观测影响

由式 4-10 可知，对中误差的影响 ε 与偏心距 e 成正比，与边长 D 成反比。

当 $\beta = 180°$，$\theta = 90°$ 时，ε 角值最大。设 $e = 3$ mm，$D_1 = D_2 = 60$ m 时：

$$\varepsilon = \rho'' e \left(\frac{1}{D_1} + \frac{1}{D_2} \right) = 206\ 265'' \times \frac{3 \times 2}{60 \times 10^3} = 20.6''$$

由于对中误差不能通过观测方法消除，因此在测量水平角时，对中应认真仔细。对于短边、钝角更要注意严格对中。

2）目标偏心误差

测量水平角时，目标点若用竖立标杆作为照准点，由于立标杆很难做到严格垂直，此时照准点与地面标志不在同一铅垂线上，其差异叫做目标偏心误差，瞄准点越高，误差越大。

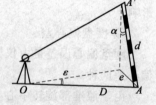

图 4-25 目标偏心误差对水平方向观测影响

如图 4-25 所示，O 为测站，A 为地面目标，照准点至地面标志点 A 的距离为 d，标杆倾斜 α 则目标偏心差 $e = d\sin\alpha$，它对观测方向影响为：

$$\varepsilon = \frac{e}{D} \rho'' = \frac{d\sin\alpha}{D} \rho'' \tag{4-12}$$

由式（4-11）可知，目标偏心误差对水平方向观测影响 ε 与照准点至地面标志间的距离 d 成正比，与边长 D 成反比。

因此，观测时应尽量使标杆竖直，瞄准时尽可能瞄准标杆底部。测角精度要求较高时，应用垂球线代替标杆。

3）照准误差

人的视觉通过望远镜瞄准目标产生的误差，叫做照准误差。其影响因素很多，如望远镜的放大倍率、人眼的分辨力、十字丝的粗细，目标的形状与大小、目标的清晰度。通常主要考虑人眼的分辨力（60″）和望远镜的放大倍率 V，照准的误差为 m_V，其表达式为：

$$m_V = \frac{\pm 60''}{V} \tag{4-13}$$

对于 DJ$_6$ 经纬仪，$V=28$，则 $m_V=\pm2''$。

4）读数误差

读数误差与测量者技术熟练程度、读数窗的清晰度和读数系统本身构造有关。对于分微尺读数系统而言，分微尺最小倍值为 t，读数误差 m_0 表达式为：

$$m_0=\pm0.1t \tag{4-14}$$

对于 DJ$_6$ 经纬仪，$t=1'$，读数误差 $m_0=\pm0.1'=\pm6''$。

【相关知识】

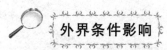

外界条件影响

观测角度是在一定的外界条件下进行的，外界条件及其变化对观测质量有直接影响。如地面松软和大风影响仪器的稳定，日照和温度影响水准管气泡的居中，大气层受地面热辐射的影响会引起目标影像的跳动，都会给观测角度带来误差。因此，要选择目标成像清晰稳定的有利时间观测，尽可能克服或避免不利条件的影响，如选择阴天或空气清晰度好的晴天进行观测，以便提高观测成果的质量。

第5章 距离丈量和直线定向

5.1 钢尺量距

【要　点】

　　钢尺量距方法是利用具有标准长度的钢尺直接测量地面两点间的距离,又称为距离丈量。钢尺量距方法简单,但易受地形限制,一般适合于平坦地区进行短距离量距,距离较长时其测量工作繁重。本节的教学内容要求熟悉钢尺量距的基本工具,掌握钢尺量距的一般方法和精密方法。

【解　释】

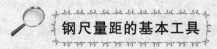

钢尺量距的基本工具

　　距离测量是测量的三项工作之一。测量地面上两点之间的距离就是距离测量的内容所在。根据测量距离的精度要求和采用的方法、工具的不同,距离测量可分为直接量距和间接量距。

　　直接量距的常用工具有钢尺和皮尺等。

　　钢尺是量距的首要工具,又称为钢卷尺,一般宽 0.8～1.5 cm,厚 0.3～0.5 mm,长度通常有 20 m、30 m、50 m。尺的一端为扣环,另一端装有手柄,收卷后如图 5-1 所示。还有一种稍薄一些的钢卷尺,称为轻便钢卷尺,其长度有 10 m、20 m、50 m 等几种,通常收卷在一皮盒或铁皮盒内,如图 5-2 所示。

图 5-1　钢卷尺

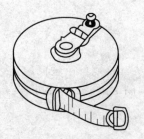

图 5-2　轻便钢卷尺

　　钢卷尺由于尺的零点位置不同,分为端点尺和刻度尺两种。端点尺是以尺的端部、金属拉环最外端为零点起算,如图 5-3(a)所示。刻线尺是以刻在尺端附近的零分划线起算的,如图 5-3(b)所示。端点尺使用比较方便,但量距精度较刻线尺稍差一些。

图 5-3　端点尺和刻线尺

(a)端点尺;(b)刻线尺

一般钢卷尺上的最小分划为厘米,在零端第一分米内刻有毫米分划,在每米和每分米的分划线处,都注有数字。此外在零端附近还有尺长(如 20 m)、温度(如 20℃)、拉力(如 5kg)等数值。这些说明在规定温度 20℃ 及拉力 5kg 条件下,该钢尺的实际长度为 20 m。当条件改变时,钢尺的实际长度也随之改变。为了在不同条件下求得钢尺的实际长度,每支钢卷尺在出厂时都附有尺长方程式。在实际工作中,钢卷尺长度应经常进行检定,其检定方法在本节中不予要求。

皮尺(布卷尺)的外形和轻便钢卷尺相似,整个尺子收卷在一皮盒中,长度有 20 m、30 m、50 m 等,一般为端点尺。由于布带受拉力影响较大,所以,皮尺常在量距精度要求不高时使用。

其他量距工具主要还有测钎和花杆等。

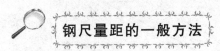

钢尺量距的一般方法

1) 直线定线

为方便量距工作,需分成若干尺段进行丈量,这就需要在直线的方向上插上一些标杆或测钎,在同一直线上定出若干点,称为直线定线。定线工作一般用目估或用仪器进行。在钢尺量距的一般方法中,量距的精度要求较低,所以只用目估法进行直线定线。

设两点为 A 和 B,且能互相通视,分别在 A、B 点上竖立标杆,由一测量员站在 A 点标杆后 1~2 m 处,观测另一测量员持标杆在大致 AB 方向附近移动,当与 A、B 两点的标杆重合时,即在同一直线上。通常定线时,点与点之间的距离最好稍短于整尺长,地面起伏较大时则最好更短。在平坦地区,这项工作常与丈量同时进行,即边丈量边定线。

2) 平坦地面量距

目估定线后即可进行丈量工作。丈量工作一般需要三人进行,分别担任前司尺员、后司尺员和记录员。

丈量时后司尺员持钢尺的零点端,前司尺员持钢尺的末端,通常在土质地面上用测钎标示尺端端点位置。丈量时尽量用整尺段,一般仅末段用零尺段测量,如图 5-4 所示。整尺段数用 n 表示,其余长用 q 表示,则地面两点间的水平距离为:

$$D_{AB} = nl + q \qquad (5-1)$$

为了防止错误,提高丈量结果的精度,需进行

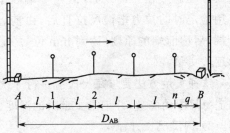

图 5-4　平坦地面量距

往返测量，一般用相对误差来表示成果的精度。计算相对误差时，往返测量数之差取绝对值，分母取往返测量的平均值，并化为分子为 1 的分数形式。

例 5-1　AB 往测长为 400.08 m，返测长为 399.98 m，相对误差为：

$$K = \frac{|D_{往} - D_{返}|}{D} = \frac{0.10}{400.03} = \frac{1}{4\,000.3}$$

一般要求 K 在 $1/3\,000 \sim 1/1\,000$，当量距相对误差没有超过规范要求时，取往返丈量结果的平均值作为两点间的水平距离。

3）倾斜地面量距

如果是在倾斜不大的地面量距，一般采取抬高尺子一端或两端，使尺子呈水平以量得直线的水平距离，如图 5-5 所示。

由图 5-6 可知，当倾斜地面的坡度均匀，大致成一倾斜面时，可以沿斜坡丈量 AB 的斜距 L，测得 A、B 两点间的高差 h，则水平距离为：

$$D = \sqrt{L^2 - h^2} \tag{5-2}$$

若测得地面的倾角 α，则：

$$D = L\cos\alpha \tag{5-3}$$

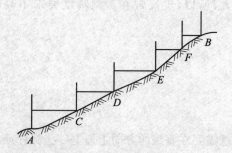

图 5-5　倾斜地面量距

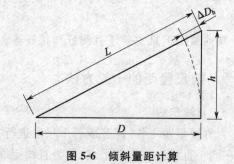

图 5-6　倾斜量距计算

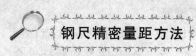
钢尺精密量距方法

1）直线精密丈量

当丈量的精度要求较高时，测量时可采用钢尺悬空丈量，并在尺段两端同时读数的方法进行。丈量前，先用仪器定线，并在方向线上标定出略短于测尺长度的若干线段。各线段的端点用大木桩标志，桩顶面刻划一个"十"字表示端点点位。丈量时，从直线一端开始，将钢尺一端连接在弹簧秤上，钢尺零端在前，末端在后，然后将钢尺两端置于木桩上，两司尺员用检定时的拉力把钢尺拉直后，由前、后读尺员按桩顶"十"字标志进行读数。按照先读后端，后读前端的原则（读到 mm 位）。记录员随即将读数记入手册。以同样的方法进行往返逐段丈量。

这种丈量方法要求每尺段应进行 3 次读数，以减小误差。在丈量前和丈量后，应使用仪器测定每尺段的高差，并记录丈量时的温度。

2）钢尺尺长方程式

钢尺表面标注的长度叫做名义长度，通常钢尺的实际长度不等于其名义长度，且不是一个固定值，而是随丈量时的拉力和温度的变化而变化。

钢尺受到不同的拉力，其尺长会有微小的变化，所以在进行精密量距或钢尺检定时，应施加规定的拉力，如 50 m 钢尺用 200 N 拉力。钢尺的长度还会随温度变化而变化。因此，引入钢尺尺长方程式表示钢尺的真实长度、名义长度及尺长改正数和温度的函数关系：

$$l_t = l + \Delta l + \alpha l(t - t_0) \tag{5-4}$$

式中：l_t——丈量时温度为 t 时的钢尺实际长度，单位为 m；

　　l——钢尺刻划上注记的长度，即名义长度，单位为 m；

　　Δl——钢尺在检定温度为 t_0 时的尺长改正数；

　　α——钢尺膨胀系数，其值约为 $11.6 \times 10^{-6} \sim 12.5 \times 10^{-6}$ m/(m·℃)；

　　t_0——钢尺检定时的温度又称标准温度，一般取 20℃；

　　t——钢尺丈量时的温度。

每根钢尺都应有尺长方程式才能测得实际长度，但尺长方程式中的 Δl 会因某些客观因素的影响而变化，所以，钢尺每使用一定时期后必须重新检定。

3）距离丈量成果整理

对某一段距离丈量的结果，须按规范要求进行尺长改正、温度改正及倾斜改正，才能得到实际的水平距离。丈量距离，通常总是分段较多，每段长不一定是整尺段，且每段的地面倾斜也不相同，所以一般要分段改正。三项改正的公式如下。

（1）尺长改正。

$$\Delta D_1 = L \frac{\Delta l}{l} \tag{5-5}$$

式中：l——钢尺名义长度；

　　L——测量长度；

　　Δl——钢尺检定温度时整尺长的改正数，即尺长方程式中的尺长改正数；

　　ΔD_1——该段距离的尺长改正。

（2）温度改正。

$$\Delta D_t = L\alpha(t - t_0) \tag{5-6}$$

式中：t_0——钢尺检定温度；

　　t——钢尺丈量时温度；

　　L——测量长度；

　　α——钢尺膨胀系数；

　　ΔD_t——该段距离的温度改正。

（3）倾斜改正。

$$\Delta D_h = D - L = -\frac{h^2}{2L} \tag{5-7}$$

式中：L——测量长度；

　　h——A、B 两点间的高差。

经以上三项改正后就可求得水平距离：

$$D = L + \Delta D_1 + \Delta D_1 + \Delta D_h \tag{5-8}$$

将改正后的各段水平距离相加，即得丈量距离的全长。若往返测距离的相对误差在限差内，则取往返测距离平均值作为最后成果。

例 5-2　某测量员使用一钢尺丈量 A、B 两点间的直线距离为 48.868 m。已知该钢尺的名义长度为 50.000 m，钢尺检定温度为 20℃，此时整尺长的改正数 0.002 m，丈量时温度为 30℃，钢尺温度膨胀常数 $\alpha = 0.000\,011$ m/(m·℃)，求 A、B 两点间的实际距离。

（1）尺长改正：

$$\Delta D_1 = L\frac{\Delta l}{l} = 48.868 \times \frac{0.002}{50.000} = 0.001\,95\,(\text{m})$$

（2）温度改正：

$$\Delta D_t = L\alpha(t - t_0) = 48.868 \times 0.000\,011 \times (30 - 20) = 0.005\,38\,(\text{m})$$

所以，A、B 两点的实际距离为：

$$D = L + \Delta D_1 + \Delta D_t = 48.868 + 0.001\,95 + 0.005\,38 = 48.875\,(\text{m})$$

【相关知识】

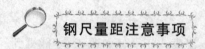

钢尺量距注意事项

伸展钢卷尺时，要小心慢拉，钢尺不可卷扭、打结。若发现此情况，应细心解开，不能用力抖动，否则容易折断钢卷尺。

丈量前，应分辨清楚钢尺的零端和末端。丈量时，钢尺应逐渐用力拉平、拉直、拉紧，不能突然用力猛拉。丈量过程中，钢尺拉力应尽量保持恒定。

转移尺段时，前、后拉尺员应将钢尺提高，不可在地面上拖拉摩擦。钢尺伸展开后，不能让行人、车辆等从钢尺上通过，否则极易损坏钢尺。

测钎应对准钢尺的分划并插直。单程丈量完毕，前、后拉尺员应检查手中测钎数目，避免加错或算错整尺段数。一测回丈量完毕，应立即检查限差是否合乎要求，不合乎要求时应重测。

丈量工作结束后，要用干净布将钢尺擦净，然后上油防止生锈，好好保护。

5.2　视距测量

【要　点】

在地面高低起伏较大，直接量距遇到困难时，可采用经纬仪视距法测距。这是一种同时测定两地间的水平距离和高差的间接测量方法，其精度虽不如直接量距，但因操作方便、速度较快，又不受地形起伏的限制，故被广泛使用。

视距法测距所用的仪器和工具为经纬仪和视距尺。视距尺是一种漆有黑白相间的、带有厘米分划值的尺子，每分米注有数字。

【解　释】

视距测量原理及公式

视距测量是用望远镜的视距丝,根据几何光学原理间接测定仪器站点至目标点处竖立标尺之间的距离。

1）视距测量原理及公式

目前使用的望远镜多为内调焦望远镜(即在封闭的镜筒内增设了一个凹透镜,调焦时只移动此凹透镜即可),所以接下来介绍的均以内调焦望远镜的视距公式为基本公式。

（1）视准轴水平时的视距公式。

尺间隔是望远镜瞄准标尺,用上、下丝读出标尺的一段长度,由上、下丝读数差求得。上、下丝的间隔是固定的,距离越远,尺间隔越大,测距原理如图 5-7 所示。图中望远镜的视准轴垂直于标尺,L_1 为物镜,其焦距为 f_1,L_2 为调焦透镜,焦距为 f_2,调节 L_2 可以改变 L_1 与 L_2 之间的距离 e。图中虚线表示的透镜 L 称等效透镜,它是 L_1 与 L_2 两个透镜共同作用的结果。等效透镜的焦距 f,经推算得 $f = \dfrac{f_1 f_2}{f_1 + f_2 - e}$,称为等效焦距。移动调焦透镜 L_2,改变 e 值,就可改变等效焦距 f,从而使远近不同的目标清晰地成像在十字丝平面上。

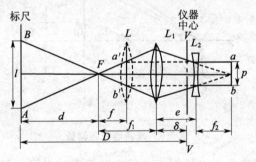

图 5-7　视距测量原理

从图 5-7 $\triangle AFB \backsim \triangle a'Fb'$ 可得:

$$d = \frac{f}{p}l \qquad (5\text{-}9)$$

式中:f——等效焦距;

d——物镜焦点至标尺距离;

l——视距尺间隔;

p——上、下丝间距。

从图 5-7 可知仪器竖轴至标尺的距离 D 为:

$$D = d + f_1 + \delta$$
$$D = \frac{f}{p}l + f_1 + \delta$$

式中:f_1——物镜焦距;

δ——仪器中心至物镜光心的距离。

令 $\frac{f}{p} = K$，称为视距乘常数；$f_1 + \delta = C$，称为视距加常数。在设计时可使 $K = 100$，$C = 0$，则视距公式变为：

$$D = Kl$$
$$D = Kl = 100l \tag{5-10}$$

式（5-10）即为视线水平时用视距法求平距的公式。

（2）视准轴倾斜时的视距公式。

在实际工作中，由于地面是高低起伏的，致使视准轴倾斜。视准轴不垂直于竖立的视距尺，上述公式不适用。

设想通过尺子 C 点有一根倾斜的尺子与倾斜视准轴相垂直，如图 5-8 所示。两视距丝在该尺上截于 M'、N'，则斜距 D' 为：

$$D' = 100l'$$

式中：l'——两视距丝在倾斜尺子上的尺间隔。

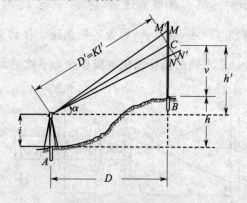

图 5-8 倾斜地视距测量

然后，再根据 D' 和竖直角算出平距 D。但实际观测的视距间隔是竖立的尺间隔 l，而非 l'，因此解这个问题的关键在于找出 l 与 l' 间的关系。由图 5-8 可得：

$$|M'C| = |MC|\cos\alpha \quad |N'C| = |NC|\cos\alpha$$
$$|M'N'| = |M'C| + |N'C|$$
$$= |MC|\cos\alpha + |NC|\cos\alpha$$
$$= (|MC| + |NC|)\cos\alpha$$
$$= |MN|\cos\alpha$$

而 $|M'N'| = l'$，$|MN| = l$，故 $l' = l\cos\alpha$。则

$$D' = Kl' = Kl\cos\alpha$$

从图 5-8 中看出 $D = D'\cos\alpha$，因此

$$D = Kl\cos^2\alpha \tag{5-11}$$

这就是视准轴倾斜时求平距的公式。

2）视距法求高差的公式

从图 5-8 中可看出，A、B 两点间的高差 h 为：

$$h = h' + i - v$$

式中：i——仪器高；

　　v——中丝截尺高（简称"中丝高"）；

　　h'——可称为初算高差，即仪器横轴至中丝截尺高 C 点的高差。

从图 5-8 中可看出，初算高差 h' 为：

$$h' = D\tan\alpha$$

因此，A、B 两点间的高差 h 为：

$$h = D\tan\alpha + i - v \qquad (5\text{-}12)$$

式（5-12）即为视准轴倾斜时求高差的公式。

视距测量的观测与计算

施测时，如图 5-8 所示，安置经纬仪于 A 点，对中、整平，量出仪器高 i。打开竖盘指标归零开关，或使竖盘水准管气泡居中（旧式经纬仪）。

先盘左，转动照准部瞄准 B 点上的塔尺，中丝大约对准仪器高后，上丝对准整分划，读取下丝在尺上的读数；然后，中丝精确对准仪器高后，读竖盘读数，将这些数据记入视距测量记录表（表 5-1）相应栏。盘右用同法再测一次。

表 5-1　视距测量记录表

测站仪器高高程	测点	竖盘位置	标尺读数			尺间隔 l	竖盘读数（° ′ ″）	指标差 x	竖角 α（° ′ ″）	水平距离 D /m	高差 h /m	高程 H /m
			上丝	下丝	中丝							
A 1.40 50.00	B	L	1.010	1.791	1.400	0.782	88　30　18	+16	+1　29　20	78.15	+2.03	52.03
		R	1.010	1.792	1.400		271　29　00					

观测结束后应马上进行计算。计算尺间隔 l，对于倒像望远镜，要用下丝读数减上丝读数求得尺间隔 l。正倒镜尺间隔 l 理论上应相等，一般应小于 2 mm，相差很小。根据正倒镜竖盘读数计算竖盘指标差 x。最后计算测站点至测点的平距、高差及测点高程。

视距测量的误差

视距测量误差的主要来源有视距丝在标尺上的读数误差、标尺不竖直的误差、竖角观测误差及大气折光的影响。

1）读数误差

由上下丝读数之差求得尺间隔，计算距离时用尺间隔乘 100，因此读数误差将扩大 100

倍影响所测的距离，即读数误差为 1 mm，影响距离误差为 0.1 m。故在标尺读数时，必须消除视差，读数要十分仔细。另外，立尺者不能使标尺完全稳定，因此要求上下丝最好能同时读取，为此建议观测上丝时用竖盘微动螺旋对准整分划，立即读取下丝读数。测量边长不能过长或过远，望远镜内看尺子分划变小，读数误差就会增大。

2）标尺倾斜的误差

当坡地测量时，如图 5-9 所示，标尺向前倾斜时所读尺间隔，比标尺竖直时小；反之，当标尺向后倾斜时所读尺间隔，比标尺竖直时大。但在平地时，标尺前倾或后倾都使尺间隔读数增大。设标尺竖直时所读尺间隔为 l，标尺倾斜时所读尺间隔为 l'，倾斜标尺与竖直标尺夹角为 δ，推导 l' 与 l 之差 Δl 的公式为

$$\Delta l = \pm \frac{l' \cdot \delta}{\rho''} \tan\alpha \qquad (5-13)$$

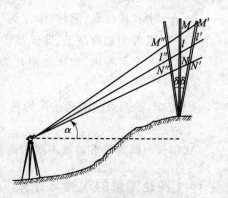

图 5-9　标尺倾斜的误差

从表（5-2）可看出，随标尺倾斜角 δ 的增大，尺间隔的误差 Δl 也随着增大；在标尺同一倾斜的情况下，测量竖角增加，尺间隔的误差 Δl 也迅速增加。因此，在山区进行视距测量时，误差会很大；在平坦地区将会好些。

表 5-2　标尺倾斜在不同竖角下产生尺间隔的误差 Δl

α ＼ l' ＼ δ	1 m				
	1°	2°	3°	4°	5°
5°	2 mm	3 mm	5 mm	6 mm	7 mm
10°	3 mm	6 mm	9 mm	12 mm	15 mm
20°	6 mm	13 mm	19 mm	25 mm	32 mm

3）竖角测量的误差

（1）竖角测量的误差对水平距的影响。

已知：

$$D = Kl\cos^2\alpha$$

对上式两边取微分：

$$dD = 2Kl\cos\alpha\sin\alpha \frac{d\alpha}{\rho''}$$

$$\frac{dD}{D} = 2\tan\alpha \frac{d\alpha}{\rho''}$$

设 $d\alpha = \pm 1'$，当山区作业最大 $\alpha = 45°$，则

$$\frac{dD}{D} = 2 \times 1 \times \frac{60''}{206\,265''} = \frac{1}{1\,719} \qquad (5-14)$$

（2）竖角测量的误差对高差的影响。

已知：

$$h = D\tan\alpha = \frac{1}{2}Kl\sin2\alpha$$

对上式两边取微分：

$$dh = Kl\cos2\alpha\frac{d\alpha}{\rho''}$$

当 $d\alpha = \pm1'$，并以 dh 最大考虑，即 $\alpha = 0°$，这些数值代入上式得：

$$dh = 100 \times 1 \times \frac{60''}{206\ 265''} = 0.03(\text{m}) \tag{5-15}$$

从式(5-14)与式(5-15)看出，竖角测量的误差对距离影响不大，对高差影响较大，每百米高差误差 3 cm。

根据分析和实验数据证明，视距测量的精度一般约达 1/300。

【相关知识】

视距测量应注意的事项

(1) 特别注意观测时应消除视差，估读毫米应准确。

(2) 对老式经纬仪应注意读竖角时，使竖盘水准管气泡居中，对新式经纬仪应注意把竖盘指标归零开关打开。

(3) 立尺时尽量使尺身竖直，尺子不竖直对测距精度影响极大。尺子要立稳，观测上丝时用竖盘微动螺旋对准整分划(不必再估数)，并立即读取下丝读数，尽量缩短读上下丝的时间。

(4) 为了减少大气折光及气流波动的影响，视线要离地面 0.5 m 以上，特别在日晒或夏季作业时更应注意。

5.3　直线定向

【要　点】

　　确定地面两点间的相对位置，仅知道两点间的水平距离是不够的，还必须知道两点连线所处的方位，即该直线与标准方向之间水平夹角。确定直线与标准方向之间水平角称为直线定向。

【解　　释】

直线方向的表示方法

直线方向通常用该直线的方位角或象限角表示。

1）方位角

如图 5-10 所示，由标准方向的北端起，顺时针方向量到直线的水平角，称为该直线的方位角。在定义中标准方向选的是坐标纵轴方向，称坐标方位角，用 α 表示；方位角的角值为 $0°\sim360°$。标准方向选的是真子午线方向，称真方位角，用 A 表示；标准方向选的是磁子午线方向，称磁方位角，用 A_m 表示。

同一条直线的真方位角与磁方位角之间的关系，如图 5-11 所示，即

$$A = A_m + \delta \tag{5-16}$$

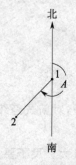

图 5-10　方位角

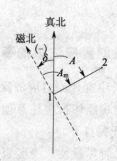

图 5-11　真方位角与磁方位角

真方位角与坐标方位角之间的关系，如图 5-12 所示，即

$$A = \alpha + \gamma \tag{5-17}$$

由式（5-16）与式（5-17）可求得坐标方位角与磁方位角之间的关系，即

$$\alpha = A_m + \delta - \gamma \tag{5-18}$$

式中：δ 为磁偏角，γ 为子午线收敛角，以真子午线方向为准，偏东为正，偏西为负。

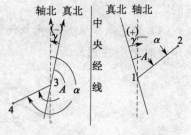

图 5-12　真方位角与坐标方位角

图 5-13 中，测量前进方向是从 A 到 B，α_{AB} 是直线 AB 的正方位角；α_{BA} 是直线 AB 的反方位角，也是直线 BA 的正方位角。同一直线的正、反方位角相差 $180°$，即

$$\alpha_{BA} = \alpha_{AB} \pm 180° \tag{5-19}$$

2）象限角

直线的象限角是由标准方向的北端或南端起，顺时针或逆时针方向量算到直线的锐角，通常用 R 表示。其角值为 $0°\sim90°$。图 5-14 中直线 OA 象限角 R_{OA}，是从标准方向北端起顺时针量算。直线 OB 象限角 R_{OB}，是从标准方向南端起逆时针量算。直线 OC 象限角 R_{OC}，是从标准方向南端起顺时针量算。直线 OD 象限角 R_{OD}，是从标准方向北端起逆时针量算。用象限角表示直线方向时，除写象限角的角值外，还应注明直线所在的象限名称，如 OA 的象限角 $40°$，应写为 NE40°。OC 的象限角 $50°$，应写为 SW50°。

3) 象限角和方位角的关系

在不同象限,象限角 R 与方位角 A 的关系如表 5-3 所示。

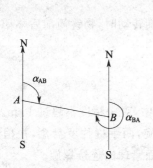

图 5-13　正方位角与反方位角

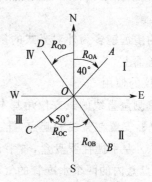

图 5-14　象限角

表 5-3　象限角 R 与方位角 A 的关系

象限名称	Ⅰ	Ⅱ	Ⅲ	Ⅳ
R 与 A 的关系	$R=A$	$R=180°-A$	$R=A-180°$	$R=360°-A$

罗盘仪的构造和使用

1) 罗盘仪的构造

罗盘仪是测定直线磁方位角与磁象限角的仪器。其构造主要包括磁针、刻度盘及望远镜等,如图 5-15 所示。

(1) 磁针。

磁针是一菱形磁铁,安在度盘中心的顶针上,能灵活转动。为了减少顶针的磨损,不使用时可用固定螺旋使磁针脱离顶针而顶压在度盘的玻璃盖下。为了使磁针平衡,磁针南端缠有钢丝,以此为辨认磁针南、北端的基本方法。

(2) 度盘。

度盘最小分划为 1°或 30′,每 10°做一注记;注记的形式有方位式与象限式两种。方位式度盘从 0°起逆时针方向注记到 360°,可用它直接测定磁方位角,被称为方位罗盘仪,如图 5-16 所示。

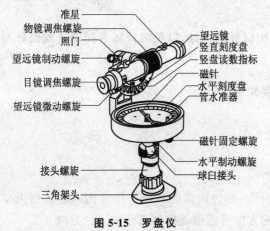

图 5-15　罗盘仪

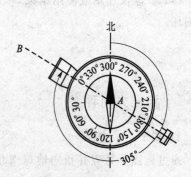

图 5-16　罗盘仪刻度盘

象限式度盘从 0°直径两端起,对称地向左、向右各注记到 90°,并注明北(N)、南(S)、东(E)、西(W),可用它直接测定直线的磁象限角,被称为象限罗盘仪。

(3) 望远镜。

罗盘仪的望远镜多为外对光式的望远镜,物镜调焦螺旋转动时,物镜筒前后移动可使目标像落在十字丝面上。

2) 罗盘仪的使用

用罗盘仪测量直线的磁方位角基本步骤如下。

(1) 把仪器安置在直线的起点,挂上垂球,移动脚架对中,对中精度不超过 1 cm。

(2) 整平。左手握住罗盘盒,右手稍松开球臼连接螺旋,两手握住罗盘盒,并稍微摆动罗盘盒,观察罗盘盒内的两个水准管的气泡,是否同时居中,固紧球臼连接螺旋。

(3) 瞄准与读数。

松开磁针的固定螺旋,用望远镜照准直线的终点,待磁针静止后,读磁针北端的读数,即为该直线的磁方位角。例如,图 5-16 所示磁方位角为 305°。为了提高读数的精度和消除磁针的偏心差,还应读磁针南端读数,磁针南端读数±180°后,再和北端读数取平均值,即为该直线的磁方位角。

3) 使用罗盘仪注意事项

(1) 避免在影响磁针的场所使用罗盘仪,如:在高压线下,在铁路上,铁栅栏、铁丝网旁,测量者身上带的手机、小刀等情况,均会对磁针产生影响。

(2) 罗盘仪刻度盘分划一般为 1°,应估读至 15′。

(3) 为了避免磁针偏心差的影响,不仅要读磁针北端读数,还应读磁针南端读数。

(4) 由于罗盘仪望远镜视准轴与度盘 0°～180°直径不在同一竖直面,其夹角称罗差,各台罗盘仪的罗差一般不相同,所以不同罗盘仪测量磁方位角结果就不相同。为了统一测量成果,可用以下的方法求罗盘仪的罗差改正数:

首先,用这几台罗盘仪测量同一条直线,各台罗盘仪测得磁方位角不同,如第 1 台罗盘仪测得该直线方位为 α_1,第 2 台测得方位角为 α_2,第 3 台测得方位角为 α_3……

其次,以其中一台罗盘仪测得的磁方位角为标准,如假定以第 1 台罗盘仪测得磁方位角 α_1 为标准,则第 2 台罗盘仪所测得方位角应加改正数为 $(\alpha_1-\alpha_2)$,第 3 台罗盘仪所测得方位角应加改正数为 $(\alpha_1-\alpha_3)$,以此类推。

(5) 罗盘仪迁站或使用结束,一定要记住把磁针固定好,以免磁针随意摆动造成磁针与顶针损坏。

【相关知识】

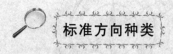

标准方向种类

1) 真子午线方向

通过地面上某点并指向地球南北极的方向线,称为该点的真子午线方向。它是用天文测量方法或者陀螺经纬仪测定的。指向北极星的方向可近似地作为真子午线的方向。

2）磁子午线方向

在地球磁场作用下磁针在某一点自由静止时其轴线所指的方向（磁南北方向）即为磁子午线方向。磁子午线方向可用罗盘仪测定。

由于地磁两极与地球两极不重合（磁北极约在北纬 74°、西经 110°附近，磁南极约在南纬 69°、东经 114°附近），致使真子午线与磁子午线之间形成一个夹角 δ，称为磁偏角。磁子午线北端偏于真子午线以东为东偏，δ 为正；以西为西偏，δ 为负。

3）坐标纵轴方向

坐标纵轴方向是指测量中常以通过测区坐标原点的坐标纵轴为准，测区内通过任一点与坐标纵轴平行的方向线。

真子午线与坐标纵轴间的夹角 γ 称为子午线收敛角。坐标纵轴北端在真子午线以东为东偏，γ 为正；以西为西偏，γ 为负。

图 5-17 为三种标准方向间关系的一种情况，δ_m 为磁针对坐标纵轴的偏角。

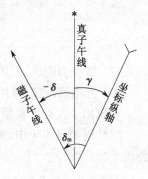

图 5-17　三种标准方向间关系

5.4　光电测距仪及其使用

【要　点】

电磁波测距是指以电磁波（光波或微波）作为载波，传输测距信号来测量距离。与传统测距方法相比，它具有精度高、测程远、作业快、几乎不受地形条件限制等优点。本节主要介绍光电测距仪，要求掌握光电测距的原理，熟悉红外测距仪的使用，了解测距成果整理。

【解　释】

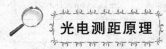

光电测距原理

电磁波测距的基本原理是，通过测定电磁波在待测距离两端点间往返一次的传播时间 t，利用电磁波在大气中的传播速度 c，计算两点间的距离。

若测定 A、B 两点间的距离 D，如图 5-18 所示。把测距仪安置在 A 点，反射镜安置在 B 点，其距离 D 可按下式计算：

$$D = \frac{1}{2}ct \tag{5-20}$$

以电磁波为载波传输测距信号的测距仪器统称为电磁波测距仪。按其所采用的载波可分为以下 2 种。

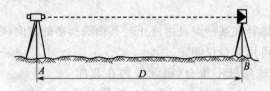

图 5-18　电磁波测距

（1）微波测距仪，采用微波段的无线电波作为载波。

（2）光电测距仪，采用光波作为载波，主要分为激光测距仪和红外测距仪两类。

一般用于大地测量领域的微波测距仪和激光测距仪多用于远程测距，测程可达数十千米。

红外测距仪用于中、短程测距，一般用于小面积控制测量、地形测量和各种工程测量，因此使用十分广泛。

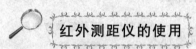

红外测距仪的使用

在待测边一端设置测距仪（对中、整平），另一端设置棱镜（对中、整平），可测得单测斜距。测距作业应注意事项如下：

（1）测距前应先检查电池电压是否符合要求。在气温较低的条件下作业时，应有一定的预热时间。

（2）测距时应使用相配套的反射棱镜。未经检验，不能与其他型号的设备互换棱镜。

（3）反射棱镜背面应避免有散射光的干扰，镜面应保持清洁。

（4）测距应在成像清晰、稳定的情况下进行。

（5）当观测数据出现错误（如分群现象）时，应分析原因，待仪器及环境稳定后重新进行观测。

（6）人工记录时，每测回开始要读、记完整的数字，以后可读、记小数点后的数。厘米位以下数字不得修改，在同一距离的往返测量中，米和分米位部分的读记错误不得多次更改。光电测距记录手册，如表 5-4 所示。

表 5-4　光电测距记录手簿

边　名_____　仪器号_____　日　期_____
天　气_____　观测者_____　记录者_____

高程	测站点		仪器高		测量时间	开始时间	
	镜站点		棱镜高			结束时间	
	距离观测			气象观测			
						温度	气压
第　测回			测前	测站			
				镜站			
			测后	测站			
				镜站			
中数			中数				

续表

高程	测站点		仪器高		测量时间	开始时间	
	镜站点		棱镜高			结束时间	

垂直角观测

站点	盘左读数	盘右读数	指标数	垂直角	觇标高

水平距离计算

测回中数	气象改正	频率	常数改正	倾斜改正	归心改正	修正后的水平距离

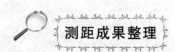

测距成果整理

使用光电测距仪进行外业作业后,需对测距成果进行整理计算(即完成表 5-4 中的水平距离计算),得出所求的成果资料。下面将详细介绍改正参数。

1) 加常数改正

由于测距仪的距离起算中心与仪器的安置中心不一致,并且反射镜等效反射面与反射镜安置中心也不一致,使仪器测得距离 D' 与所要测定的实际距离 D 不相等。其差数与所测的距离长短无关,称为测距仪的加常数。公式如下:

$$a = D - D'$$

(5-21)

实际上,测距仪的加常数包含仪器加常数和反射镜加常数,当测距仪和反射镜构成固定的一套设备后,其加常数可以测出。

由于加常数为一固定值,可预置在仪器中,使之测距时自动加以改正。但是仪器在使用一段时间后,此加常数会有所变化,所以仪器使用一段时间后,需要进行加常数检定。

2) 乘常数改正

乘常数是当频率偏离其标准值引起的一个计算改正数的乘系数,也称为比例因子。测距仪在使用过程中,实际的调制光频率与设计的标准频率之间出现偏差时,将会影响测距成果的精度,其影响与距离的长度成正比。

设 f 为标准频率,f' 为实际工作频率,乘常数为:

$$b = \frac{f' - f}{f'} \tag{5-22}$$

乘常数改正值为：

$$\Delta D_R = -bD' \tag{5-23}$$

式中：D'——实测距离值，单位为 km；

　　　b——乘常数，单位为 mm/km。

3）气象改正

气象改正值计算公式如下：

$$\Delta S_1 = D'(n_0 - n_i) \times 10^6 \tag{5-24}$$

式中：ΔS_1——气象改正值，单位为 mm；

　　　n_0——仪器气象参考点的群折射率；

　　　n_i——测量时气象条件下实际的群折射率。

4）折光改正

折光改正值的计算公式为：

$$\Delta S_2 = -(k - k^2)\frac{S^3}{12r^2} \tag{5-25}$$

式中：ΔS_2——折光改正值，单位为 m；

　　　S——距离，单位为 km；

　　　r——大气折光误差；

　　　k——大气折光系数，$k = \dfrac{R}{R'}$（其中 R 为地球平均曲率半径，R' 为仪器离程点的水准面曲率半径）。

注：10 km 以上的距离作此项改正。

【相关知识】

 光电测距仪的保养要点

（1）光电测距仪是集光学、机械、电子于一体的精密仪器，防潮、防尘及防震是保护好其内部光路、电路及元件的重要措施。一般不宜在 40℃以上高温及 −15℃以下低温的环境中作业和存放。

（2）现场作业一定要谨慎小心，防止摔、砸事故发生。仪器万一被淋湿，应及时用干净的软布擦净，并于通风处晾干。

（3）室内外温差较大时，应在现场开箱和装箱，以防仪器内部受潮。

（4）长期存放时，应定期（最长不超过 1 个月）通电（半小时以上）驱潮。电池应充足电存放，并定期充电检查。仪器最宜存放在铁皮保险柜中。

（5）如仪器发生故障，要认真分析原因，送专业部门修理，严禁人为拆卸仪器部件，以防损伤仪器。

第6章 全站仪及GPS

6.1 全站仪的概述

【要　点】

全站仪全称是全站型电子速测仪,简称全站仪。它是将电子经纬仪、光电测距仪和微处理器相结合,使电子经纬仪和光电测距仪两种仪器的功能集于一身的新型测量仪器。它能够在测站上同时观测、显示和记录水平角、竖直角、距离等,并能自动计算待定点的坐标和高程,即能够完成一个测站上的全部测量工作。此外,全站仪内置只读存储器固化了测量程序,可以在野外迅速完成特殊测量功能。

【解　释】

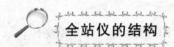
全站仪的结构

全站仪的结构包括照准部、I/O接口、CPU部和电源。

1)照准部

照准部包括望远镜、度盘、水准器、脚螺旋、光学对中器、基座、制动螺旋和微动螺旋。

目前,全站仪基本采用望远镜的光轴(又称视准轴)与测距光轴完全同轴的光学系统,一次照准就能同时测出距离和角度。

2)I/O接口

接口部分包括键盘、显示器、RS-232C串行接口。

(1)键盘。主要用来输入数据和各种命令。

(2)显示器。目前一般采用LCD(液晶)型显示器,主要用来显示各种测量数据和各种命令。

(3)RS-232C串行接口。主要是将全站仪与计算机等外围设备进行连接,通过外围设备对全站仪进行控制和数据交换。在全站仪的控制面板上所进行的操作和控制,同样可以在计算机的键盘上操作,便于用户应用开发。操作命令使用ASCⅡ代码,能执行测量、数据的传送、测量模式和功能的选择等。

3)CPU部

CPU部包括CPU、ROM(主存储器)和RAM(暂存储器)三部分。CPU按其程序进行各种控制和运算，RAM 暂时存放输入或输出的数据和运算的结果，ROM 存放各种测量数据。

全站仪的测量功能

1）测量水平角

（1）使全站仪处于角度测量模式，照准第一个目标 A。

（2）设置 A 方向的水平度盘的读数为 $0°00'00''$。

（3）照准第二个目标 B，此时显示的水平度盘读数即为两个方向之间的水平夹角。

2）测量距离

（1）测距前需将棱镜常数输入仪器中，仪器会自动对所测距离进行改正。

（2）光在大气中的传播速度会随大气的温度和气压的改变而变化，15℃ 和 760 mmHg 是仪器设置的一个标准值，此时的大气改正为"0ppm"。实测时可输入温度和气压值，全站仪会自动计算大气改正值（也可直接输入大气改正值），并对测距结果进行改正。

（3）测量仪器的高度和棱镜的高度，并输入全站仪内。

（4）照准目标棱镜中心，按测距键，距离测量开始，测距完成时显示斜距、平距与高差。

3）测量坐标

（1）在设定后视点的坐标时，全站仪会自动计算后视方向的方位角，且能够设定后视方向水平度盘的读数为其方位角。

（2）设置棱镜常数。

（3）设置大气改正值或气温、气压值。

（4）再次测量仪器的高度和棱镜的高度，并输入全站仪。

（5）最后，照准目标棱镜。按坐标测量键，全站仪开始测距并计算显示测点的三维坐标。

全站仪的工作原理

使用全站仪进行测量时，应先在测站点安置电子经纬仪，并在电子经纬仪上连接安装电磁波测距仪；然后在目标点安置反光棱镜，并用电子经纬仪瞄准反光棱镜的觇牌中心，操作键盘，在显示屏上显示水平角和垂直角；再用电磁波测距仪瞄准反光棱镜中心，操作键盘，测量并输入测量时的温度、气压和棱镜常数，然后置入天顶距（即电子经纬仪所测垂直角），即可显示斜距、高差和水平距离；最后，输入测站点到照准点的坐标方位角及测站点的坐标和高程，即可显示出照准点的坐标和高程。

另外，全站仪的电子手簿中可储存上述数据，最后输入计算机中进行数据处理和自动绘图。目前，全站型电子速测仪已逐步向自动化程度更高、功能更强大的全站仪发展。

全站仪的测量等级

全站仪的测距精度依据国家标准可分为三个等级：标准差小于 5 mm 的为 Ⅰ级仪器，大于 5 mm 小于 10 mm 的为 Ⅱ级仪器，大于 10 mm 小于 20 mm 的为 Ⅲ级仪器。

全站仪测距和测角的精度通常应遵循等影响的原则,公式为:

$$\frac{m_D}{D} = \frac{m_\beta}{\beta} \text{ 或} \frac{m_\beta}{\beta} = \frac{2m_D}{D}$$

全站仪使用操作步骤

(1) 安置全站仪。将全站仪安置于测站,反射棱镜安置于目标点。对中及整平方法与光学经纬仪相同。新型全站仪还具有激光对点功能,其对中方法为:安置、整平仪器,开机后打开激光对点器,松开仪器的中心连接螺旋,在架头上轻移仪器,使显示屏上的激光对点器的光斑对准地面测站点的标志,然后拧紧连接螺旋,同时旋转脚螺旋使管水准气泡居中,再按 Esc 键自动关闭激光对点器即可。仪器具有双轴补偿器,整平后气泡略有偏差,但对测量并无影响。

(2) 开机。打开电源开关(按下 POWER 键),显示器显示当前的棱镜常数和气象改正数及电源电压。如电量不足应及时更换电池。

(3) 仪器自检。转动照准部和望远镜各一周,对仪器水平度盘和竖直度盘进行初始化(有的仪器无需初始化)。

(4) 设置参数。棱镜常数的检查与设置:检查仪器设置的常数是否与仪器出厂时给定的常数或检定后的常数一致,不一致时应予以改正。气象改正参数设置:可直接输入气象参数(环境气温 t 与气压 p),或从随机所带的气象改正表中查取改正参数,还可利用公式计算,然后再输入气象改正参数。

(5) 进行角度、距离、坐标测量。在标准测量状态下,角度测量模式、斜距测量模式、平距测量模式和坐标测量模式之间可互相切换。全站仪精确照准目标后,通过不同测量模式之间的切换,可得到所需的观测值。

(6) 照准、测量。方向测量时应照准标杆或觇牌中心,距离测量时应瞄准反射棱镜中心,按测量键显示水平角、垂直角和斜距,或显示水平角、水平距离和高差。

(7) 结束。测量完成,关机。

全站仪使用注意事项

(1) 使用前应先阅读说明书,对仪器进行全面的了解,然后着重学习一些基本操作,如测角、测距、测坐标、数据存储和系统设置。在此基础上再掌握其他如导线测量、放样等测量方法,然后可进一步学习并掌握存储卡的使用。

(2) 全站仪安置在三脚架之前,应检查三脚架的三个伸缩螺旋是否旋紧。利用连接螺旋仪器将其固定在三脚架上之后才能放开仪器。操作者在操作过程中不得离开仪器。

(3) 切勿在开机状态下插拔电缆,电缆和插头应保持清洁、干燥,插头如有污物应进行清理。

(4) 电子手簿应定期进行检定或检测,并进行日常维护。

(5) 电池充电时间不能超过专用充电器规定的充电时间,否则可能会将电池烧坏或缩短电池的使用寿命。如果使用快速充电器,一般只需 60～80 min。电池如果长期不用,应每个月充一次电。存放温度宜为 0～40℃。

（6）望远镜不能直接被太阳照准，以防损坏测距部发光二极管。

（7）在阳光下或雨天测量使用时，应打伞遮阳和遮雨。

（8）仪器应保持干燥，遇雨后应立即将仪器擦干，放在通风处，待仪器完全晾干后方可装箱。仪器应保持清洁、干燥。由于仪器箱密封程度很好，所以箱内潮湿将会损坏仪器。

（9）凡迁站均应先关闭电源并将仪器取下装箱搬运。

（10）全站仪长途运输或长久使用及温度变化较大时，宜重新测定并存储视准轴误差及竖盘指标差。

 全站仪的主轴线应满足的几何条件

全站仪的主要轴线有仪器的旋转轴即竖轴 VV、水准管轴 LL、望远镜视准轴 CC 和望远镜的旋转轴即横轴 HH。应满足以下几何条件：

（1）照准部水准管轴应垂直于竖轴，即 $LL \perp VV$；

（2）十字丝竖丝应垂直于横轴；

（3）视准轴应垂直于横轴，即 $CC \perp HH$；

（4）横轴应垂直于竖轴，即 $HH \perp VV$。

 全站仪照准部水准管轴垂直于竖轴的检验与校正

（1）检验时先将仪器大致整平，转动照准部使其水准管轴平行于任意两个脚螺旋的连线，然后调整脚螺旋使气泡居中。

（2）将照准部旋转 180°，如气泡仍然居中，说明条件满足；否则，应进行校正。

（3）使水准管轴垂直于竖轴，用校正针拨动螺钉使气泡向正中间位置退回一半，为使竖轴竖直，再用脚螺旋使气泡居中。此项检验与校正必须反复进行，直到满足条件为止。

 全站仪十字丝竖丝垂直于横轴的检验与校正

（1）检验时用十字丝竖丝瞄准一清晰小点，使望远镜绕横轴上下转动，如果小点始终在竖丝上移动则条件满足，否则需要校正。

（2）校正时松开四个压环螺钉，转动目镜筒，使小点始终在十字丝竖丝上移动，校好后将压环螺钉旋紧。

 全站仪视准轴垂直于横轴的检验与校正

选择一个水平位置的目标，从盘左、盘右进行观测，取其读数（常数 180°）差即得 2 倍的 C。

$$C = (\alpha_左 - \alpha_右)/2 \tag{6-1}$$

式中：$\alpha_左$——盘左读数；

　　　$\alpha_右$——盘右读数。

全站仪横轴垂直于竖轴的检验与校正

（1）选择较高墙壁附件处安置仪器，以盘左位置瞄准墙壁高处一点 P（仰角最好大于 30°）并放平望远镜在墙壁上定出一点 m_1，倒转望远镜盘右位置再瞄准 P 点；再放平望远镜在墙壁上定出另一点 m_2。如果 m_1 与 m_2 重合条件满足，否则需要校正。

（2）校正时瞄准 m_1 和 m_2 的中点 m，固定照准部，向上转动望远镜，此时十字丝交点将不对准 P 点，抬高或降低横轴的一端，使十字丝的交点对准 P 点。此项检验要反复进行，直到条件满足为止。

【相关知识】

全站仪的检测维护

全站仪必须时常进行检定，检定周期不可超过 1 年。检定内容主要包括以下三个方面：

（1）光电测距单元性能测试。包括测试光相位均匀性、周期误差、内符合精度、精测尺频率，测试加、乘常数及综合评定其测距精度。必要时，还可在较长的基线上进行测距的外符合检查。

（2）电子测角系统检测。包括对中器和水准管的检查和校验，照准部旋转时仪器基座方位稳定性检查，测距轴与视准轴重合性检查，仪器轴系误差（照准差 C，横轴误差 i，竖盘指标差 I）的检定，倾斜补偿器的补偿范围与补偿准确度的检定，一测回水平方向指标差的测定和一测回竖直角标准偏差的测定。

（3）数据采集与通信系统的检测。包括检查内存中的文件状态，检查储存数据的个数和剩余空间；查阅记录的数据；对文件进行编辑、输入和删除功能的检查；数据通信接口、数据通信专用电缆的检查等。

6.2　GPS 全球卫星定位系统在工程测量中的应用

【要　点】

GPS 是英文 Navigation Satellite Timing and Ranging/Global Positioning System 的缩写词 NAVSTAR/GPS 的简称。其含义是利用卫星的测时和测距进行导航，以构成全球定位系统，国际上简称为 GPS。它可向全球用户提供连续、实时、全天候、高精度的三维位置、运动物体的三维速度和时间信息。GPS 技术除用于精密导航和军事目的外，还广泛应用于大地测量、工程测量、地球资源调查等广泛领域。近年来，GPS 用于高层建（构）筑物的台风震荡变形观测，取得良好的效果。

【解　　释】

GPS 的基本组成

空间部分、地面控制部分和用户部分三大部分组成 GPS,如图 6-1 所示。

1）空间部分

由位于地球上空的 24 颗平均轨道高度为 20 200 km 的卫星网组成,如图 6-2 所示。卫星轨道呈近圆形,运动周期 11 h 58 min。卫星分布在 6 个不同的轨道面上,轨道面与赤道平面的倾角为 55°,轨道相互间隔 120°,相邻轨道面邻星相位差为 40°,每条轨道上有 4 颗卫星。卫星网的这种布置格局,保证了地球上任何地点、任何时间能同时观测到 4 颗卫星,最多可观测到 11 颗,这对测量的精度有着重要的作用。卫星发射三种信号:精密的 P 码、非精密的捕获码 C/A 和导航电文。

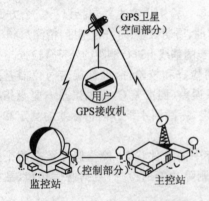

图 6-1　GPS 的三部分组成　　　　　　　　图 6-2　GPS 卫星网

2）地面控制部分。

地面控制部分包括一个设在美国的科罗拉多的主控站,负责对地面监控站的全面监控;另外四个监控站分别设在夏威夷、印度洋的迭哥伽西亚、大西洋的阿松森岛和南太平洋的卡瓦加兰,如图 6-3 所示。监控站内装有用户接收机、气象传感器、原子钟及数据处理计算机。主控站根据各监测站观测到的数据推算和编制的卫星星历、导航电文、钟差和其他控制指令,通过监控站注入到相应卫星的存储系统。各站间通过现代化通信网络联系,各项工作实现了高度的自动化和标准化。

图 6-3　GPS 地面控制站的分布

3）用户部分

用户部分是各种型号的接收机，一般由天线、信号识别与处理装置、微机、操作指示器与数据存储、精密振荡器及电源六部分组成。接收机的主要功能是接收卫星传播的信号并利用本身的伪随机噪声码取得观测量及包含卫星位置和钟差改正信息的导航电文，然后计算出接收机所在的位置。

GPS 定位系统的功能特点

（1）各测站间不要求通视。但测站点的上空要开阔，能接收到卫星信号。

（2）定位精度高。在小于 50 km 的基线上，其相对精度可达 $1 \times 10^{-6} \sim 2 \times 10^{-6}$。

（3）观测时间短。一条基线精密相对定位要 $1 \sim 3h$，短基线的快速定位只需要几分钟。

（4）提供三维坐标。

（5）操作简捷。

（6）可全天候自动化作业。

GPS 全球卫星定位系统的定位原理

由于电磁波在空间的传播速度已被精确地测定了，因此可利用测定电磁波传播时间的方法，间接求得两点之间的距离，光电测距仪正是利用这一原理来测量距离的。但光电测距仪是测定由安置在测线一端的仪器发射光，经安置在另一端的反光棱镜反射回来所经历的时间来求算出距离的。而 GPS 接收机则是测量电磁波从卫星上传播到地面的单程时间来计算距离，即前者是往返测，后者是单程测。由于卫星钟和接收机钟不可能精确同步，所以用 GPS 测出的传播时间含有同步误差，因此算出的距离并不是真实的距离。观测中把含有时间同步误差所计算的距离叫做"伪距"。

为了提高 GPS 的定位精度，有绝对定位和相对定位之分，具体如下。

1）绝对定位原理

绝对定位是用一台接收机，将捕获到的卫星信号和导航电文加以解算，求得接收机天线相对于 WGS—84 坐标系原点（地球质心）绝对坐标的一种定位方法。此原理被广泛用于导航和大地测量中的单点定位。

由于单程测定时间只能测量到伪距，所以必须加以改正。对于卫星的钟差，可以利用导航电文中给出的有关钟差参数加以修正，而接收机中的钟差一般难以预先确定，通常把它作为一个未知参数，与观测站的坐标在数据处理中一起求解。

求算测站点坐标实质上是空间距离的后方交会。在一个观测站上，原则上必须有 3 个独立的观测距离才可以算出测站的坐标，这时观测站应位于以 3 颗卫星为球心，相应距离为半径的球面与地面交线的交点上。因此，接收机对这 3 颗卫星的点位坐标分量再加上钟差参数，共有 4 个未知数，所以至少需要 4 个同步伪距观测值。换言之，至少要同时观测 4 颗卫星，如图 6-4 所示。

在绝对定位中，根据用户接收机天线所处的状态，可分为动态绝对定位和静态绝对定位。当接收机安装在运动载体（如车、船、飞机）上，求出载体的瞬间位置叫动态绝对定位。若接收机固定在某一地点处于静止状态，通过对 GPS 卫星的观测确定其位置叫静止绝对定位。在公路勘测中,主要使用静止定位方法。

关于用伪距法定位观测方程的解算均已包含在 GPS 接收设备的软件中,这里不再详细介绍。

2）相对定位原理

使用一台 GPS 接收机进行绝对定位,由于受各种因素的影响,其定位精度较低,一般静态绝对定位只能精确到米,动态定位只能精确到 $10\sim30$ m。这一精度远远达不到工程测量的要求。所以相对定位在工程中广泛使用。

相对定位是将两台 GPS 接收机分别安置在基线的两端同步观测相同的卫星,以确定基线端点在坐标系的相对位置或基线向量,如图 6-5 所示。也可以使用多台接收机分别安置在若干条基线的端点上,通过同步观测以确定各条基线的向量数据。相对定位对于中等长度的基线,其精度可达 $10^{-7}\sim10^{-6}$。相对定位也可按用户接收机在测量过程中所处的状态分静态定位和动态定位两种。

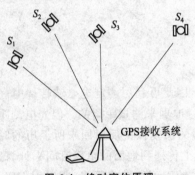

图 6-4　绝对定位原理

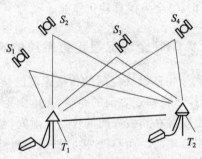

图 6-5　静态相对定位

（1）静态相对定位。

由于接收机固定不动,可以有充分的时间通过反复观测取得多余观测数据,加之多台仪器同时观测,很多具有相关性的误差,利用差分技术能消去或削弱这些系统误差对观测结果的影响,所以,静态相对定位的精度是很高的,在公路、桥隧控制测量工作中均用此法。在实施过程中,为缩短观测时间,采用一种快速相对定位模式,即用一台接收机固定在参考站上,以确定载波的初始整周待定值,而另一台接收机在其周围的观测站流动,并在每一流动站上静止与参考站上的接收机进行同步观测,以测量流动站与固定站之间的相对位置。这种观测方式可以将每一站上的观测时间由数小时缩短为几分钟,而精度却没有降低。

（2）动态相对定位。

动态相对定位是将一台接收机设置在参考点上不动,另一台接收机安置在运动的载体上,两台接收机同步观测 GPS 卫星,从而确定流动点与参考点之间的相对位置,如图 6-6 所示。

动态相对定位的数据处理有两种方式:一种是实时处理,另一种是测后处理。前者的观测数据无需存储,但难以发现粗差,精度较低;后者在基线长度为数公里的情况下,精度约为 $1\sim2$ cm,比较常用。

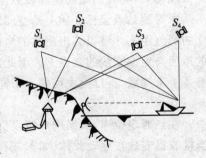

图 6-6　动态相对定位

GPS 全球定位系统的精度等级与 GPS 接收机的检定项目

1）GPS 精度划分

根据《全球定位系统（GPS）测量规范》（GB/T 18314—2009），GPS 精度划分为：A、B、C、D、E 五级。各级 GPS 测量的用途见表 6-1 和表 6-2。各级 GPS 网相邻点间基线长度精度用下式表示，并按表 6-1 和表 6-2 规定执行：

$$\sigma = \pm \sqrt{a^2 + (b \cdot d \cdot 10^{-6})^2} \tag{6-2}$$

式中：σ——标准差，mm；

a——固定误差，mm；

b——比例误差系数；

d——相邻点间距离，km。

表 6-1 A 级的精度

级别	坐标年变化率中误差		相对精度	地心坐标各分量年平均中误差/mm
	水平分量/(mm/a)	垂直分量/(mm/a)		
A	2	3	1×10^{-8}	0.5

表 6-2 B、C、D 和 E 级的精度

级别	相邻点基线分量中误差		相邻点间平均距离/km
	水平分量/mm	垂直分量/mm	
B	5	10	50
C	10	20	20
D	20	40	5
E	20	40	3

2）GPS 接收机的检定

根据《全球定位系统（GPS）测量型接收机检定规程》（CH 8016—1995）检定分两类，共检定 10 项，如表 6-3 所示，检定周期为 1 年。

（1）检定分类：

① 新购置的和修理后的 GPS 接收机的检定。

② 使用中的 GPS 接收机的定期检定。

（2）对于不同的类别，检定的项目有所不同，见表 6-3。

对于①类接收机，应检定表 6-3 中的所有项目。

（3）表 6-3 中②类各项目的检定周期一般不超过 1 年。

表 6-3 GPS 接收机的检定项目表

序号	检定项目	检定类别	
		①	②
1	接收机系统检视	+	+
2	接收机通电检验	+	+
3	内部噪声水平测试	+	+

续表

序号	检定项目	检定类别	
		①	②
4	接收机天线相位中心稳定性测试	＋	－
5	接收机野外作业性能及不同测程精度指标的测试	＋	－
6	接收机频标稳定性检验和数据质量的评价	＋	＋
7	接收机高低温性能测试	＋	－
8	GPS接收机附件检验	＋	＋
9	数据后处理软件验收和测试	＋	－
10	接收机综合性能的评价	＋	－

注：检定类别中"＋"代表必检项目；"－"代表可检可不检项目。

 GPS卫星定位实测程序

GPS定位的实测程序主要包括：方案设计→选点建立标志→外业观测→成果检核→内业数据。

1）选点建立标志

点位应选在交通方便、利于安装接收设备并且视场开阔的地方。

GPS点应避开对电磁波接收有强烈吸收、反射等干扰影响的金属和其他障碍物体，例如高压线、电台电视台、高层建筑和大范围水面等。

点位选定以后，再按要求埋设标石，并绘制点之记。

2）外业观测

安置天线观测时，天线需安置在点位上。安置天线的操作程序为：对中→整平、定向→量天线高。接收机的操作方法如下：

（1）在距离天线不远的地面上安装接收机。

（2）再接通接收机到电源、天线、控制器的连接电缆。

（3）预热和静置接收机，然后启动接收机以采集数据。

（4）接收机自动形成观测数据，并保存在接收机存储器中，以便随时调和处理。

3）测量成果检核及数据处理

按照《全球定位系统（GPS）测量规范》（GB/T 18314—2009）的要求，对各项检查内容严格检查，确保准确无误。由于GPS测量的信息量大，数据多，采用的数字模型和解算方法有很多种，在实际工作中，通常应用电子计算机通过一定的计算程序完成数据处理工作。

【相关知识】

 GPS全球卫星定位系统在工程测量中的应用

1）控制测量

由于GPS测量能精密确定WGS－84三维坐标，能用来建立平面和高程控制网。GPS在基本控制测量中的主要作用是：建立新的地面控制网（点），检核和改善已有地面网，对现今已有的地面网进行加密等。在大型工程建立独立控制网中，如在大型公用建筑工程、铁路、公路、地铁、隧道、水利枢纽、精密安装等工程中,GPS 同样有着重要作用。在图根控制方面,若把 GPS 测量与全站仪结合,地形碎部测量及地籍测量等将会更加省力、经济和有效。

2) 工程变形监测

工程变形包括由于气象、位移等外界因素造成的建筑物变形或地壳的变形。由于 GPS 具有三维定位能力,可成为工程变形监测的重要手段。它可以监测大型建筑物变形、大坝变形、城市地面及资源开发区地面的沉降、滑坡、山崩,还能监测地壳变形,为地震预报提供具体数据。

3) 海洋测绘

这种应用包括岛屿间的联测、大陆架控制测量、浅滩测量、浮标测量、港口及码头测量,海洋石油钻井平台定位及海底电缆测量。

4) 交通运输

GPS 测量应用于空中交通运输,既可保证安全飞行,又可提高效益。在机动指挥塔上设立 GPS 接收机,并在各飞机上装有 GPS 接收机,采用 GPS 动态相对定位技术,可为领航员提供飞机的三维坐标,便于飞机的安全飞行和着陆。在进行飞机造林、扑灭森林火灾、空投救援、人工降雨时,GPS 能很快确定导航精度,发挥导航作用。在地面交通运输中,如车辆中设有 GPS 接收机,能监测车辆的位置和运动。由 GPS 接收机和处理机测得的坐标传输到中心站,显示车辆位置,为指挥交通、调度铁路车辆及出租汽车等提供方便。

5) 建筑施工

在上海新建的 8 万人体育场和北京国家大剧院定位检测中均使用了 GPS 定位。

第7章　小地区控制测量

7.1　控制测量概述

【要　点】

控制测量是研究精确测定和描绘地面控制点空间位置及其变化的学科。从本质上说,它是工程建设测量中的基础学科和应用学科,在工程建设中具有重要的地位。其任务是作为较低等级测量工作的依据,在精度上起控制作用。

【解　释】

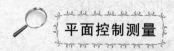
平面控制测量

工程施工中需要进行施工测量,在工程规划设计中,需要一定比例尺的地形图和其他测绘资料,测量工作必须遵循"从整体到局部,由高级到低级,先控制后碎部"的原则。限制误差的累积和传播,保证测图和施工的精度及速度,先进行整个测区的控制测量,然后再进行碎部测量。控制测量的实质是在测区内选定若干个有控制作用的控制点,按一定的规律和规范要求布设成几何图形或折线,测定控制点的平面位置和高程。

国家控制网是指在全国范围内建立的控制网。它采用精密测量仪器和方法,依照《国家三角测量规范》(GB/T 17942—2000)、《全球定位系统(GPS)测量规范》(GB/T 18314—2009)、《国家一、二等水准测量规范》(GB/T 12897—2006)和《国家三、四等水准测量规范》(GB/T 12898—2009)施测,按精度分为四个等级,即一、二、三、四等,按照"先高级后低级,逐级加密"的原则建立。它是全国各种比例尺测图的基本控制,并为确定地球的形状和大小提供研究资料和信息。

城市(厂矿)控制网是在国家控制网的基础上,为满足城市(厂矿)建设工程需要建立的不同等级的控制网,供城市和工程建设中测图和规划设计使用,是施工放样的依据。

小区域控制网是指在小范围(面积一般在 15 km^2 以下)内建立的控制网,它是为满足大比例尺测图和建设工程需要建立的控制网。小区域控制网应尽可能与国家或城市控制网联测,如果不便于联测,也可以建立独立的控制网。直接为测图建立的控制网称作图根控制网。高等级公路的控制网一般应与附近的国家或城市控制网联测。

测定控制点平面位置的工作称为平面控制测量,测定控制点高程的工作称为高程控制测量。常规的平面控制测量一般有以下三种方法。

1) 三角测量

三角测量是按规范要求在地面上选择一系列具有控制作用的控制点,组成互相连接的三角形,用精密仪器观测所有三角形中的内角,并精确测定起始边的边长和方位角,按三角形的边角关系逐一推算其余边长和方位角,最后解算出各点的坐标。若三角形排列成条状,称为三角锁,如图 7-1 所示;若扩展成网状,称为三角网,如图 7-2 所示。构成三角锁、网的各三角形顶点称为三角点,也称为大地点。

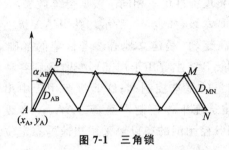

图 7-1　三角锁

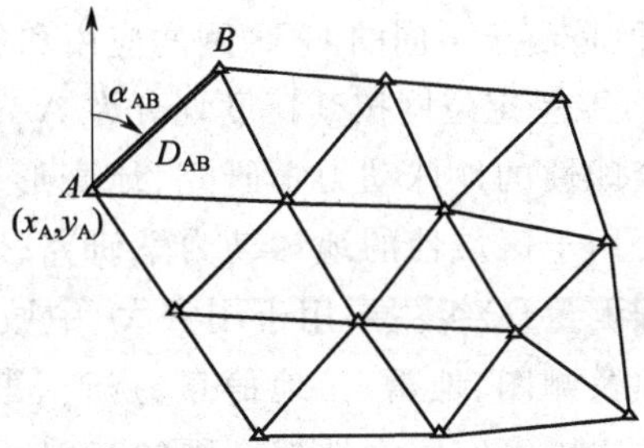

图 7-2　三角网

国家平面控制网是在全国范围内建立的三角网,按"逐级控制,分级布网"的原则分为四个等级,即一、二、三、四等级。

一等级三角网精度最高,由高级到低级逐级控制,构成全国基本平面控制网。一等级三角锁沿经纬线方向布设,由近似于等边的三角形组成,边长为 20～25 km,每条锁长为 200～250 km,是国家平面控制网的骨干。

二等级三角网是国家平面控制网的全面基础,布设于一等级三角锁环内。有两种布网形式:一种是由纵横交叉的两条二等级三角基本锁将一等三角锁划分为四个大致相等的部分,边长为 20～25 km,其空白部分由二等级补充网填充,称为纵横锁系布网方案;另一种是在一等级三角锁环内布设全面二等级三角网,平均边长 13 km 左右,称为全面布网方案。因为一等三角锁的两端和二等级三角网的中间都要测定起算边边长、天文经纬度和方位角,所以,国家一、二级等级三角网也合称为天文大地网。我国天文大地网于 1951 年开始布设,1961 年基本完成,1975 年修测和补测工作全部结束。大地点约有 5 万多个。

三、四等级三角网是二等级网的进一步加密,其中三等级三角网边长 8 km 左右,四等级三角网边长为 2～6 km,以满足测图和施工的需要。

2) 导线测量

在通视比较困难的地区,常用精密导线测量代替相应等级的三角测量。特别是电磁波测距仪和全站仪的出现,为精密导线测量创造了更加便利条件。导线测量是在地面上选择一系列控制点,将相邻点连成直线而构成折线形,称为导线,如图 7-3 所示。在控制点上,用精密仪器依次测定所有折线的边长和转折角,根据解析几何的知识解算出各点的坐标。用导线测量方法确定的平面控制点,称为导线点。

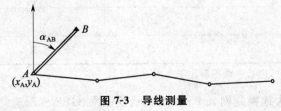

图 7-3　导线测量

在全国范围内建立三角网时，在某些局部地区采用三角测量有困难的情况下，亦可采用同等级的导线测量来代替。导线测量也分为一、二、三、四 4 个等级。其中，一、二等级导线测量又称为精密导线测量。

3）GPS 控制测量

由于 GPS 定位技术不断拓展高等级测量的应用领域，现在大地控制测量和大部分工程控制测量基本上都用 GPS 接收机完成。GPS 卫星定位网虽不存在常规控制网的那种逐级控制问题，但是由于不同的 GPS 网的应用和目的不同，其精度标准也不相同。根据传统做法，人们将 GPS 卫星定位网按其精度划分为 AA、A、B、C、D、E 六级，如表 7-1 所示。其中 AA 级主要用于全球性的地球动力学研究、地壳形变测量和精密定轨，是建立地心参考框架的基础；A级主要用于区域性的地球动力学研究、地壳形变测量；B 级主要用于局部形变监测和各种精密工程测量；C 级主要用于国家大、中城市及工程测量的基本控制网；D、E 级多用于中小城市城镇及测图、地籍、土地信息、房产、勘测、物探、建筑施工等控制网测量。AA、A、B 级可作为建立国家空间大地控制网的基础，C、D、E 级 GPS 控制网的布设可采用快速静态定位测量的方法。

表 7-1　《全球定位系统（GPS）测量规范》规定的 GPS 测量精度分级

级别	平均距离/km	闭合环或附合路线边数	固定误差 a/mm	比例误差系数 $b(1 \times 10^{-6})$
AA	1 000	—	≤3	≤0.0
A	300	≤5	≤5	≤0.1
B	70	≤6	≤8	≤1
C	10～15	≤6	≤10	≤5
D	5～10	≤8	≤10	≤10
E	0.2～5	≤10	≤10	≤20

为了进行城市和工程测量，《卫星定位城市测量技术规范》规定 GNSS 网按相邻点的平均距离和精度划分为二、三、四等网和一级、二级网，如表 7-2 所示。该规范规定在布网时可以逐级布设、越级布设或布设同级全面网。

表 7-2　《卫星定位城市测量技术规范》规定的 GNSS 网精度分级

等级	平均距离/km	闭合环或附合路线边数	固定误差 a/mm	比例误差系数 $b(1 \times 10^{-6})$	最弱边相对中误差
二等	9	≤6	≤5	≤2	1/120 000
三等	5	≤8	≤5	≤2	1/80 000
四等	2	≤10	≤10	≤5	1/45 000
一级	1	≤10	≤10	≤5	1/20 000
二级	<1	≤10	≤10	≤5	1/10 000

注：当边长小于 200 m 时，边长中误差应小于 ±20 mm。

此外，区域性 GPS 大地控制网、GPS 精密工程控制网、GPS 变形监测、线路 GPS 控制网等已基本取代了常规大地控制网。

高程控制测量

高程控制测量是测定控制点高程（H）的工作，根据高程控制网的观测方法划分，可以分为水准网、三角高程网和 GPS 高程网等。

水准网基本的组成单元是水准线路，它包括闭合水准线路和附合水准线路。三角高程网是通过三角高程测量建立的，主要用于地形起伏较大、直接水准测量比较困难的地区或对高程控制要求不高的工程项目。GPS 高程控制网是利用全球定位系统建立的高程控制网。

平面控制网的定向、定位与坐标正反算

在新布设的平面控制网中，至少应已知一条边的坐标方位角才可确定控制网的方向，简称"定向"；至少应已知一个点的平面坐标才能确定控制网的位置，简称"定位"。所以，在平面控制测量中，为了计算待定控制点的坐标，一般需要至少一组起算数据。把已知的一点坐标和一条边的坐标方位角称为平面控制网的必要起算数据。控制网的起算数据可通过与已有国家控制网或城市控制网联测获得。通过已知点的坐标和已知边的坐标方位角，就可以确定控制网的方向和位置，然后根据观测的角度和边长，便可推算出控制网中各边的坐标方位角和水平距离，进而求得待定点的坐标。

因此，在控制网内业计算中，必须进行坐标方位角的推算和平面坐标的正、反算。

1）坐标方位角的推算

如图 7-4 所示，已知直线 AB 坐标方位角为 α_{AB}，B 点处的转折角为 β。

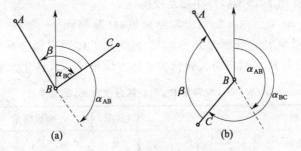

图 7-4 坐标方位角推算
(a)左角；(b)右角

当 β 为左角时［见图 7-4(a)］，直线 BC 的坐标方位角 α_{BC} 为：

$$\alpha_{BC} = \alpha_{AB} + \beta - 180° \qquad (7\text{-}1)$$

当 β 为右角时［见图 7-4(b)］，直线 BC 的坐标方位角 α_{BC} 为：

$$\alpha_{BC} = \alpha_{AB} - \beta + 180° \qquad (7\text{-}2)$$

由式(7-1)、式(7-2)可得出推算坐标方位角的一般公式为：

$$\alpha_{前} = \alpha_{后} \pm \beta \pm 180° \qquad (7\text{-}3)$$

式(7-3)中，β 为右角时，其前取"一"。如果推算出的坐标方位角大于 360°，应减去 360°，

如果出现负值,应加上 360°。

2）平面直角坐标正、反算

如图 7-5 所示,设 A 为已知点,B 为未知点,当 A 点坐标(x_A,y_A)、A 点至 B 点的水平距离 S_{AB}和坐标方位角 α_{AB} 均为已知时,可求得 B 点坐标(x_B,y_B),通常称为坐标正算问题。由图 7-5 可知

$$\left.\begin{array}{l} x_B = x_A + \Delta x_{AB} \\ y_B = y_A + \Delta y_{AB} \end{array}\right\} \tag{7-4}$$

式中

$$\left.\begin{array}{l} \Delta x_{AB} - S_{AB}\cos\alpha_{AB} \\ \Delta y_{AB} = S_{AB}\sin\alpha_{AB} \end{array}\right\} \tag{7-5}$$

所以,式(7-4)也可写成

$$\left.\begin{array}{l} x_B = x_A + S_{AB}\cos\alpha_{AB} \\ y_B = y_A + S_{AB}\sin\alpha_{AB} \end{array}\right\} \tag{7-6}$$

式中,Δx_{AB} 和 Δy_{AB} 称为坐标增量。

直线的坐标方位角和水平距离可根据两端点的已知坐标反算出来,称之为坐标反算问题。如图 7-5 所示,设 A,B 两已知点的坐标分别为(x_A,y_A) 和(x_B,y_B),则直线 AB 的坐标方位角 α_{AB} 和水平距离 S_{AB} 为：

$$\alpha_{AB} = \arctan \frac{\Delta y_{AB}}{\Delta x_{AB}} \tag{7-7}$$

$$S_{AB} = \frac{\Delta y_{AB}}{\sin\alpha_{AB}} = \frac{\Delta x_{AB}}{\cos\alpha_{AB}} = \sqrt{\Delta x_{AB}^2 + \Delta y_{AB}^2} \tag{7-8}$$

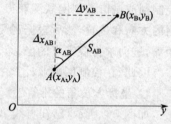

图 7-5　坐标正、反算

以上两式中,$\Delta x_{AB} = x_B - x_A,\Delta y_{AB} = y_B - y_A$。

通过式(7-8)能算出多个 S_{AB},可作相互校核。

在此指出,式(7-8)中 Δy_{AB}、Δx_{AB} 应取绝对值,计算得到的为象限角 R_{AB},象限角取值范围为 $0° \sim 90°$。而测量工作通常用坐标方位角表示直线的方向,因此,计算出象限角 R_{AB} 后,应将其转化为坐标方位角 α_{AB},其转化方法见表 7-3。

表 7-3　象限角 R_{AB} 与坐标方位角 α_{AB} 的关系

象限	坐标增量	关系	象限	坐标增量	关系
I	$\Delta x_{AB}>0,\Delta y_{AB}>0$	$\alpha_{AB}=R_{AB}$	III	$\Delta x_{AB}<0,\Delta y_{AB}<0$	$\alpha_{AB}=R_{AB}-180°$
II	$\Delta x_{AB}>0,\Delta y_{AB}>0$	$\alpha_{AB}=R_{AB}+180°$	IV	$\Delta x_{AB}>0,\Delta y_{AB}>0$	$\alpha_{AB}=R_{AB}-360°$

【相关知识】

控制测量的一般作业流程

控制测量作业流程包括：技术设计、实地选点、标石埋设、观测和平差计算等。在常规的高等级平面控制测量中,若某些方向因受地形条件限制而不能使相邻控制点之间直接通视时,必须在选定的控制点上建造测量标。当采用 GPS 定位技术建立平面控制网时,因为不要求相

邻控制点间通视,故选定控制点后不需要建立测量标。

控制测量的技术设计主要包括确定精度指标和设计控制网的网形。在测量工程实践活动中,控制网的等级和精度标准需根据测区范围大小和控制网的用途确定。若范围较大,为了能使控制网形成一个整体,又可相互独立地进行工作,必须采用"从整体到局部,分级布网,逐级控制"的布网原则;若范围不大,可布设成同级全面网。设计控制网网形时,首先应收集测区的地形图、已有控制点成果,以及测区的人文、气象、地理、交通、电力等技术资料,然后进行控制网的图上设计。在收集到的地形图上标出已有的控制点的位置和待工作的测区范围,依据测量目的对控制网的具体要求,结合地形条件在图上设计控制网的网形,且选定控制点的位置,然后再到实地踏勘,以判明图上标定的已有的控制点是否与实地相符,并查明标石是否完好;查看预选的路线和控制点点位是否适当,通视是否良好;若有必要可作适当的调整并在图上标明。最终根据图上设计的控制网方案到实地选点,确定控制点的最适宜位置。实地选点的点位一般应满足的条件为:点位稳定,等级控制点应能长期保存;便于扩展并加密和观测。经选点确定的控制点点位,要进行标石埋设,并将它们固定在地面上,绘制点之记图。

控制网中控制点的坐标或高程是由起算数据和观测数据经平差计算得到的。控制网中只有一套必要起算数据(三角网中已知一个点的坐标、一条边的边长和一边的坐标方位角;水准网中已知一个点的高程)的控制网称为独立网。如果控制网中多于一套必要起算数据,则这种控制网称为附合网。控制网中的观测数据按控制网的种类不同而不同,有水平角或方向、边长、高差及三角高程的竖直角或天顶距。观测工作结束后,应对观测数据进行检验核查,保证观测成果满足要求,然后进行平差计算。

7.2 导线测量的外业工作

【要 点】

导线测量的外业工作包括:踏勘选点及建立标志、量边、测角和连测等。

【解 释】

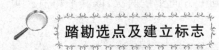

踏勘选点及建立标志

在踏勘选点前,应调查收集测区已有的地形图和高一级控制点的成果资料,然后到现场踏勘,了解测区现状和寻找已知点。根据已知控制点的分布、测区地形条件和测图及工程要求等具体情况,在测区原有地形图上拟定导线的布设方案,最后到实地去踏勘、校对、修改、落实点位和建立标志。

选点时应注意以下几点:

（1）邻点之间通视良好，便于测角和量距。

（2）点位应选在土质坚实，便于安置仪器和保存标志的地方。

（3）视野开阔，便于施测碎部。

（4）导线各边的长度应大致相等，除特殊情况外，应不大于 350 m，也不宜小于 50 m，平均边长见表 7-4。

表 7-4　边角网的主要技术指标

等级	平均边长/km	测距中误差/mm	测距相对中误差
二等	9	≤±30	≤1/30 万
三等	5	≤±30	≤1/16 万
四等	2	≤±16	≤1/12 万
一级	1	≤±16	≤1/6 万
二级	0.5	≤±16	≤1/3 万

（5）导线点应有足够的密度，分布较均匀，便于控制整个测区。导线点选定后，应在点位上埋设标志。一般常在点位上打一大木桩，在桩的周围浇上混凝土，桩顶钉一小钉（见图 7-6）；也可在水泥地面上用红漆画一圈，圈内打一水泥钉或点一小点，作为临时性标志。若导线点需要保存较长时间，应埋设混凝土桩，桩顶嵌入带"十"字的金属标志，作为永久性标志（见图 7-7）。导线点应按顺序统一编号。为了便于寻找，应量出导线点与附近固定而明显的地物点的距离，绘制一草图，注明尺寸（见图 7-8），称为"点之记"。

图 7-6　临时性导线点

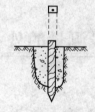
图 7-7　永久性导线点

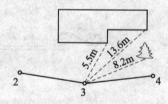
图 7-8　点之记

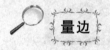

导线量边一般用钢尺或高精卷尺直接丈量，如有条件，最好用光电测距仪直接测量。

钢尺量距时，应用检定过的 30 m 或 50 m 钢尺。对于一、二、三级导线，应按钢尺量距的精密方法进行丈量。对于图根导线，用一般方法往返丈量或同一方向丈量两次，取其平均值。丈量结果要满足表 7-5 的要求。

测角方法主要采用测回法，各个角的观测次数与导线等级、使用的仪器有关，可参阅表 7-5。对于图根导线，通常用 DJ$_6$ 级光学经纬仪观测一个测回。若盘左、盘右测得的角值的较差不超过 40″，取其平均值。

表 7-5　各级钢尺量距导线测量主要技术指标

| 等级 | 测图比例尺 | 附合导线长度/m | 平均边长/m | 往返丈量较差的相对中误差 | 测角中误差/(″) | 导线全长相对闭合差 K | 测回数 | | 方位角闭合差/(″) |
							DJ₂	DJ₆	
一级		3 600	300	1/20 000	±5	1/10 000	2	4	$±10\sqrt{n}$
二级		2 400	200	1/15 000	±8	1/7 000	1	3	$±16\sqrt{n}$
三级		1 500	120	≤1/10 000	±12	1/5 000		2	$±24\sqrt{n}$
图根	1∶500	500	75						
	1∶1 000	1 000	120	1/3 000	±20	1/2 000		1	$±60\sqrt{n}$
	1∶2 000	2 000	200						

注:本表摘自《城市测量规范》(CJJ 8—1999),此规范已被《城市测量规范》(CJJ/T 8—2011)代替并废止。随着全站仪普遍应用,利用电磁测距非常方便。因此,新规范删除了原规范中钢尺量距导线的技术要求。此处仅供参考。

导线测量可测左角(位于导线前进方向左侧的角)或右角,在闭合导线中必须测量内角,如图 7-9 所示,(a)图应观测右角,(b)图应观测左角。

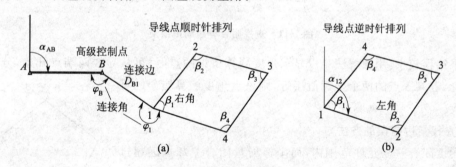

图 7-9　闭合导线

(a)闭合导线与高级控制点连接;(b)独立闭合导线

连测

若测区中有导线边与高级控制点连接时,应观测连接角。如图 7-9(a)所示,必须观测连接角 φ_B、φ_1 及连接边 D_{B1},作为传递坐标方位角和坐标之用。如果附近没有高级控制点,应用罗盘仪施测导线起始边的磁方位角或用建筑物南北轴线作为定向的标准方向,并假定起始点的坐标作为起算数据。

【相关知识】

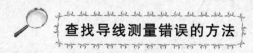

查找导线测量错误的方法

在导线计算过程中,如发现角度闭合差或导线坐标闭合差大大超过允许值,说明测量外业或内业计算有错误。首先应检查内业计算过程，若无错误，说明测得的角度或边长有错误。查找方法如下。

1）查找测角错误的方法

如图 7-10 所示，设闭合导线多边形的 $\angle 4$ 测错，其错误值为 δ，其他各边、角均未发生错误，则 45、51 两导线边均绕 4 点旋转一个 δ 角，造成 5、1 点移到 $5'$、$1'$ 位置，$11'$ 即为由于 4 点角测错而产生的闭合差。因为 $|14|=|1'4|$，故 $\triangle 141'$ 为等腰三角形，所以过 $11'$ 的中点作垂线将通过 4 点。综上所述，闭合导线可按边长和角度，按一定比例尺作图，并在闭合差连线的中点作垂线，如垂线通过或接近通过某点（如 4 点），该点角度测算错误的可能性最大。

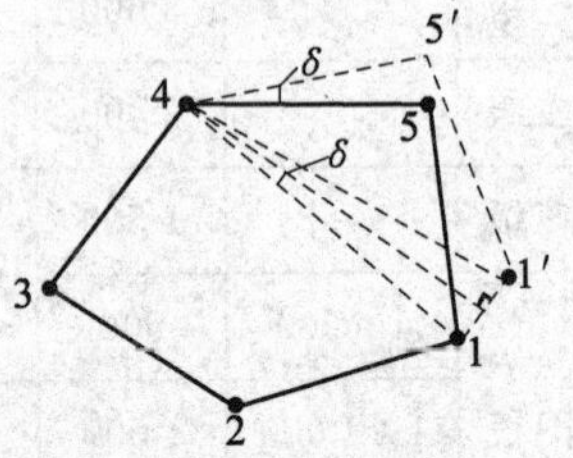

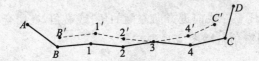

图 7-10　查找闭合导线测角错误

图 7-11 为附合导线，先将两个端点按比例和坐标值展在图上，再分别从两端 B 和 C 点开始，按边长和角度绘出两条导线图，分别为 B、1、2、…、C' 和 C、4、…、B'，两条导线的交点 3，角度测算错误的可能性最大。

图 7-11　查找附合导线测角错误

如果错误较小，用图解法难以显示角度测算错误的点时，可从导线两端点开始，分别计算各点坐标，若某一点的两个坐标值接近，则该点角度测算错误的可能性最大。

2）查找量边错误的方法

当角度闭合差在允许范围内，而坐标增量闭合差却远远超过限值时，说明边长丈量有错误。在图 7-12 中，设闭合导线的 23 边测量错误，其错误大小为 $33'$。由图 7-12 可以看出，闭合差 $11'$ 的方向与量错的边 23 的方向相平行。因此，可用下式计算闭合差 $11'$ 的坐标方位角：

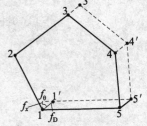

图 7-12　查找闭合导线边长错误

$$\alpha = \arctan \frac{f_y}{f_x} \tag{7-9}$$

如果 α 与某边的坐标方位角很接近，则该边量错的可能性最大。

查找附合导线边长错误的方法和闭合导线的方法基本相同，如图 7-13 所示。

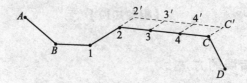

图 7-13　查找附合导线边长错误

7.3 导线测量的内业计算

导线测量外业结束后,要进行导线内业计算,其目的是根据已知的起始数据和外业观测成果,通过误差调整,计算各导线点的平面坐标。

计算之前,首先要对外业观测成果进行全面检查和整理,查看观测数据有无遗漏,记录计算是否正确,成果是否符合限差要求,然后绘制导线略图,并把各项数据标注在略图上,如图 7-14 所示。

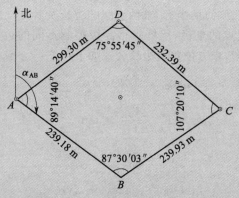

$$\alpha_{AB} = 130°46'40'' \quad x_A = 870.00 \text{ m} \quad y_A = 652.00 \text{ m}$$

图 7-14　闭合导线略图

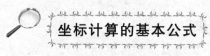

坐标计算的基本公式

1) 坐标正算

根据已知点的坐标、已知边长及该边坐标方位角,计算未知点的坐标,称为坐标正算。如图 7-15 所示,设 A 点坐标 x_A,y_A,AB 边的边长 D_{AB} 及其坐标方位角 α_{AB} 为已知,则未知点 B 的坐标为:

$$\left. \begin{array}{l} x_B = x_A + \Delta x_{AB} \\ y_B = y_A + \Delta y_{AB} \end{array} \right\} \tag{7-10}$$

式中:Δx_{AB}、Δy_{AB} 为坐标增量,也就是直线两端点 A、B 的坐标差。从图 7-15 可看出,坐标增量的计算公式为:

$$\left.\begin{array}{l}\Delta x_{AB} = x_B - x_A = D_{AB}\cos\alpha_{AB}\\\Delta y_{AB} = y_B - y_A = D_{AB}\sin\alpha_{AB}\end{array}\right\}\qquad(7\text{-}11)$$

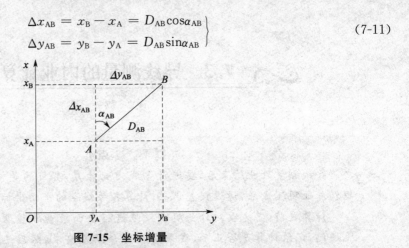

图 7-15　坐标增量

2) 坐标反算

坐标反算是根据两个已知点的坐标,求两点间的边长及其方位角,当导线与高级控制点连测时,一般应利用高级控制点的坐标,反算求得高级控制点间的边长及其方位角。如图 7-15 所示,若 A、B 两点坐标已知,求方位角及边长公式如下:

$$\tan\alpha_{AB} = \frac{\Delta y_{AB}}{\Delta x_{AB}} = \frac{y_B - y_A}{x_B - x_A}$$

即

$$\alpha_{AB} = \tan^{-1}\frac{\Delta y_{AB}}{\Delta x_{AB}} = \tan^{-1}\frac{y_B - y_A}{x_B - x_A}\qquad(7\text{-}12)$$

$$D_{AB} = \frac{\Delta y_{AB}}{\sin\alpha_{AB}} = \frac{\Delta x_{AB}}{\cos\alpha_{AB}}\qquad(7\text{-}13)$$

或

$$D_{AB} = \sqrt{\Delta x_{AB}^2 + \Delta y_{AB}^2}\qquad(7\text{-}14)$$

注意:按式(7-12)算出的是象限角,故必须根据坐标增量 Δx、Δy 的正负号,确定 AB 边所在的象限,然后再把象限角换算为 AB 边的坐标方位角。

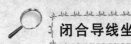

闭合导线坐标计算

图 7-16 为一闭合导线实测数据,按下述步骤完成内业计算。

1) 将校核过的外业观测数据及起算数据填入"闭合导线坐标计算表"(表 7-6)

2) 角度闭合差的计算与调整

由平面几何学可知,n 边形闭合导线的内角和的理论值应为:

$$\sum\beta_{理} = (n-2)\times180°$$

由于观测值带有误差,使得实测的内角和 $\sum\beta_{测}$ 与理论值不符。其差值称为角度闭合差,用 f_β 表示,即

$$f_\beta = \sum\beta_{测} - \sum\beta_{理}\qquad(7\text{-}15)$$

各级导线的角度闭合差的容许值 $f_{\beta容}$ 见表 7-5 的"方位角闭合差"栏的规定。本例属图根导线,$f_{\beta容} = \pm60''\sqrt{n}$。如果 f_β 超过容许值范围,说明所测角度不符合要求,应重新检查外业的角度观测值。若 f_β 不超过允许值范围,可将

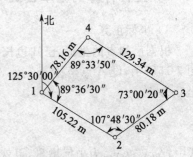

图 7-16　闭合导线举例

闭合差 f_β 反符号平均分配到各观测角中做改正,即各角的改正数为:

$$v_\beta = -\frac{f_\beta}{n} \tag{7-16}$$

v_β 计算至秒,原则上各角改正数是相同的,可适当调整若干秒,以使计算的 v_β 总和等于 $-f_\beta$。改正后的内角和应为 $(n-2)\times 180°$,应进行校核。

表 7-6 闭合导线坐标计算表

点号	观测角（左角）/(° ′ ″)	改正数/(″)	改正角/(° ′ ″)	坐标方位角 α/(° ′ ″)	距离 D/m	增量计算		改正后增量		坐标值	
						Δx/m	Δy/m	Δx/m	Δy/m	x/m	y/m
1	2	3	4=2+3	5	6	7	8	9	10	11	12
1				125 30 00	105.22	−2 −61.10	+2 +85.66	−61.22	+85.68	500.00	500.00
2	107 48 30	+13	107 48 43	53 18 43	80.18	−2 +47.90	+2 +64.30	+47.88	+64.32	438.88	585.68
3	73 00 20	+12	73 00 32	306 19 15	129.34	−3 +76.61	+2 −104.21	+76.58	−104.19	486.76	650.00
4	89 33 50	+12	89 34 02	215 53 17	78.16	−63.32	+1 −45.82	−63.34	−45.81	563.34	545.81
1	89 36 30	+13	89 36 43	125 30 00						500.00	500.00
总和	359 59 10	+50	360 00 00		392.90	−0.09	+0.07	0.00	0.00		

$f_\beta = -50''$ $\qquad f_x = +0.09 \quad f_y = -0.07$

$f_{\beta容} = \pm 60''\sqrt{n} = \pm 60''\sqrt{4} = \pm 120''$ $\qquad$ 导线全长闭合差 $f = \sqrt{f_x^2 + f_y^2} = \pm 0.11$ m

导线全长相对闭合差容许值 $f_{容} = \dfrac{1}{2\,000}$；导线全长相对闭合差 $K = \dfrac{0.11}{392.90} = \dfrac{1}{3571}$

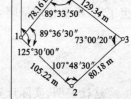

3) 导线各边坐标方位角的计算

根据起始边的已知方位角及改正角,按下列公式推算其他各导线边的坐标方位角:

$$\alpha_{前} = \alpha_{后} + 180° + \beta_{左}（适用于测左角） \tag{7-17}$$

$$\alpha_{前} = \alpha_{后} + 180° - \beta_{右}（适用于测右角） \tag{7-18}$$

本例观测左角,按式(7-17)推算出导线各边的坐标方位角,列入表 7-6 的第 5 栏。

在推算过程中必须注意以下两点:

(1) 如果算得 $\alpha_{前} > 360°$,应减去 $360°$；$\alpha_{前} < 0°$,应加上 $360°$。

(2) 闭合导线各边坐标方位角的推算,最后推算出起始边的坐标方位角,应与原有的已知坐标方位角值相等,否则应重新检查计算是否有误。

4）坐标增量的计算及其闭合差的调整

（1）坐标增量的计算。

如图 7-17 所示，设点 1 的坐标(x_1, y_1)和 12 边的坐标方位角 α_{12} 均已知，边长 D_{12} 也已测得，则根据图 7-17 所示关系，点 2 与点 1 的坐标增量有下列计算公式：

$$\left.\begin{array}{l}\Delta x_{12} = D_{12}\cos\alpha_{12}\\\Delta y_{12} = D_{12}\sin\alpha_{12}\end{array}\right\} \tag{7-19}$$

式(7-19)中的 Δx_{12}，Δy_{12} 正、负号，由 $\cos\alpha_{12}$、$\sin\alpha_{12}$ 的正、负号决定。按式(7-17)算得坐标增量，填入表 7-6 的第 7、第 8 栏中。

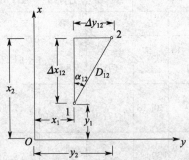

图 7-17　坐标增量的计算

（2）坐标增量闭合差的计算与调整。

从图 7-18 可以看出，闭合导线纵、横坐标增量代数和的理论值应为零，即：

$$\left.\begin{array}{l}\sum\Delta x_{理} = 0\\\sum\Delta y_{理} = 0\end{array}\right\} \tag{7-20}$$

实际上，由于量边的误差和角度闭合差调整后的残余差使 $\sum\Delta x_{测}$、$\sum\Delta y_{测}$ 不为零，产生了纵、横坐标增量闭合差 f_x、f_y，即：

$$\left.\begin{array}{l}f_x = \sum\Delta x_{测}\\f_y = \sum\Delta y_{测}\end{array}\right\} \tag{7-21}$$

这就表明，实际计算出的闭合导线坐标并不闭合，如图 7-20 所示，存在一个导线全长闭合差 f，用式(7-22)进行计算。

$$f = \sqrt{f_x^2 + f_y^2} \tag{7-22}$$

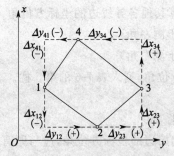

图 7-18　闭合导线各边坐标增量

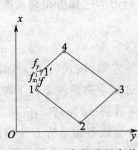

图 7-19　闭合导线闭合差

仅根据 f 值的大小并不能判断导线测量的精度，应当将 f 与导线全长 $\sum D$ 比较，即用导线的全长相对闭合差 K 衡量导线测量的精度。公式如下：

$$K = \frac{f}{\sum D} = \frac{1}{\dfrac{\sum D}{f}} \tag{7-23}$$

不同等级的导线全长相对闭合差的容许值 $K_{容}$ 见表 7-5。若 K 超过 $K_{容}$，首先应检查内业计算是否错误，然后检查外业观测成果，必要时重新观测。如 K 值在容许值范围内，将 f_x 与 f_y 分别以相反的符号，按与边长成正比例分配到各边的纵、横坐标增量中。第 i 边的此项改正数为：

$$v_y = -\frac{f_y}{\sum D} \times D_i \tag{7-24}$$

$$v_y = -\frac{f_y}{\sum D} \times D_i \tag{7-25}$$

坐标增量改正数 v_x、v_y，计算后按下式进行校核：

$$\sum v_{xi} = -f_x \tag{7-26}$$

$$\sum v_{yi} = -f_y \tag{7-27}$$

本例 $v_{xi} = -0.09$，$v_{yi} = +0.07$，应满足式(7-26)、式(7-27)。然后计算改正后的坐标增量，填入表 7-6 中第 9、第 10 栏。

$$\Delta x_{改} = \Delta x + v_x \tag{7-28}$$

$$\Delta y_{改} = \Delta y + v_y \tag{7-29}$$

改正后的纵、横坐标增量之和应分别为零，即：

$$\sum \Delta x_{改} = 0 \tag{7-30}$$

$$\sum \Delta y_{改} = 0 \tag{7-31}$$

5) 推算各导线点坐标

根据起始点的坐标和各导线边的改正后坐标增量，逐步推算各导线点的坐标(填入表 7-6 第 11、第 12 栏)。公式如下：

$$x_{前} = x_{后} + \Delta x_{改} \tag{7-32}$$

$$y_{前} = y_{后} + \Delta y_{改} \tag{7-33}$$

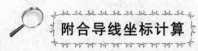

附合导线坐标计算

附合导线的坐标计算步骤基本与闭合导线计算步骤相同，但由于附合导线两端与已知点相连，在角度闭合差及坐标增量闭合差的计算上略有不同，下面着重介绍这两项计算方法。

1) 角度闭合差的计算与调整

设有附合导线如图 7-20 所示，A、B、C、D 为高级控制点，其坐标已知，AB、CD 两边的坐标

方位角 α_{AB}、α_{CD} 均已知。现根据已知的坐标方位角 α_{AB} 及观测右角（包括连接角 β_B、β_C），推算终边 CD 的坐标方位角 α'_{CD}。

$$\alpha_{B1} = \alpha_{AB} + 180° - \beta_B$$
$$\alpha_{12} = \alpha_{A1} + 180° - \beta_1$$
$$\alpha_{2C} = \alpha_{12} + 180° - \beta_2$$
$$\alpha'_{CD} = \alpha_{2C} + 180° - \beta_C$$

即

$$\alpha'_{CD} = \alpha_{AB} + 4 \times 180° - \sum \beta_{测}$$

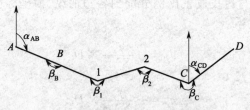

图 7-20　附合导线

写成观测右角推算的通用式为：

$$\alpha'_{终} = \alpha_{始} + n \times 180° - \sum \beta_{右} \tag{7-34}$$

观测左角推算的通用式为：

$$\alpha'_{终} = \alpha_{始} + n \times 180° + \sum \beta_{左} \tag{7-35}$$

角度闭合差 f_β 按下式计算：

$$f_\beta = \alpha'_{终} - \alpha_{终} \tag{7-36}$$

式（7-36）中，$\alpha'_{终}$ 在本例即 α'_{CD}。若 f_β 在容许值范围内，则可进行调整。调整的方法基本与闭合导线相同，但必须注意：用左角推算时，假定 f_β 为正。从式（7-34）看出 $\alpha'_{终}$ 大，再从式（7-35）可知 $\beta_{左}$ 测大了，故对左角施加改正数应为负，即与 f_β 符号相反。如用右角推算时，右角改正数与 f_β 同号。详见表 7-7 所示计算。

2）坐标增量闭合差的计算

根据附合导线本身的条件，各边坐标增量代数和的理论值应等于终、始两点的已知坐标值之差，即：

$$\sum \Delta x_{理} = x_{终} - x_{始} \tag{7-37}$$

$$\sum \Delta y_{理} = y_{终} - y_{始} \tag{7-38}$$

但由于观测值不可避免地会产生误差，所以 $\sum \Delta x_{测}$、$\sum \Delta y_{测}$ 与理论值不符。附合导线坐标增量闭合差的计算公式为：

$$f_x = \sum x_{测} - (x_{终} - x_{始}) \tag{7-39}$$

$$f_y = \sum y_{测} - (y_{终} - y_{始}) \tag{7-40}$$

坐标增量闭合差的调整方法与闭合导线相同。

表 7-7 为附合导线（右角）计算的实例。

表 7-7　附合导线坐标计算表

点号	内角观测值/(°′″)	改正后内角/(°′″)	坐标方位角/(°′″)	边长/m	纵坐标增量 Δx	横坐标增量 Δy	改正后坐标增量 Δx	改正后坐标增量 Δy	坐标 x	坐标 y
A			127 20 30							
B	128 57 32	128 57 38	178 22 52	40.510	+7 −40.494	+7 +1.144	−40.487	+1.151	509.580	675.890
1	295 08 00	295 08 06	63 14 46	79.040	+14 +35.581	+15 +70.579	+35.595	+70.594	469.093	677.041
2	177 30 58	177 31 04	65 43 42	59.120	+10 +24.302	+11 +53.894	+24.312	+53.905	504.688	747.635
C	211 17 36	211 17 42	34 26 00						529.000	801.540
D										

$f_\beta = +24''$　　　　　　　$\sum D = 178.670\,\text{m}$　　$f_x = -0.031\,\text{m}$　$f_y = -0.033\,\text{m}$

$f = +0.045\,\text{m}$　$K = 1/3\,953$

【相关知识】

附合导线内业计算时与闭合导线异同点

附合导线的坐标计算与闭合导线大致相同,但由于导线布置的形式不同,首先表现为两者的起算数据不同,所以在角度闭合差与坐标增量闭合差的计算上也略有不同。归纳如下:

(1)起算数据不同。

闭合导线:起点坐标,起始边坐标方位角。

附合导线:起点与终点坐标,起始边和终边的坐标方位角。

(2)角度闭合差的计算方法不同。

闭合导线:
$$f_\beta = \sum \beta_测 - (n-2) \times 180° \tag{7-41}$$

附合导线:
$$f_\beta = \sum \beta_左 - (\alpha_始 - \alpha_终) - n \times 180° \tag{7-42}$$

或
$$f_\beta = \sum \beta_右 - (\alpha_终 - \alpha_始) - n \times 180° \tag{7-43}$$

(3)坐标增量闭合差的计算方法不同。

闭合导线:
$$\left. \begin{array}{l} f_x = \sum \Delta x \\ f_y = \sum \Delta y \end{array} \right\} \tag{7-44}$$

附合导线:
$$\left. \begin{array}{l} f_x = \sum \Delta x - (x_终 - x_始) \\ f_y = \sum \Delta y - (y_终 - y_始) \end{array} \right\} \tag{7-45}$$

(4)改正后,坐标增量及导线坐标计算检核也应进行相应变化。

7.4 交会定点测量

【要 点】

交会定点测量是加密控制点的常用方法。它可以在数个已知控制点上设站，分别向待定点观测方向或距离，也可以在待定点上设站向数个已知控制点观测方向或距离，最后计算待定点的坐标。常用的交会测量方法有前方交会、后方交会和测边交会等。

【解 释】

前方交会

前方交会是根据已知点坐标和观测角值计算待定点坐标的一种控制测量方法。在已知控制点上设站观测水平角，如图 7-21 所示，在已知点 $A(x_A, y_A)$，$B(x_B, y_B)$ 上安置经纬仪（或全站仪），分别向待定点 P 观测水平角 α 和 β，便可以计算出 P 点的坐标。为保证交会定点的精度，在选定 P 点时，应使交会角 γ 处于 $30°\sim150°$，最好接近 $90°$。

通过坐标反算，求得已知边 AB 的坐标方位角 α_{AB} 和边长 S_{AB}，然后根据观测角 α 可推算出 AP 边的坐标方位角 α_{AP}，由正弦定理可求出 AP 边的边长 S_{AP}。最终，依据坐标正算公式可求得待定点 P 的坐标，即：

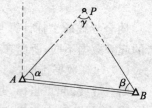

图 7-21 前方交会

$$\left.\begin{array}{l} x_P = x_A + S_{AP}\cos\alpha_{AP} \\ y_P = y_A + S_{AP}\sin\alpha_{AP} \end{array}\right\} \tag{7-46}$$

当 $\triangle ABP$ 的点号 A（已知点）、B（已知点）、P（待定点）按逆时针编号时，可得到前方交会求待定点 P 的坐标的一种余切公式，即：

$$\left.\begin{array}{l} x_P = \dfrac{x_A\cot\beta + x_B\cot\alpha + (y_B - y_A)}{\cot\alpha + \cot\beta} \\[2mm] y_P = \dfrac{y_A\cot\beta + y_B\cot\alpha - (x_B - x_A)}{\cot\alpha + \cot\beta} \end{array}\right\} \tag{7-47}$$

若 A、B、P 按顺时针编号，相应的余切公式为：

$$\left.\begin{array}{l} x_P = \dfrac{x_A\cot\beta + x_B\cot\alpha - (y_B - y_A)}{\cot\alpha + \cot\beta} \\[2mm] y_P = \dfrac{y_A\cot\beta + y_B\cot\alpha + (x_B - x_A)}{\cot\alpha + \cot\beta} \end{array}\right\} \tag{7-48}$$

在实际工作中，为了检核交会点的精度，通常从三个已知点 A、B、C 分别向待定点 P 进行角度观测，分成两个三角形利用余切公式解算交会点 P 的坐标。若两组计算出的坐标的较差

e 在允许限差之内,取两组坐标的平均值作为待定点 P 的最后坐标。对于图根控制测量,两组坐标较差的限差规定为不大于 2 倍测图比例尺精度,即:

$$e = \sqrt{(x'_P - x''_P)^2 + (y'_P - y''_P)^2} \leqslant 0.2M \tag{7-49}$$

式中:M——测图比例尺分母。

 **后方交会**

若只在待定点安置经纬仪(或全站仪),向三个已知控制点观测两个水平角 α 和 β,从而求出待定点的坐标,此种交会的方法称为后方交会。

如图 7-22 所示的后方交会中,A、B、C 为已知控制点,P 为待定点,通过在 P 点安置仪器,观测水平角 α、β、γ 和检查角 θ,即可唯一确定 P 点的坐标。测量上,由不在同一条直线上的三个已知点 A、B、C 构成的外接圆称为危险圆,若 P 点处在危险圆的圆周上,P 点将不能唯一确定;若接近危险圆(待定点 P 到危险圆圆周的距离小于危险圆半径的 1/5),确定 P 点的可靠性将很低。所以,在用后方交会法布设野外交会点时应避免上述情况的发生。具体布点时,待定点 P 可以在已知点所构成的 $\triangle ABC$ 之外,也可以在其内(见图 7-22)。

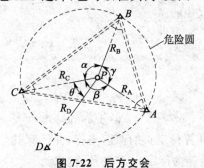

图 7-22 后方交会

后方交会的计算方法很多,下面给出一种实用公式(推导略)。

在图 7-22 中,设由三个已知点 A、B、C 所组成的三角形的三个内角分别为 $\angle A$、$\angle B$、$\angle C$,在 P 点对 A、B、C 三点观测的水平方向值分别为 R_A、R_B、R_C,构成的三个水平角 α、β、γ 为:

$$\left.\begin{aligned} \alpha &= R_B - R_C \\ \beta &= R_C - R_A \\ \gamma &= R_A - R_B \end{aligned}\right\} \tag{7-50}$$

设 A、B、C 三个已知点的平面坐标为 (x_A, y_A)、(x_B, y_B)、(x_C, y_C),令:

$$\left.\begin{aligned} P_A &= \frac{1}{\cot A - \cot\alpha} = \frac{\tan\alpha\tan A}{\tan\alpha - \tan A} \\ P_B &= \frac{1}{\cot B - \cot\beta} = \frac{\tan\beta\tan B}{\tan\beta - \tan B} \\ P_C &= \frac{1}{\cot C - \cot\gamma} = \frac{\tan\gamma\tan C}{\tan\gamma - \tan C} \end{aligned}\right\} \tag{7-51}$$

待定点 P 的坐标计算公式为:

$$\left.\begin{aligned} x_P &= \frac{P_A x_A + P_B x_B + P_C x_C}{P_A + P_B + P_C} \\ y_P &= \frac{P_A y_A + P_B y_B + P_C y_C}{P_A + P_B + P_C} \end{aligned}\right\} \tag{7-52}$$

如果将 P_A、P_B、P_C 看作是 A、B、C 三个已知点的权，则待定点 P 的平面坐标值就是三个已知点坐标的加权平均值。

实际工作时，为避免错误发生，通常应将 A、B、C、D 四个已知点分成两组，并观测交会角，计算出待定点 P 的两组坐标值，求其较差，若较差在限差之内，取两组坐标值的平均值作为待定点 P 的最终平面坐标。

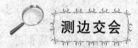
测边交会

测边交会是一种测量边长交会定点的控制方法，又称三边交会。如图 7-23 所示，A、B、C 为已知点，P 为待定点，A、B、C 按逆时针排列，a、b、c 为边长观测数据。

依据已知点按坐标反算方法，反求已知边的坐标方位角和边长为 α_{AB}、α_{CB} 和 S_{AB}、S_{CB}。在 $\triangle ABP$ 中，由余弦定理得 $\cos\angle A = \dfrac{S_{AB}^2 + a^2 - b^2}{2aS_{AB}}$，顾及 $\alpha_{AP} = \alpha_{AB} - \angle A$，则有：

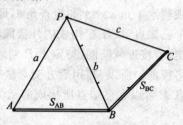

图 7-23　平面测边交会

$$\left.\begin{array}{l} x'_P = x_A + a\cos\alpha_{AP} \\ y'_P = y_A + a\sin\alpha_{AP} \end{array}\right\} \tag{7-53}$$

同理，在 $\triangle BCP$ 中有 $\cos\angle C = \dfrac{S_{CB}^2 + c^2 - b^2}{2cS_{CB}}$，顾及 $\alpha_{CP} = \alpha_{CB} + \angle C$，则有：

$$\left.\begin{array}{l} x''_P = x_C + c\cos\alpha_{CP} \\ y''_P = y_C + c\sin\alpha_{CP} \end{array}\right\} \tag{7-54}$$

根据式（7-53）、式（7-54）计算待定点的两组坐标，并计算其较差，若较差在允许限差之内，可取两组坐标值的算术平均值为待定点 P 的最终坐标。

【相关知识】

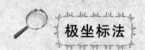
极坐标法

在图 7-24 中，在已知点 A 上测出水平角 α 和水平距离 D_{AP}，在 B 点上测出水平角 β 和水平距离 D_{BP}，则有：

$$\alpha_{AP} = \alpha_{AB} - \alpha$$
$$\alpha_{BP} = \alpha_{BA} + \beta$$

由 A 点计算 P 点坐标：

$$\left.\begin{array}{l} x_P = x_A + D_{AP}\cos\alpha_{AP} \\ y_P = y_A + D_{AP}\sin\alpha_{AP} \end{array}\right\} \tag{7-55}$$

由 B 点计算 P 点坐标：

$$\left.\begin{array}{l} x_P = x_B + D_{BP}\cos\alpha_{BP} \\ y_P = y_B + D_{BP}\sin\alpha_{BP} \end{array}\right\} \tag{7-56}$$

求得 P 点两组坐标之差若在限差之内，取平均值作为最后的结果。

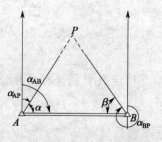

图 7-24　前方交会

有光电测距仪或全站仪时,用极坐标观测法求点的坐标极为方便。各种全站仪本身带有程序,观测完毕,测点坐标即可获得。

7.5 高程控制测量

【要 点】

高程控制测量主要采用水准测量和三角高程测量方法,测定各等级水准点和平面控制点的高程。

【解 释】

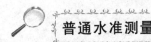
普通水准测量的观测

按照规定,一、二等水准测量在观测时,应采用精密水准仪和铟瓦水准尺,用光学测微法读数并进行往返观测,属于精密水准测量。三、四等水准测量,观测时可采用普通 S_3 型水准仪和双面水准尺,用中丝读数法并进行往返观测,属于普通水准测量。三、四等水准测量一般用于国家高层控制网的加密,在城市建设中用于建立小地区首级高程控制网,以及工程建设场区内的工程测量及变形监测的基本高程控制,地形测量时再用图根水准测量或三角高程测量进行加密。三、四等水准点的高程应从附近的一、二等水准点引测,布设成附合或闭合水准路线,其水准点位应选在土质坚固、便于长期保存和使用的地方,并应埋设水准标石,也可利用埋石的平面控制点作为水准高程控制点,为了便于寻找,水准点应绘制点之记。本节只介绍三、四等水准测量的方法,其水准路线的布设形式主要有单一的附合水准路线、闭合水准路线、支线水准路线和水准网。

1)三、四等水准测量的规范要求

三、四等水准测量所用仪器及主要技术要求见表 7-8,每站观测的技术要求见表 7-9。

表 7-8 城市及工程各等级水准测量主要技术指标

等级	每千米高差全中误差/mm	路线长度/km	水准仪的型号	水准尺	观测次数		往返较差、附合或环线闭合差	
					与已知点联测	附合或环线	平地/mm	山地/mm
二等	2	—	DS$_1$	铟瓦	往返各一次	往返一次	$4\sqrt{L}$	—
三等	6	≤50	DS$_1$	铟瓦	往返各一次	往一次	$12\sqrt{L}$	$4\sqrt{n}$
			DS$_3$	双面		往返各一次		
四等	10	≤16	DS$_3$	双面	往返各一次	往一次	$20\sqrt{L}$	$6\sqrt{n}$
五等	15	—	DS$_3$	单面	往返各一次	往一次	$30\sqrt{L}$	

注:L 为附合路线或环线的长度,单位为 km。

表 7-9 各等级水准测量每站观测的主要技术要求

等级	水准仪的型号	视线长度/m	前后视距较差/m	前后视距累积差/m	视线离地面最低高度/m	黑面、红面读数较差/mm	黑、红面所测高差较差/mm
二等	DS$_1$	50	1	3	0.5	0.5	0.7
三等	DS$_1$	100	3	6	0.3	1.0	1.5
三等	DS$_3$	75				2.0	3.0
四等	DS$_3$	100	5	10	0.2	3.0	5.0
五等	DS$_3$	100	大致相等	—	—	—	—

注:1. 二等水准视线长度小于 20 m 时,其视线高度不应低于 0.3 m。

2. 三、四等水准采用变动仪器高度观测单面水准尺时,所测两次高差较差应与黑、红面所测高差之差的要求相同。

2) 三、四等水准测量的观测方法

三、四等水准测量观测工作应在通视良好、成像清晰、稳定的情况下进行。下面介绍双面尺法的观测程序(观测数据及计算过程见表 7-10)。

(1) 一站的观测顺序。

① 在测站上安置水准仪,使圆水准器气泡居中,后视水准尺黑面,用上、下视距丝读数,并记入表 7-10 中的(1)、(2)位置;转动微倾螺旋,使符合水准气泡居中,用中丝读数,记入表 7-10 中的(3)位置。

② 前视水准尺黑面,用上、下视距丝读数,并记入表 7-10 中的(4)、(5)位置;转动微倾螺旋,使符合水准气泡居中,用中丝读数,记入表 7-10 中的(6)位置。

③ 前视水准尺红面,旋转微倾螺旋,使管水准器气泡居中,用中丝读数,记入表 7-10 中(7)位置。

④ 后视水准尺红面,转动微倾螺旋,使符合水准器气泡居中,用中丝读数,记入表 7-10 中(8)位置。以上(1),(2),…,(8)表示观测与记录的顺序,见表 7-10。

表 7-10 三、四等水准测量记录

测站编号	点号	后尺 上丝 下丝 / 后视距 / 视距差	后尺 上丝 下丝 / 前视距 / 累积差 $\sum d$	方向及尺号	水准尺读数 黑面	水准尺读数 红面	+黑 −红 /mm	平均高差/m
		(1) (2) (9) (11)	(4) (5) (10) (12)	后尺 前尺 后一前	(3) (6) (15)	(8) (7) (16)	(14) (13) (17)	(18)
1	BM$_2$ │ TP$_1$	1426 0995 43.1 +0.1	0801 0371 43.0 +0.1	后 106 前 107 后一前	1211 0586 +0.625	5998 5273 +0.725	0 0 0	+0.6250

续表

测站编号	点号	后尺	上丝 下丝	前尺	上丝 下丝	方向及尺号	水准尺读数		+黑 −红/mm	平均高差/m
		后视距		前视距			黑面	红面		
		视距差		累积差 $\sum d$						
2	TP$_1$ | TP$_2$	1812 1296 51.6 −0.2		0570 0052 51.8 −0.1		后 107 前 106 后−前	1554 0311 +1.243	6241 5097 +1.144	0 +1 −1	+1.2435
3	TP$_2$ | TP$_3$	0889 0507 38.2 −0.2		1713 1333 38.0 +0.1		后 106 前 107 后−前	0689 1523 −0.825	5486 6210 −0.724	−1 −1	−0.8245
4	TP$_3$ | BM$_1$	1891 1525 36.6 −0.2		0758 0390 36.8 −0.1		后 107 前 106 后−前	1708 0574 +1.134	6395 5361 +1.034	0 0	+1.1340
检核计算	$\sum (9)=169.5$ $\sum (10)=169.6$ $\sum (9)-\sum (10)=-0.1$ $\sum (9)+\sum (10)=339.1$					$\sum (3)=5.171$ $\sum (6)=2.994$ $\sum (15)=+2.177$ $\sum (15)+\sum (16)=+4.356$			$\sum (8)=24.120$ $\sum (7)=21.941$ $\sum (16)=+2.179$ $2\sum (18)=+4.356$	

这样的观测顺序称为"后、前、前、后",其优点是可以大大减弱仪器下沉等误差的影响。对四等水准测量,每站观测顺序也可为"后、后、前、前"。

(2) 一站的计算与检核。

① 视距计算与检核。根据前、后视的上、下丝读数计算前、后视的视距(9)和(10)。

后视距离(9):(9)=(1)−(2)。

前视距离(10):(10)=(4)−(5)。

计算前、后视距差(11):(11)=(9)−(10)。对于三等水准测量,(11)不得超过 3 m;对于四等水准测量,(11)不得超过 5 m。

计算前、后视距累积差(12):(12)=上站之(12)+本站(11)。对于三等水准测量,(12)不得超过 6 m;对于四等水准测量,(12)不得超过 10 m。

② 同一水准尺红、黑面中丝读数的检核。k 为双面水准尺的红面分划与黑面分划的零点差,配套使用的两把尺其 k 为 4 687 mm 或 4 787 mm,同一把水准尺其红、黑面中丝读数差按下式计算:

$$(13) = (6) + k - (7)$$
$$(14) = (3) + k - (8)$$

(13)、(14)的大小,对于三等水准测量不得超过 2 mm,对于四等水准测量不得超过 3 mm。

③ 高差计算与检核。按前、后视水准尺红、黑面中丝读数分别计算一站高差。

计算黑面高差(15):(15)=(3)−(6)。

计算红面高差(16):(16)=(8)−(7)。

红、黑面高差之差(17)：(17)＝(15)－(16)±0.100＝(14)－(13)(检核用)。0.100 为单、双号两根水准尺红面零点注记之差，以 m 为单位。

对于三等水准测量，(17)不得超过 3 mm；对于四等水准测量，(17)不得超过 5 mm。

④ 计算平均高差。红、黑面高差之差在允许范围内时，取其平均值作为该站的观测高差(18)。公式为：

$$(18) = \frac{(15) + (16) \pm 0.100}{2}$$

3）每页计算的校核

(1) 高差部分。

红、黑面后视总和减红、黑面前视总和应等于红、黑面高差总和，还应等于平均高差总和的 2 倍。当测站数为偶数时：

$$\sum [(3) + (8)] - \sum [(6) + (7)] = \sum [(15) + (16)] = 2 \sum (18)$$

当测站数为奇数时：

$$\sum [(3) + (8)] - \sum [(6) + (7)] = \sum [(15) + (16)] = 2 \sum (18) \pm 0.100$$

(2) 视距部分。

后视距离总和减前视距离总和应等于末站视距累积差。公式为：

$$\sum (9) - \sum (10) = 末站(12)$$

校核无误后，算出总视距：

$$总视距 = \sum (9) + \sum (10)$$

用双面尺法进行三、四等水准测量的记录、计算与校核，见表 7-10。

4）内业成果计算

水准测量成果处理是根据已知点高程和水准路线的观测高差，求出待定点的高程值。

学习水准测量后，我们知道图根水准测量成果处理方法是一种近似的成果处理方法，不能用于三、四等水准测量的成果处理。测量规范中规定，各等级高程控制网(指一、二、三、四等水准网)应采用条件平差或间接平差进行成果计算，条件平差或间接平差是符合最小二乘原理的严密平差方法，故三、四等水准测量成果处理的方法已经超出本书范围，在此不详细介绍。

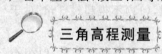
三角高程测量

在地面高低起伏较大的地区测定地面点的高程时，若用水准测量的方法进行测量，速度慢、困难大，因而在实际工作中常采用三角高程测量的方法来测取地面点的高程。三角高程测量的基本思想是根据三角原理，利用由测站向照准点所观测的竖角和它们之间的距离，计算测站点与照准点之间的高差。

1）三角高程测量的基本原理

三角高程测量是根据两点的水平距离和竖直角计算两点的高差。如图 7-25 所示，已知 A 点高程 H_A，要测定 B 点高程 H_B，可在 A 点安置经纬仪，在 B 点竖立标杆，用望远镜中丝瞄准标杆的顶点 M，测得竖直角 α，量出标杆高 v 及仪器高 i，再根据 AB 的平距 D，可算出 AB 的高差。公式为：

$$h_{AB} = D\tan\alpha + i - v \tag{7-57}$$

B 点的高程为：

$$H_B = H_A + h_{AB} = H_A + D\tan\alpha + i - v \tag{7-58}$$

当两点的距离大于 300 m 时，式(7-58)应考虑地球曲率和大气折光对高差的影响，其值 f（称为两差改正）为 $0.43D^2/R$，D 为两点间水平距离，R 为地球平均曲率半径。

三角高程测量一般应进行往返观测，由 A（为已知高程点）向 B（为未知点）观测称为直觇；反之，由 B 向 A 观测称为反觇。这种观测方法称为对向观测，又称双向观测。该种观测方法可以消除地球曲率和大气折光的影响。三角高程测量对向观测所求得的高差较差不可

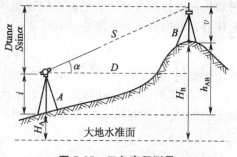

图 7-25　三角高程测量

大于 $0.1D$（D 为平距，以 km 为单位），若符合要求，取两次高差的平均值作为两点的测量高差。

2）三角高程测量的观测和计算

（1）在测站上安置经纬仪或全站仪，量仪器高 i，在目标点上安置觇牌或反光棱镜，量取觇牌高 v，量高度时，要求读至 0.5 cm，并测量两次，若两次测量较差不超过 1 cm 时，取其平均值作为最终高度值（取至厘米位），记入表 7-11。

表 7-11　三角高程测量观测数据与计算

起算点	A		B	
待定点	B		C	
往返测	往	返	往	返
斜距 S	593.391	593.400	491.360	491.301
竖直角 α	$+11°32'49''$	$-11°33'06''$	$+6°41'48''$	$-6°42'04''$
$S\sin\alpha$	118.780	-118.829	57.299	-57.330
仪器高 i	1.440	1.491	1.491	1.520
觇牌高 v	1.502	1.400	1.522	1.441
两差改正 f	0.022	0.022	0.016	0.016
单向高差 h	$+118.740$	-118.716	$+57.284$	-57.253
往返平均高差 $\overline{h}$	$+118.728$		$+57.268$	

（2）用中横丝瞄准目标，将竖盘水准管气泡居中，读取竖盘读数，盘左、盘右观测为一个测回，计算竖直角记入表中。其竖直角观测的测回数及限差见表 7-12。

表 7-12　竖直角观测测回数及限差

等级	一、二级小三角		一、二、三级导线		图根控制
仪器	DJ_2	DJ_6	DJ_2	DJ_6	DJ_6
测回数	2	4	1	2	1
各测回竖角指标差互差	$15''$	$25''$	$15''$	$25''$	$25''$

（3）高差及高程的计算见表 7-11。

当用三角高程测量方法测定平面控制点的高程时，应组成闭合或附合的三角高程路线。每边均需进行对向观测。依据对向观测所求得的高差平均值，计算闭合环线或附合路线的高程闭合差的限值 $f_{h容}$ 公式为：

$$f_{h容} = \pm 0.05 \sqrt{D^2} \, m \tag{7-59}$$

式中：D——各边的水平距离，以 km 为单位。

当 f_h 没有超过 $f_{h容}$ 时，按边长成正比例的原则，将 f_h 反符号分配于各高差之中，然后用改正后的高差，由起始点的高程计算各待求点的高程。

【相关知识】

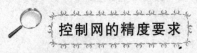

控制网的精度要求

精度越高，点位越密，测量的工作量越大，施测工期也就越长。但如果点位过少或精度偏低，又不能满足测量定位的需要。因此，点位的多少、布局是否合理，应以满足使用需要为准，其精度应高于建筑物所需的定位精度，对测区起到控制作用。

在图 7-26 中，选矿车间是建筑区的核心工程，精度应较高，附属区和生活区的精度可相对偏低些。尾矿由选矿车间靠溜槽自由流入尾矿坝。虽尾矿属配套工程，但尾矿系统对高程的要求却很高。水泵房靠压力从水源向选矿车间供水，与尾矿溜槽相比，其管线坡度可适当灵活些。

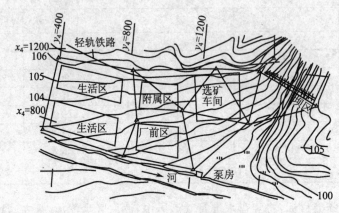

图 7-26　矿区控制测量

在小地区控制测量中，由于观测过程的误差、可能出现整个测区与原坐标系产生偏转或位移。如果这时测区内建立的各点之间数据是正确的，保证测区的完整性，与外部衔接可以吻合，满足施工控制的需要，不必返工重测。

图根导线边长丈量中，当坡度小于 2%，温度不超过钢尺检定温度的 ±10℃，尺长改正不大于 1/10 000 时，则不进行改正。

第8章 地形图测绘

8.1 平板仪的构造及使用方法

【要　点】

平板仪分大平板仪和小平板仪两种。本节只介绍小平板仪的构造与使用方法。

【解　释】

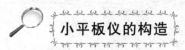

小平板仪的构造

小平板仪构造较简单，见图 8-1。它主要是由测图板、照准仪和三角架三部分组成。附件有对点器和罗盘仪（指北针）。

测图板和三角架的连接方式大都是球窝接头。在金属三角架头上有个碗状球窝，球窝内嵌入一个具有同等半径的金属半球，半球中心有连接螺栓，图板通过连接螺栓固定在三角架上。基座上有调平和制动两个螺旋，放松调平螺旋，图板可在三角架上的任意方向倾、仰，从而可将图板置平。旋紧调平螺旋，图板不能倾仰，可绕竖轴水平旋转。当旋紧制动螺旋时，将图板固定。

照准仪是在图纸上标出方向线和点位的主要工具，用来照准目标，其构造如图 8-2 所示。它是一个带有比例尺刻划的直尺，尺的一端装有带观测孔的觇板，另一端觇板上开有一长方形洞口，洞中央装一细竖线，由观测孔和细竖线构成一个照准面，供照准目标用。在直尺中部装一个水准管，供调平图板用。

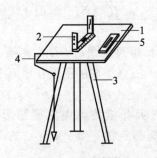

图 8-1　小平板仪

1—测图板；2—照准仪；3—三角架；
4—对点器；5—罗盘仪（指北针盒）

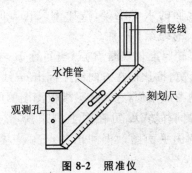

图 8-2　照准仪

对点器由金属架和线坠组成，借助对点器可将图上的站点与地面上的站点安置于同一铅垂线上。

中平板仪与大平板仪大致相同，其不同点在于照准仪。图8-3所示为中平板仪的照准仪。照准仪虽有望远镜与竖盘，但竖盘不是光学玻璃度盘，而是一个竖直安置的金属盘，与罗盘仪相同，非光学方法直读竖角，精度很低。

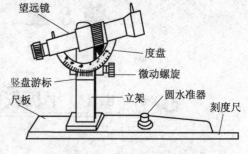

图8-3 中平板仪及其附件

大平板仪的构造

大平板仪由平板、照准仪和若干附件组成，如图8-4所示。其平板部分由图板、基座和三脚架组成。基座用中心固定螺旋与三脚架连接。平板可在基座上转动，由制动螺旋与微动螺旋进行控制。

望远镜、竖盘和直尺组成大平板仪的照准仪。有望远镜与竖盘，光学的方法直读目标的竖角，与视距尺配合可作视距测量。用直尺可在图板上画出瞄准的方向线。对点器可使平板上的点与相应的地面点安置在同一铅垂线上。定向罗盘用于平板的粗略定向。整平平板由圆水准器完成。

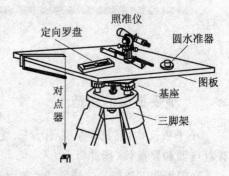

图8-4 大平板仪及其附件

平板仪测图原理

如图8-5所示，地面上有A、O、B三点，在O点上水平安置图板，钉上图纸。利用对点器将地面上O点沿铅垂方向投影到图纸上，定出o点。将照准仪测孔端尺边贴于o点，以o点为轴（可去掉对点器，在o点插一大头针）平转照准仪，通过观测孔和竖线观测目标A。当照准仪竖线与目标A重合时，在图纸上沿尺边过O点画出OA方向线，再量出OA两点地面的水平距离，按比例尺在方向线上标出oa线段，oa直线就是地面上OA直线在图纸上的缩绘。

再转照准仪观测B点，当目标B与照准仪竖线重合时，沿尺边画出OB方向线，量出OB两点距离，按比例在方向线上标出ob线段。图8-5上a、o、b三点组成的图形和地面上A、O、B三点的图形相似，这就是平板仪测图的原理。

按同样方法，可在图上测出所有点的位置。如果把所有相关点连接成图形，就绘出所要测的平面图。再测出各点高程，标在图上，就构成既有点的平面，又有点的高程的地形图。

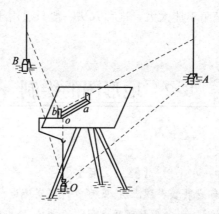

图 8-5　平板仪测图原理

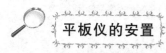

平板仪测量实质上是在图板上图解画出缩小的地面图形,图板方位要与实际地面相同,因此在测站上,不仅要对中、整平,并且要定向。对中、整平、定向三步工作互相影响。为做好安置工作,应先初步安置,后精确安置。

1) 初步安置

平板被长盒罗盘粗略定向,移动脚架,目估使平板大致水平,再移动平板使平板粗略对中。

2) 精确安置

精确安置与初始安置步骤正相反。

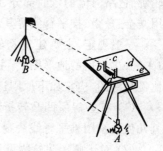

(1) 对中:使用对中器,对中允许误差为 $0.05\ \text{mm} \times M$(M 为测图比例尺分母)。

(2) 整平:用圆水准器或照准仪直尺上的水准器。

(3) 定向:目的是使图上的直线与地面上相应的直线在同一个竖面内。精确定向应使用已知边定向,如图 8-6 所示,将照准器紧靠图上的已知边 ab,转动图板,当精确照准地面目标 B 时,把图板固定住。

图 8-6　平板仪的安置

【相关知识】

 大平板仪和小平板仪优缺点

1) 大平板仪的优缺点

大平板仪测图法观测与描绘均由一人承担,所以绘制人对图上碎部点在实地相应位置的印象较深,便于正确描绘地物、地貌。大平板仪测图所需作业人员少,描绘碎部点方向的精度也较高,是大比例尺(尤其是 1∶500)白图纸测图的主要方法。但测绘工作量绝大部分集中在一个人身上,影响成图速度。

2) 小平板仪的优缺点

小平板仪的主要优点是观测员与绘图员的工作量接近,测绘速度较快。缺点是用觇板照准器照准碎部点时，其视线倾角不能太大。这种方法一般只适用于丘陵或平坦地区测图，而不用于高山地区。

8.2　地形图的绘制

【要　点】

外业工作中，把碎部点展绘在图上后，就可以对照实地进行地形图的绘制工作。主要内容是地物、地貌的勾绘，以及大测区地形图的拼接、检查和整饰工作。

【解　释】

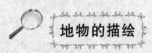
地物的描绘

在测绘地形图时，对地物测绘的质量主要取决于地物特征点选择是否正确合理，如房屋轮廓、道路河流的弯曲部分、电杆的中心点。主要的特征点应独立测定，一些次要特征点可采用交会、量距、推平行线等其他几何作图方法绘出。

一般规定，主要建筑物轮廓线的凹凸长度在图上大于 0.4 mm 时，需要表示出来。在 1∶500 比例尺的地形图上，主要地物轮廓凹凸大于 0.2 mm 时也应在图上表示出来。对于大比例尺测图，应按如下原则进行取点：

（1）有些房屋凹凸转折较多时，只测定其主要转折角（大于 2 个），量取有关长度，然后按其几何关系用推平行线法画出其轮廓线。

（2）对于圆形建筑物可量其半径绘图测定其中心，或在其外廓测定三点，然后用作图法定出圆心，绘出外廓。

（3）绘出公路在图上实际测得的两侧边线。大路或小路可只测其一侧边线，另一侧按测量得的路宽绘出。

（4）道路转折点处的圆曲线边线应至少测定三个点（起、终和中点）并绘出。

（5）应实测围墙的特征点，按半比例符号绘出其外围的实际位置。

已测定的地物点应连接起来，随测随连，以便将图上测得的地物与地面进行实际对照。这样才能在测图中发现错误和遗漏，保证及时予以修正或补测。

在测图过程中，可根据地物情况和仪器状况选择不同的测绘方法，如极坐标法、方向交会法、距离交会法。

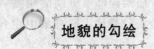
地貌的勾绘

在测出地貌特征点后，即可勾绘等高线。勾绘等高线时，可用铅笔轻轻描绘山脊线、山谷线等地性线。由于等高距都是整米数或半米数，因此，基本等高线通过的地面高程也都是整米数或半米数。由于所测地形点大多不会正好就在等高线上,因此必须在相邻的地形点之间,先用内插法定出基本等高线要通过的点,再将同高程相邻的点参照实际地貌用光滑曲线进行连接,勾绘出等高线。不能用等高线表示的地貌,如悬崖、峭壁、土堆、冲沟、雨裂,应按图式中标准符号表示。对于不同的地形和不同的比例尺,基本等高距也不同。

等高线的内插如图 8-7 所示,等高线的勾绘见图 8-8。在现场,等高线应边测图边勾绘,要运用等高线的特性,至少应勾绘出计曲线,以控制等高线的走向,以便与实地地形相对照,可当场发现错误和遗漏,并能及时纠正。

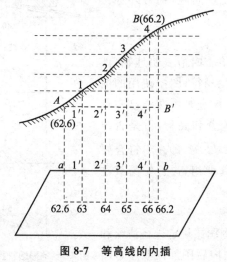

图 8-7 等高线的内插

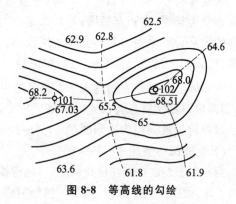

图 8-8 等高线的勾绘

 地形图的拼接、检查和整饰

当测图面积大于一幅地形图的范围面积时,要分幅测图,由于测绘误差的存在,相邻地形图测完后应进行拼接。拼接时,若偏差在规定限值内,取其平均位置修整相邻图幅的地物和地貌位置;否则,应进行检查、纠正,直至符合要求。

1) 地形图的拼接

地形图拼接时,若地物和等高线的接边差小于表 8-1 规定值的 2 倍时,两幅图可以拼接,若超过此限值,需到实地检查、补测修正后再进行拼接。拼接方法为:用宽 5 cm 的透明纸条,先将左图幅蒙上其接图边,如图 8-9 所示,将接图边、坐标格网、地物、地貌等用铅笔描绘在透明纸条上,然后再将透明纸条蒙在右图幅接图边上,使透明纸条与底图上坐标格网对齐,同样用铅笔描绘地物、地貌。若偏差在规定限值内,取其平均位置绘在透明纸条上,并以此改正相邻图幅的地物和地貌位置。

表 8-1 地形点点位中误差

地区类别	点位中误差 /mm	相临地物点间距 中误差/mm	等高线高程中误差(等高距)			
			平地	丘陵地	山地	高山地
城市建筑区、平地、丘陵地	0.5	0.4	1/3	1/2	2/3	1
山地、高山地和施测困难的街区内部	0.75	0.6				

2）地形图的检查

为保证成图质量，在地形图拼接工作完后，还必须对本图幅的所有内容进行全面的自检和互检，一般检查工作可分为室内检查和野外检查两部分。

（1）室内检查。

室内检查的主要内容为检查图根点的观测、记录和计算是否有错误，闭合差及各种限差是否符合规定限值；符号运用是否恰当，等高线勾绘是否有错误；图边拼接误差是否符合限差要求等。若发现问题，到野外进行实地检查，改正。

（2）野外检查。

在野外将地形图对照实地地物、地貌进行查看，检查时应查明地物、地貌取舍是否正确，是否有遗漏；等高线是否与实际地貌相符；图中使用的图式和注记是否正确等。如必要时应用仪器设站检查，检查时可在原已知点设站，重新测定测站周围部分地物和地貌点的平面位置和高程，看是否与原测点相同。若误差不超过表 8-1 规定的中误差的 $2\sqrt{2}$ 倍，即视为符合要求，否则应对照实地进行改正。若错误较多，退回原作业组，进行修测或重测。仪器检查量一般为整幅图的 $10\%\sim20\%$。

3）地形图的整饰

当地形图经过拼接和检查纠正后，还应按照地形图图式规定进行清绘和整饰工作，使图面更加清晰、美观。整饰时应按照先图内后图外的顺序。图上的地物、地貌均按规定的图式进行注记和绘制，注意各种线条遇注记时应断开，最后按图式要求绘内、外图廓和接合图表，书写方格网坐标、图名、图号、地形图比例尺、坐标系、高程系和等高距、施测单位、绘图者及施测日期等。

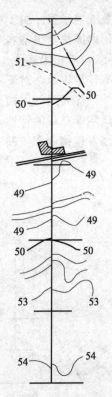

图 8-9　地形图拼接

【相关知识】

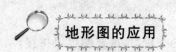

地形图的应用

1）求图上某点的坐标

大比例尺地形图上画有 $10\ \text{cm}\times10\ \text{cm}$ 的坐标方格网，并在图廓的西、南边上注有方格的纵、横坐标值，如图 8-10 所示。根据图上坐标方格网的坐标可以确定图上某点的坐标。例如，欲求图上 A 点的坐标。首先根据图上坐标注记和 A 点的图上位置，绘出坐标方格 $abcd$，过 A 点作坐标方格网的平行线 pq、fg 与坐标方格相交于 p、q、f、g 四点，再按地形图比例尺（$1:1\ 000$）量出 $af=60.8\ \text{m}$，$ap=48.8\ \text{m}$，A 点的坐标为：

$$X_A = X_a + af = 2\ 100 + 60.8 = 2\ 160.8\ (\text{m})$$

$$Y_A = Y_a + ap = 1\ 100 + 48.8 = 1\ 148.8\ (\text{m})$$

实际求解坐标时要考虑图纸伸缩的影响，根据量出坐标方格的长度并和理论值比较得出图纸伸缩系数，进行改正，既保证坐标值更精确，又起到校核量测结果的作用。

2）求图上某点的高程

地形图上点的高程可根据等高线的高程求得。如图 8-11 所示，若某点 A 正好位于等高线上，则 A 点的高程就是该等高线的高程,即 $H_A=51.0$ m。若某点 B 不在等高线上,而位于 54 m 和 55 m 两根等高线之间,这时可通过 B 点作一条大致垂直于相邻两等高线的线段 mn,量取 mn 和 mB 的长度,分别为 9.0 mm 和 6.0 mm,已知等高距 h 为 1 m,则可用内插法求得 B 点的高程为 54.66 m。

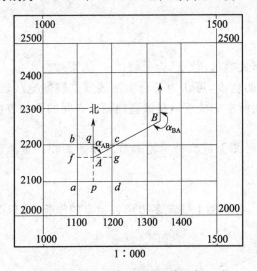

图 8-10　计算地形图上点坐标

图 8-11　求某点 A 的高程

实际求图上某点的高程时,通常根据等高线用目估法按比例推算该点的高程。

3)求图上两点间的距离

求图上两点间的水平距离有两种方法。

(1)根据两点的坐标求水平距离。

先在图上求出两点的坐标,再按坐标反算公式算出两点间的水平距离。例如,图 8-10 中,要求 A、B 两点的水平距离,可以先在图上求出 A、B 两点的坐标值 x_A、y_A 和 x_B、y_B,然后按式(8-1)反算 AB 的水平距离 D_{AB},即:

$$D_{AB} = \sqrt{(x_B - x_A)^2 + (y_B - y_A)^2} \tag{8-1}$$

(2)在地形图上直接量距。

用两脚规在图上直接卡出 A、B 两点的长度,再与地形图上的直线比例尺比较,即可得出 AB 的水平距离。当精度要求不高时,可用比例尺(三棱尺)直接在图上量取。

4)求图上某直线的坐标方位角

如图 8-10 所示,要求图上直线 AB 的坐标方位角,可以根据已经求出的或已知的 A、B 两点的坐标值 x_A、y_A 和 x_B、y_B,可按式(8-2)坐标反算公式计算直线 AB 的坐标方位角,即:

$$\alpha_{AB} = \arctan \frac{y_B - y_A}{x_B - x_A} = \arctan \frac{\Delta y_{AB}}{\Delta x_{AB}} \tag{8-2}$$

当使用电子计算器或三角函数表计算时,要根据两点坐标差值的正负符号确定坐标方位角所在的象限。

在精度要求不高时,可用图解法用量角器在图上直接量取坐标方位角。

5)求图上某直线的坡度

在地形图上求得直线的长度及两端点的高程后,可按式(8-3)计算该直线的平均坡度,即:

$$i = \frac{h}{d \cdot M} = \frac{h}{D} \tag{8-3}$$

式中：d——图上量得的长度；

　　M——地形图的比例尺分母；

　　h——直线两端点间的高差；

　　D——该直线的实地水平距离。

坡度通常用千分率（‰）或百分率（%）的形式表示。"＋"为上坡，"－"为下坡。

若直线两端点位于相邻等高线上，则求得的坡度，可认为符合实际坡度。假如直线较长，中间通过多条等高线，且等高线的平距不等，则所求的坡度只是该直线两端点间的平均坡度。

6）量测图形面积

在工程建设和规划设计中，常常需要在地形图上量测一定轮廓范围内的面积。量测面积的方法比较多，常用的方法有以下几种。

（1）坐标计算法。

如图 8-12 所示，对多边形进行面积量算时，可在图上确定多边形各顶点的坐标（或以其他方法测得），直接用坐标计算面积。

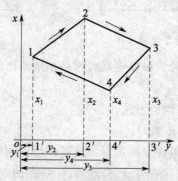

图 8-12　坐标计算法计算面积

根据图形对面积计算的推导，可以得出当图形为 n 边形时，面积计算公式为：

$$A = \frac{1}{2} \sum_{i=1}^{n} x_i (y_{i+1} - y_{i-1}) \tag{8-4}$$

如果多边形各顶点投影于 y 轴，则有：

$$A = \frac{1}{2} \sum_{i=1}^{n} y_i (x_{i+1} - x_{i-1}) \tag{8-5}$$

式中：n——多边形边数。当 $i=1$ 时，y_{i-1} 和 x_{i-1} 分别用 y_n 和 x_n 代入。

可用式（8-4）、式（8-5）算出的结果互作计算检核。

对于轮廓为曲线的图形，进行面积估算时，可采用以折线代替曲线的方法。估算面积的精度由取样点的密度决定，当对估算精度要求高时，应加大取样点的密度。该方法可实现计算机自动计算。

（2）透明方格纸法。

如图 8-13 所示，要计算曲线内的面积 A，将一张透明方格纸覆盖在图形上，数出曲线内的整方格数 n_1 和不足整格的方格数 n_2。设每个方格的面积为 a，则曲线围成的图形实地面积为：

$$A = \left(n_1 + \frac{1}{2}n_2\right)aM^2 \tag{8-6}$$

式中, M——比例尺分母。计算时应注意 a 的单位。

（3）平行线法。

如图 8-14 所示，在曲线围成的图形上绘出相等间隔的一组平行线，使得曲线图形边缘与两条平行线相切。将这两条平行线间隔等分的相邻平行线间距为 h。每相邻平行线之间的图形近似为梯形。用比例尺量出各平行线在曲线内的长度为 l_1、l_2、$\cdots$、l_n，根据梯形面积计算公式先计算出各梯形面积，然后累计计算图形总面积 A。公式为：

$$A = A_1 + A_2 + \cdots + A_n = h(l_1 + l_2 + \cdots + l_n) = h\sum_{i=1}^{n} l_i \tag{8-7}$$

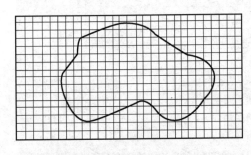

图 8-13 透明方格纸法计算面积

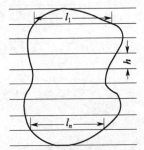

图 8-14 平行线法计算面积

（4）求积仪法

一种专供在图上量算图形面积用的仪器称为求积仪，其特点是量算速度快、操作简便，适用于各种不同几何图形的面积量算，且能达到较高的精度要求。

8.3 现代数字化测图技术

【要　点】

随着电子技术、计算机技术的发展和全站仪的广泛应用，逐步构成了野外数据采集系统。将其与内业机助制图系统结合，形成一套从野外数据采集到内业制图全过程的、实现数字化和自动化的测量制图系统，人们通常称之为数字化测图（简称数字测图）或机助成图。

如图 8-15 所示，数字化测图是以计算机为核心。在外连输入输出设备硬件、软件的条件下，通过计算机对地形空间数据进行处理而得到数字地图。这种方法改变了以手工描绘为主的传统测量方法。其测量成果不仅是绘制在图纸上的地图，还方便传输、处理、共享的数字信息，现已广泛应用于测绘生产、城市规划、土地管理、建筑工程等行业与部门，并成为测绘技术变革的重要标志。

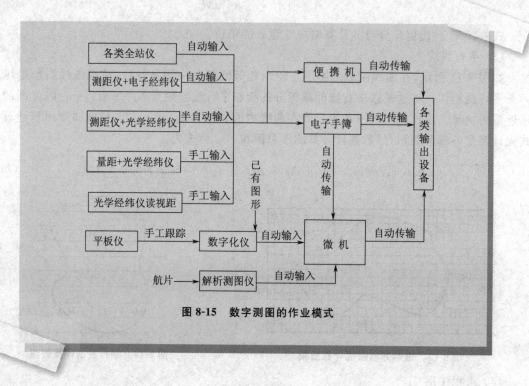

图 8-15　数字测图的作业模式

【解　释】

数字化测图的基本思想

传统的地形测图（白纸测图）是将测得的观测值用图解的方法转化为图形,其转化过程几乎都是在野外实现的,图形信息承载量少,变更修改极为不便,劳动强度较大,难以适应当前经济建设的飞速发展。数字化测图则不同,它可以尽可能缩短野外的作业时间,减轻野外劳动强度,将大部分作业内容安排到室内完成,把大量的手工作业转化为电子计算机控制的机械操作,图上内容可根据实际地形、地物随时变更与修改,而且不会丢失应有的观测精度。

数字化测图是将采集的各种有关的地物、地貌信息转化为数字形式,经计算机处理后,得到内容丰富的电子地图,并将地形图或各种专题图显示或打印出来。这便是数字化测图的基本思想。

数字化测图的作业过程

大比例尺数字化测图一般经过野外数据采集、数据编码、数据处理和地图数据输出等四个阶段。

1）野外数据采集

采用全站仪进行实地测量,将野外采集的数据自动传输到电子手册或计算机。一般每个点的记录通常有点号、点的三维坐标、点的属性及点与点的连接关系等。

2）数据编码

测点的属性是用地形编码表示的,每个点都有与其相对应的编码,由此可知这是什么点,图式符号是什么。反之,野外测量时知道测的是什么点,就可以给出该点的编码并记录下来。

3)数据处理

数据处理分数据的预处理、地貌点的等高线处理和地物点的图形处理。数据预处理是检查原始数据,删除出错信息代码的过程。预处理后生成点文件,再形成图块文件。地物图块文件是由与地物有关的点记录生成,并与地形有关的点记录生成等高线图块文件。图块文件生成后可进行人机交互方式下的地图编辑。

4)地图数据输出

人机交互编辑形成的图形文件可以用磁盘存储,或通过绘图仪绘制各类地图。

【相关知识】

数字地形图测绘应符合的要求

数字地形图测绘应符合下列要求:

(1)采用草图法作业时,应按测站绘制草图,并对测点进行编号。测点编号应与仪器的记录点号一致。草图的绘制,宜简化表示地形要素的位置、属性和相互关系等。

(2)采用编码法作业时,宜采用通用编码格式,也可使用软件的自定义功能和扩展功能建立用户的编码系统进行作业。

(3)采用内外业一体化的实时成图法作业时,应实时确立测点的属性、连接关系和逻辑关系等。

(4)在建筑密集的地区作业时,对于全站仪无法直接测量的点位,可采用支距法、交会法等几何作图方法进行测量,并记录相关数据。

数字化测绘技术的优点

(1)数字化成图技术具有精度高、劳动强度小、便于保存管理及应用、易于发布等特点。而常规的成图方法则野外工作量大、作业艰苦、作业程序复杂,同时还具有繁琐的内业数据处理和绘图工作,成图周期长,产品单一。

(2)可通过计算机的模拟,在屏幕上直观生动地(分层)反映地形、地貌特征及地籍要素,一目了然。

(3)数字化测绘产品在使用、维护和更新上具有方便快捷的特性,能够随时保持产品信息的现时性,随时补充修改,随时出新图提供使用。

(4)根据不同用户的需要,可对产品的各种要素进行数据再加工,得到不同用途的图件,还可随意对图形进行拼接、缩放,用途更加广泛。

(5)利用数字化(地形、地籍)测绘成果,作为底图,可在计算机上进行各种规划与设计(如土地资源开发规划和城市道路网的设计),并可方便地进行许多方案的设计与比较,对各种要素的统计、汇总、叠加、分析也方便、准确。在计算机的帮助下,大大提高了测绘生产作业的自动化、科学化及规范化程度,数字化测绘产品的应用水平也将达到一个新的高度。

另外,在其他方面也显示出很多优越性。仅从以上几点足以看出数字化(地形、地籍)测绘符合现代社会信息的要求,是现代测绘的发展方向。因此,以传统测绘为主的专业测绘单位,现在均以发展数字化测绘技术作为发展的目标与方向。

数字测图在地籍测量中的应用

　　随着国家城镇建设步伐的加快，城镇地籍测量在全国范围内展开工作，各地对地籍图的需求将急剧膨胀。地籍测量的目的是为了全面摸清城镇土地的属性、位置、面积、用途、经济价值及相互之间的关系，为建立全国土地管理信息系统奠定基础。随着高新测绘技术的开发和应用，数字化测绘技术的应用将会得到迅速发展。与传统的大（小）平板仪（地形、地籍）测绘技术相比，数字化测绘能够使测绘产品更加多样化，技术含量和应用水平更高，产品的使用与维护更加方便、快捷、直观。与传统的测绘产品（地形、地籍图件）相比，数字化测绘产品具有明显的优越性。作业流程的科学化是数字测量的关键所在，结合测区已有的资料，以有关规程、规范为依据，设计作业流程。

第9章 建筑施工测量

9.1 测设的基本工作

【要　点】

　　测设是最主要的施工测量工作。它与测定一样,也是确定地面上点的位置,只不过程序刚好相反,即把建筑物和构筑物的特征点由设计图纸标定到实际地面上。在测设过程中,我们也是通过测设设计点与施工控制点或现有建筑物之间的水平距离、水平角和高差,将该设计点在地面上的位置标定出来。因此,水平距离、水平角和高程是测设的基本要素,或者说测设的基本工作是水平距离测设、水平角测设和高程测设。

【解　释】

水平距离测设

　　在施工放样中,经常要把房屋轴线(或边线)的设计长度在地面上标定出来,这项工作称为测设已知距离。

　　测设已知距离不同于测量未知距离,它是由一个已知点起,沿指定方向量出设计的水平距离,从而定出第二点。测设已知距离有以下两种方法。

1) 一般方法

　　如图 9-1 所示,设 A 为地面上已知点,$D_设$ 为设计的水平距离,要在地面的 AB 方向上测设出水平距离 $D_设$ 以定出 B 点。将钢尺的零点对准 A 点,沿 AB 方向拉平钢尺,根据设计水平距离往测初定出 B' 点,然后从 B' 点返测回 A 点,取往返结果的平均值 $D_平$。$D_平$ 值就是初定的 AB' 段的准确距离,其差值为 $\Delta D = D_设 - D_平$。

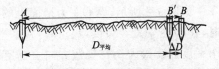

图 9-1　测设已知水平距离一般方法

　　如果设计距离 $D_设 > D_平$,则向外延长量 ΔD,打木桩 B,即为所求的点;如果 $D_设 < D_平$,则应向内量 ΔD,打木桩 B。

2) 精确方法

　　若要求测设精度较高,应根据钢尺量距的精密方法进行测设。根据已知水平距离,结合地面起伏状况及所用钢尺的实际长度,测设时的温度等,进行温度尺长和倾斜改正。算出在地面上应量出的距离 D。

要获得精确的距离,必须对实地丈量距离 D 进行三项改正,即:

$$D_{设} = D + \Delta D_d + \Delta D_t + \Delta D_h$$

所以实地丈量距离 D 应为 $D = D_{设} - \Delta D_d - \Delta D_t - \Delta D_h$ 　　　　　　　　　(9-1)

如图 9-1 所示,设已知图上设计距离 $D_{设} = 46.000$ m,所用钢尺名义长度为 $l_0 = 30.000$ m,经检定该钢尺实际长度 30.005 m,测设时温度 $t = 10℃$,钢尺的膨胀系数 $\alpha = 1.25 \times 10^{-5}$,测得 AB 的高差 $h = 1.380$ m。试计算测设时在地面上应量出的距离 D。

(1) 尺长改正数:

$$\Delta D_d = \frac{l - l_0}{l_0} D = \frac{30.005 - 30.000}{30.000} \times 46.000 = +0.008 \text{(m)}$$

(2) 温度改正数:

$$\Delta D_t = \alpha(t - t_0)D = 1.25 \times 10^{-5} \times (10 - 20) \times 46.000 = -0.006 \text{(m)}$$

(3) 倾斜改正数:

$$\Delta D_h = -\frac{h^2}{2D} = -\frac{(1.380)^2}{2 \times 46.000} = -0.021 \text{ m}$$

按式(9-1)实地丈量距离 D 为:

$$D = D_{设} - \Delta D_d - \Delta D_t - \Delta D_h$$
$$= 46.000 - 0.008 - (-0.006) - (-0.021)$$
$$= 46.019 \text{(m)}$$

如图 9-1 所示,从 A 点起,沿 AB 方向用钢尺量 46.019 m 定出 B 点,AB 的水平距离即为 46.000 m。

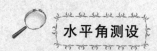

水平角测设

测设已知水平角与测量未知水平角的概念不同。它是根据地面上一个已知方向(该角之始边)及图纸上设计的角值,用经纬仪在地面上标出设计方向(该角之终边),以此作为施工时的参考依据。

已知水平角度的测设方法有以下两种。

1) 一般方法

如图 9-2 所示,设 OA 为地面上的已知方向,β 为设计的角度,求设计方向上的 OB。放样时,在 O 点安置经纬仪,盘左时,置水平度盘读数为 $0°00'00''$,瞄准 A 点。然后转动照准部,使水平度盘读数为 β,在视线方向上标定 B' 点;用盘右位置再测设 β 角,标定 B'' 点。由于存在视准轴误差与观测误差,B' 与 B'' 两点常常并不重合,取其中点 B,$\angle AOB$ 即为 β,方向 OB 就是要求标定于地面上的设计方向。

2) 精确方法

如图 9-3 所示,可先用盘左按设计角度转动照准部测设 β,标定出 B' 点。再用测回法(测回数根据精度要求而定)测量 $\angle AOB'$ 的角值设为 β'。用钢尺量出 OB' 之长度,由图 9-3 可知,$|BB'| = |OB'| \cdot \Delta\beta / \rho''$,其中 $\Delta\beta = \beta - \beta'$。

以 BB' 为依据改正点位 B'。若 $\beta > \beta'$,$\Delta\beta$ 为正值时,作 OB' 的垂线,从 B' 起向外量取支距

$B'B$，以标定 B 点；反之，向内量取 $B'B$ 以定 B 点。角 $\angle AOB$ 即为所要测设的 β 角。

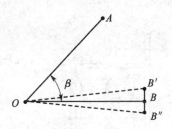

图 9-2　测设已知水平角一般方法

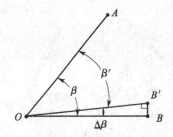

图 9-3　测设已知水平角精确方法

在施工放样中，经常要把设计的建筑物第一层地坪的高程（称 ± 0.000 标高）及房屋其他各部位的设计高程在地面上标定出来，作为施工的依据。这项工作称为测设已知高程。

1）测设 ± 0.000 标高线

如图 9-4 所示，为了要将某建筑物 ± 0.000 标高线（其高程为 $H_{设}$）测设到现有建筑物墙上。现安置水准仪于水准点 R 与某现有建筑物 A 之间，水准点 R 上立水准尺，水准仪观测得后视读数 a，此时视线高程 $H_{视}$ 为：$H_{视} = H_R + a$。另一根水准尺由前尺手扶持使其紧贴建筑物墙 A 上，该前视尺应读数 $b_{应}$ 为：$b_{应} = H_{视} - H_{设}$。故在此操作时，前视尺上下移动，当水准仪在尺上的读数恰好等于 $b_{应}$ 时，紧靠尺底在建筑物墙上画个横线，此横线即为设计高程位置，即 ± 0.000 标高线。为求醒目，再在横线下用红油漆画个"▲"，并在横线上注明"± 0.000 标高"。

2）高程上下传递法

若待测设高程点，其设计高程与水准点的高程差异很大，如测设较深的基坑标高或测设高层建筑物的标高。只用标尺根本无法放样，此时可借助钢尺，将地面水准点的高程传递到坑底或高楼上所设置的临时水准点上，然后再根据临时水准点测设其他各点的设计高程。

图 9-4　测设 ± 0.000 高程

图 9-5 是将地面水准点 A 的高程传递到基坑临时水准点 B 上。

在坑边木杆上悬经过检定的钢尺，零点在下端，并挂 10kg 重锤，为减少摆动，重锤放入盛废机油或水的桶内，在地面上和坑内分别安置水准仪，瞄准水准尺和钢尺读数（如图 9-5 中 a、b、c 和 d 所示），则：

$$H_B + b = H_A + a - (c - d)$$

即

$$H_B = H_A + a - (c - d) - b \qquad (9-2)$$

H_B 求出后，即可以临时水准点 B 为后视点，测坑底其他各待测设高程点的设计高程。

如图 9-6 所示，是将地面水准点 A 的高程传递到高层建筑物上，方法与上面提到的类似。

任一层上临时水准点 B_i 的高程为：

$$H_{Bi} = H_A + a + (c_i - d) - b_i \qquad (9-3)$$

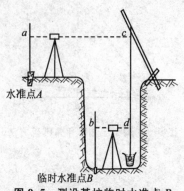

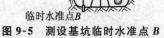

图 9-5　测设基坑临时水准点 B

图 9-6　高层建筑高程传递

H_{Bi} 求出后，即可以临时水准点 B_i 为后视点，测设第 i 层高楼上其他各待测设高程点的设计高程。

【相关知识】

测设工作的实质和原则

测设工作的实质，是将拟测设的建（构）筑物归结为一些特征点，根据施工现场预先建立的控制，将这些点位测设到地面上。

测设工作的原则与测定工作的原则相同，也采用"先整体，后局部""先控制，后碎部"的原则。

测设也有三项基本工作：测设已知水平距离、测设已知水平角和测设已知高程。

9.2　测设点位的基本方法

【要　点】

在确定建筑物和构筑物的平面位置时，设计图上不一定直接提供有关的水平距离和水平角数据，而是提供一些主要点的设计坐标(X,Y)。此时，要根据点的设计坐标将其实际位置在现场测设出来，首先根据设计坐标计算有关的水平距离和水平角，然后综合应用上一节所述的水平距离测设和水平角测设方法，在现场测设点位。测设点的平面位置的方法有直角坐标法、极坐标法、角度交会法和距离交会法等。

【解　释】

直角坐标法

根据直角坐标原理进行点位的测设称为直角坐标法。当建筑施工场地有彼此垂直的主轴线或建筑方格网,待测设的建(构)筑物的轴线平行又靠近基线或方格网边线时,常用直角坐标法测设点位。

如图 9-7(a)、(b)所示,Ⅰ、Ⅱ、Ⅲ、Ⅳ点是建筑方格网的顶点,其坐标值已知。1、2、3、4 为拟测设的建筑物的四个角点,在设计图纸上已给定四个角点的坐标,现用直角坐标法测设建筑物的四个角桩。

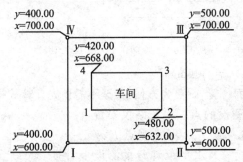 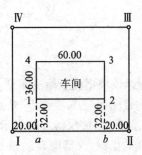

图 9-7　直角坐标法

(a)直角坐标法设计图纸;(b)直角坐标法测设数据

测设步骤:① 根据方格顶点和建筑物角点的坐标,计算出测设数据;② 在Ⅰ点安置经纬仪,瞄准Ⅱ点,在Ⅰ、Ⅱ方向上以Ⅰ点为起点分别测设 $D_{Ia}=20.00$ m,$D_{ab}=60.00$ m,定出 a、b 点;③搬仪器至 a 点,瞄准Ⅱ点,用盘左、盘右测设 90°角,定出 a 点至 4 点方向线,在此方向上由 a 点测设 $D_{a1}=32.00$ m,$D_{14}=36.00$ m,定出 1、4 点;④再搬仪器至 b 点,瞄准Ⅰ点,同法定出点 2、3。完成上述操作,建筑物的四个角点位置便确定下来,最后要检查 D_{12}、D_{34} 的长度是否为 60.00 m,房角 4 和 3 是否为 90°,误差是否在允许范围内。

直角坐标法计算简单,测设方便,精度较高,应用广泛。

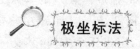

极坐标法

极坐标法是通过在控制点上测设一个角度和一段距离确定点的平面位置。该法适用于测设点离控制点较近且便于量距的情况。如果用全站仪测设则不受这些条件限制。

如图 9-8 所示,A、B 为控制点,其坐标 X_A、Y_A、X_B、Y_B 为已知,P 为设计的建筑物特征点,其坐标 X_P、Y_P 可在设计图上查得。现欲将 P 点测设于实地,先按下列公式计算测设数据水平角 β 和水平距离 D_{AP}:

$$\left. \begin{aligned} \alpha_{AB} &= \arctan \frac{Y_B - Y_A}{X_B - X_A} \\ \alpha_{AP} &= \arctan \frac{Y_P - Y_A}{X_P - X_A} \\ \beta &= \alpha_{AB} - \alpha_{AP} \end{aligned} \right\} \tag{9-4}$$

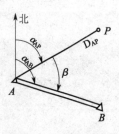

图 9-8　极坐标法

$$D_{AP} = \sqrt{(X_P - X_A)^2 + (Y_P - Y_A)^2} \tag{9-5}$$

测设时，在 A 点安置经纬仪，瞄准 B 点，采用正倒镜分中法测设出 β 角以定出 AP 方向，沿此方向上用钢尺测设距离 D_{AP}，即定出 P 点。

如图 9-8 所示，已知 $X_A = 100.00$ m，$Y_A = 100.00$ m，$X_B = 80.00$ m，$Y_B = 150.00$ m，$X_P = 130.00$ m，$Y_P = 140.00$ m，求测设数据 β、D_{AP}。

将已知数据代入式（9-4）和式（9-5）可得：

$$\alpha_{AB} = \arctan \frac{Y_B - Y_A}{X_B - X_A} = \arctan \frac{150.00 - 100.00}{80.00 - 100.00} = 111°48'05''$$

$$\alpha_{AP} = \arctan \frac{Y_P - Y_A}{X_P - X_A} = \arctan \frac{140.00 - 100.00}{130.00 - 100.00} = 53°07'40''$$

$$\beta = \alpha_{AB} - \alpha_{AP} = 111°48'05'' - 53°07'48'' = 58°40'17''$$

$$\begin{aligned} D_{AP} &= \sqrt{(X_P - X_A)^2 + (Y_P - Y_A)^2} \\ &= \sqrt{(130.00 - 100.00)^2 + (140.00 - 100.00)^2} \\ &= \sqrt{30^2 + 40^2} = 50 \text{（m）} \end{aligned}$$

若用全站仪根据极坐标法测设点的平面位置，则更为方便，甚至不需预先计算放样数据。如图 9-9 所示，A、B 为已知控制点，P 点为待测设的点。将全站仪安置在 A 点，瞄准 B 点，按仪器上的提示分别输入测站点 A、后视点 B 及待测设点 P 的坐标，仪器即自动显示水平角 β 及水平距离 D 的测设数据。水平转动仪器直至角度显示为 $0°00'00''$，此时视线方向即为需测设的方向。在该方向上指挥持棱镜者前后移动棱镜，直到距离改正值显示为零，棱镜所在位置即为 P 点。

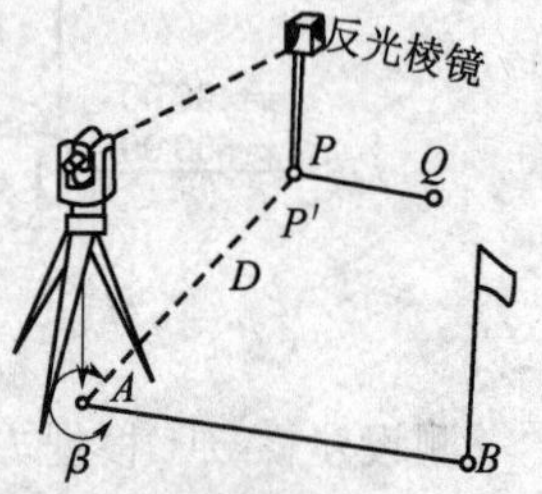

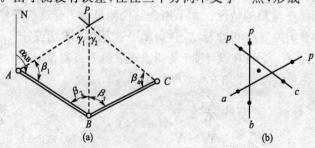

图 9-9　全站仪测设法

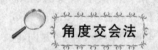 **角度交会法**

在两个控制点上用两台经纬仪测设出两个已知数值的水平角，交会出待定点的平面位置称为角度交会法。为了提高放样精度，通常用三个控制点三台经纬仪进行交会。角度交会法适用于待测设点离控制点较远或量距较困难的地区。

如图 9-10(a)、(b)所示。A、B、C 为已有的三个控制点，其坐标为已知，需放样点 P 的坐标也已知。先根据控制点 A、B、C 的坐标和 P 点设计坐标，计算出测设数据 β_1、β_2、β_4，计算方法见式（9-4）。测设时，在 A、B、C 点各安置一台经纬仪，分别测设 β_1、β_2、β_4，定出三个方向，其交点即为 P 点的位置。由于测设有误差，往往三个方向不交于一点，形成一个误差三角形。如

图 9-10　角度交会法

(a)角度交会观测法；(b)误差三角形

果此三角形最长边不超过 1 cm,则取三角形的重心作为 P 点的最终位置。应用角度交会法放样时,最好使交会角 γ_1、γ_2 在 30°~120°。

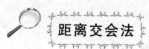
距离交会法

在两个控制点上各测设已知长度交会出点的平面位置称为距离交会法。此法适用于场地平坦,量距方便,且控制点离待测设点的距离不超过一整尺长的地区。

如图 9-11 所示,A、B 为控制点,P 为待测设点。先根据控制点 A、B 坐标和待测设点 P 的坐标,按式(9-5)计算出测设距离 D_1、D_2。测设时,以 A 点为圆心,以 D_1 为半径,用钢尺在地面上画弧;以 B 点为圆心,以 D_2 为半径,用钢尺在地面上画弧,两条弧线的交点即为 P 点。

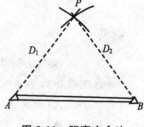

图 9-11　距离交会法

【相关知识】

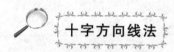
十字方向线法

十字方向线法是利用两条互相垂直的方向线相交得出待测设点位的一种方法。如图9-12所示,设 A、B、C 及 D 为一个基坑的范围,P 点为该基坑的中心点位,在挖基坑时,P 点会遭到破坏。为了随时恢复 P 点的位置,可以采用此方法重新测设 P 点。

(1)在 P 点架设经纬仪,设置两条相互垂直的直线,并分别用两个桩点来固定。

(2)当 P 点被破坏需要恢复时,利用桩点 $A'A''$ 和 $B'B''$ 拉出两条相互垂直的直线,根据其交点重新定出 P 点。

为了防止由于桩点发生移动而导致 P 点测设误差,可以在每条直线的两端各设置两个桩点,以便能够发现错误。

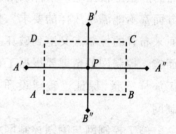

图 9-12　十字方向线法

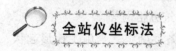
全站仪坐标法

全站仪不仅具有测设精度高、速度快的特点,而且可以用它直接测设点的位置。同时,全站仪在施工放样中受天气和地形条件的影响较小,在施工测量中得到了广泛应用。

根据控制点和待测设点的坐标定出点位的方法,称为全站仪坐标测设法。其操作步骤。

(1)将仪器安置在控制点上,使仪器置于菜单模式下的放样模式,输入控制点的坐标,以建立好测站,再输入后视方向点的坐标并照准后视方向,以完成后视方向的设置。

(2)可指挥立镜人,持反光棱镜立在待测设点附近。

(3)用望远镜照准棱镜,按坐标测设功能键,全站仪显示棱镜位置与测设点的坐标差,根据坐标差值,移动棱镜位置,直到坐标差值等于零(也可以显示出角度方向差与距离差),此时,棱镜位置即为测设点的点位。

为了能够发现错误，在每个测设点位置确定后，可以再测定其坐标作为检核。

9.3　建筑施工场地的控制测量

【要　点】

在工程建设勘测设计阶段已建有测图控制网，因其是为测图而建的，不可能考虑建筑物的总体布置（当时建筑物的总体布置尚未确定），更不可能考虑施工的具体要求，因此其控制点的分布、密度、精度都难以满足施工建设要求。此外，平整场地时控制点大多受到破坏，因此在施工之前，必须建立专门的施工控制网。

【解　释】

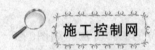

施工控制网

虽然在勘测设计阶段，为测图的需要已经布设控制网，但由于其主要是为测图服务，控制点的点位是根据地形条件确定的，并未考虑待建建筑物的总体布置，因而在点位的分布与密度方面都不能满足放样的要求。另外，在施工前，建筑施工现场平整场地时进行土方的填挖，使原来布置的控制点又遭到破坏。在测量精度上，测图控制网的精度按测图比例尺的大小确定，而施工控制网的精度要根据工程建设的性质决定，通常要高于测图控制网。因此，为了进行施工放样测量，保证工程建设质量，在施工前必须以测图控制点为定向条件重新建立施工控制网。

施工控制网与测图控制网相同，同样分为平面控制网和高程控制网两种。高程控制网一般采用水准网。平面控制网常采用三角网、导线网、建筑基线或建筑方格网等。

施工平面控制网的布设，应根据总平面图和施工地区的地形条件确定。当施工地形起伏较大，通视条件较差时采用三角网的形式扩展原有控制网；对于地形平坦，通视又比较容易的地区，如扩建或改建工程的工业场地，采用导线网；建筑方格网即对于建筑物多为矩形且布置比较规则和密集的工业场地，可以将施工控制网布置成规则的矩形网格，对于地面平坦而又简单的小型施工场地，常布置一条或几条建筑基线。总之，施工控制网的布设形式应与设计总平面图的布局一致。

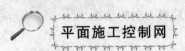

平面施工控制网

建筑基线的布设是平面施工控制网中最基本的工作。

1) 建筑基线的布置

在场地中央放样一条长轴线或若干条与其垂直的短轴线即建筑基线,它是建筑场地的施工控制基准线。适用于建筑设计总平面图布置比较简单的小型建筑场地。

建筑基线的布设形式是根据建筑物的分布、场地地形等因素确定的。其常见的形式有"一"字形、"L"字形、"十"字形和"T"字形,如图 9-13 所示。

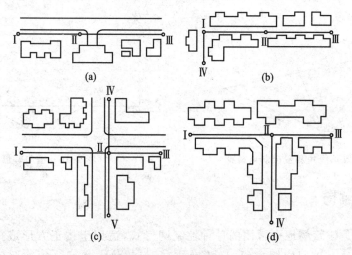

图 9-13 建筑基线形式

(a)"一"字形;(b)"L"字形;(c)"十"字形;(d)"丁"字形

建筑基线的布设要求如下:

(1) 主轴线应尽量位于场地中心,并与主要建筑物轴线平行,主轴线的定位点应至少有三个,以便相互检核。

(2) 基线点位应选在通视良好和不易被破坏的地方,且要设置成永久性控制点,如设置成混凝土桩或石桩。

2) 建筑基线的测设方法

根据建筑场地的条件不同,建筑基线主要有以下两种测设方法。

(1) 根据建筑红线或中线放样。

建筑红线是建筑用地的界定基准线,由城市测绘部门测定,可用作建筑基线放样的依据。如图 9-14 所示,AB、AC 是建筑红线,从 A 点沿 AB 方向测量 D_{AP} 标定出 P 点,用木桩标定下来;通过 C 点作红线 AC 的垂线,并量取距离

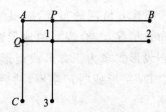

图 9-14 建筑基线用建筑红线放样

D_{AP} 定出 3 点;用细线拉出直线 $P3$ 和 $Q2$,两直线相交得到 1 点,并用木桩标定。也可分别安置经纬仪于 P、Q 两点,交会出 1 点。1、2、3 点即为建筑基线点。将经纬仪安置于 1 点,检测 $\angle 312$ 是否为直角,其不符值应不超过 $\pm 20''$。

(2) 利用测量控制点放样。

对于新建筑区,在建筑场地中没有建筑红线作为依据时,可利用建筑基线的设计坐标和附近已有测量控制点的坐标,按照极坐标放样方法计算出放样数据(β 和 D),然后进行放样。

以"一"字形建筑基线为例,说明利用测量控制点放样建筑基线点的方法。如图 9-15 所示,A、B 为附近已有的测量控制点,1、2、3 为选定的建筑基线点。

首先,利用已知坐标反算放样数据 β_1、β_2、β_3 和 D_1、D_2、D_3;然后,用经纬仪和钢尺按极坐标法放样 1、2、3 点。由于测量误差不可避免,放样的基线点往往不在同一直线上,且点与点之间的距离与设计值也不完全相符,因此,需要精确测出已放样直线的折角 β' 和距离 D'(图 9-16 中 12、23 边的边长为 a 和 b),并与设计值相比较。若 $\Delta\beta=\beta'-180°$ 超限,则应对 $1'$、$2'$、$3'$ 点在横向进行等量调整,如图 9-16 所示。调整量按下式计算:

$$\delta = \frac{ab}{a+b} \cdot \frac{\Delta\beta}{2\rho''} \tag{9-6}$$

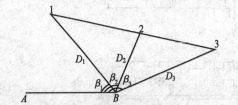

图 9-15　建筑基线用测量控制点放样

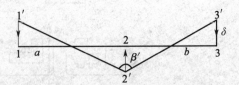

图 9-16　横向等量调整

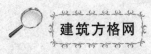

建筑方格网是建筑场地中常用的一种控制网形式,适用于按正方形或矩形布置的建筑群或大型建筑场地。该网使用方便,且精度较高,但建筑方格网必须按照建筑总平面图进行设计,其点位易被破坏,因而自身的测设工作量较大,且测设的精度要求高,难度相应较大。

设计和施工部门为了工作上的便利,常采用施工坐标系。施工坐标系的纵轴通常用 A 表示,横轴用 B 表示。施工坐标系的 A 轴和 B 轴,应与施工场区主要建筑物或主要道路平行或垂直,坐标原点应设在总平面图的西南角,使所有建筑物和构筑物的设计坐标均为正。施工坐标系与测图坐标系之间的关系,可用施工坐标系原点在测量坐标系下的坐标及两坐标系纵轴间的夹角确定。在进行施工测量时,上述数据由勘测设计单位给出。

建筑方格网的布置,应根据建筑设计总平面图上各建筑物、构筑物、道路及各种管线的布设情况,结合现场的地形情况拟定。布置时应先选定方格网主轴线,再布置方格网,其布设形式多为正方形或矩形。当场区面积较大时,常分两级布设,首级可采用"十"字形、"口"字形或"田"字形,然后再加密方格网。当场区面积较小时,应尽量布置成全面方格网。

布网时,在厂区的中部应布设方格网的主轴线,并与主要建筑物的基本轴线平行,方格网点之间应能长期通视,方格网的折角应呈 90°,方格网的边长一般为 $100\sim200\text{ m}$;矩形方格网的边长可视建筑物的大小和分布而定,为了便于使用,边长尽可能为 50 m 或 50 m 的整倍数。方格网的各边应保证通视、便于测距和测角,桩标应能长期保存。图 9-17 所示为某建筑场区所布设的建筑方格网,其中 MN 和 CD 为方格网的主轴线。

1) 施工场区控制网的测设

建筑方格网的主轴线是建筑方格网扩展的基础。当场区较大时,主轴线较长,一般只测设其中的一段,主轴线的定位点,称主点。主点的施工坐标一般由设计单位给出,也可在总平面图上用图解法求得一点的施工坐标后,再按主轴线的长度推算其他主点的施工坐标。

当施工坐标系与国家测量坐标系不统一时,在方格网测设之前,应把主点的施工坐标换算为测量坐标,以便计算测设数据。然后利用原勘测设计阶段所建立的高等级测图控制点将建筑方格网测设在施工场区上,建立施工控制网的第一级施工场区控制网。

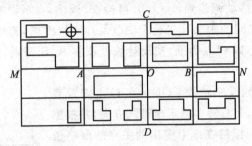

图 9-17 建筑方格网的布设

2) 施工场区控制网的测设步骤

(1) 建筑方格网主轴线点的测设。

如图 9-18 所示,MN、CD 为建筑方格网的主轴线,它是建筑方格网扩展的基础,其中,A、B 是主轴线 MN 上的两主点,一般先在实地测设主轴线中的一段 AOB,其测设方法如图 9-19 所示。根据测量控制点的分布情况,采用极坐标法测设方格网各主点。

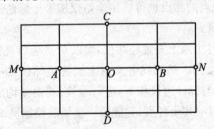

图 9-18 建筑方格网主轴线主点

① 计算测设数据。根据勘测阶段的测量控制点 1、2、3 的坐标及设计的方格网主点 A、O、B 的坐标,反算测设数据 r_1、r_2、r_3 和 θ_1、θ_2、θ_3。

② 测设主点。分别在控制点 1、2、3 上安置经纬仪,按极坐标法测设出 3 个主点的定位点 A'、O'、B',并用大木桩标定,如图 9-20 所示。

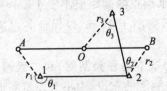

图 9-19 建筑方格网主轴线主点测设

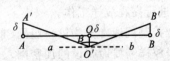

图 9-20 方格网主轴线调整

③ 检查 3 个定位点的直线性。安置经纬仪于 O',测量 $\angle A'O'B'$,若监测角值 β 与 180°之差大于 24″,则应调整。

④ 调整 3 个定位点的位置。先根据 3 个主点之间的距离 a、b 按下式计算点位改正数 δ:

$$\delta = \frac{ab}{a+b}\left(90° - \frac{\beta}{2}\right)'' \frac{1}{\rho''} \tag{9-7}$$

若 $a=b$，则得：

$$\delta = \frac{a}{2}\left(90° - \frac{\beta}{2}\right)'' \frac{1}{\rho''} \tag{9-8}$$

式中：$\rho'' = 206\ 265''$。

然后将定位点按 δ 值移动调整到 A、O、B，再检查、调整，直至误差在允许范围内。

⑤ 调整 3 个定位点之间的距离。先检查 AO 及 OB 的距离，若检查结果与设计长度之差的相对误差大于 1/10 000，以 O 点为准，按设计长度调整 A、B 两点，最终定出 3 个主点 A、O、B 的位置。

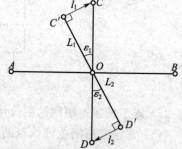

图 9-21　方格网短主轴线的测设

按图 9-21 所示方法，测设主轴线 COD。在 O 点安置经纬仪，照准 A 点，分别向左、向右转 90°，定出轴线方向，并根据设计的 CO 及 OD 的距离用标桩在地上定出两主点的概略位置 C'、D'。然后精确测量 $\angle AOC'$ 和 $\angle AOD'$，分别算出其与90°的差值 ε_1、ε_2，并计算调整值 l_1、l_2，计算式为 $l = L(\varepsilon/\rho)$，其中，L 为 $C'O$ 或 OD' 的距离。

将 C' 沿垂直于 $C'O$ 方向移动 l_1 距离得 C 点，将 D' 沿垂直于 OD' 方向移动 l_2 距离得 D 点。点位改正后，应检查两主轴线的交角及主点间的距离，其值均应在规定限差之内。

实际上建筑方格网主轴线点的测设也可以用全站仪按极坐标法进行测设，这里不做详细介绍。

（2）方格网各交点的测设。

主轴线测设好后，分别在各主点上安置经纬仪，均以 O 点为后视方向，向左、向右精确地测设出90°方向线，即形成"田"字形方格网。然后在各交点上安置经纬仪，进行角度测量，看其是否为90°，并测量各相邻点间的距离是否与设计边长相等，进行检核，其误差均应在允许范围内。最后再以基本方格网点为基础，加密方格网中其余各点，完成第一级场区控制网的布设。

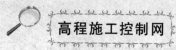

高程施工控制网

至于施工场地的高程施工控制网，其在点位分布和密度方面应完全满足施工时的需要。在施工期间，要求在建筑物近旁的不同高度上都必须布设临时水准点。其密度应保证放样时只设一个测站，便可将高程传递到建筑物的施工层面上。场地上的水准点应布设在土质坚固、不受施工干扰且便于长期使用的地方。施工场地上相邻水准点的间距应小于 1 km，各水准点距离建筑物、构筑物不应小于 25 m；距离基坑回填边线不应小于 15 m，以保证各水准点的稳定，方便进行高程放样工作。

高程控制网通常分为第一级网（布满整个施工场地的基本高程控制网）和二级网（根据各施工阶段放样需要而布设的加密网）。对其中基本高程控制网的布设，中小型建筑场地可按照四等水准测量要求进行；连续生产的厂房或下水管道等工程施工场地则采用三等水准测量要求进行施测，一般应布设成附合路线或是闭合环线网，在施工场区应布设不少于 3 个基本高程水准点，加密网可用图根水准测量或四等水准测量要求进行布设，其水准点应分布合理且具有足够的密度，以满足建筑施工中高程测设的需要。一般在施工场地上，平面控制点均应联测在高程控制网中，同时兼作高程控制点使用。

为了施工高程引测的方便，可在建筑场地内每隔一段距离（如 50 m）测设以建筑物底层室内地坪±0.000 为标高的水准点。测设时应注意,不同建(构)筑物设计的±0.000 不一定是相同的高程,因而必须按施工建筑物设计数据具体测设。另外,在施工中,若某些水准点标桩不能长期保存时,应将其引测到附近的建(构)筑物上,引测的精度不得低于原有水准测量的等级要求。

【相关知识】

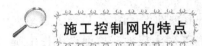

施工控制网的特点

布设施工控制网,应根据建筑总平面设计图和施工地区的地形条件确定。在大中型建筑施工场地上,施工控制网多用正方形或矩形网格组成,称为建筑方格网。在面积较小、地形又不十分复杂的建筑场地上,常布设成一条或几条基线进行施工控制。

一般来说,施工阶段的测量控制网具有以下特点。

1) 控制的范围小,控制点的密度大,精度要求高

工程施工场区范围相对较小,控制网所控制的范围就比较小。如一般的工业建筑场地通常都在 1 km² 以下,大的场地也在 10 km² 以内。在这样一个相对狭小的范围内,各种建筑物的分布错综复杂,若没有较为密集的控制点,是无法满足施工期间的放样工作的。

施工测量的主要任务是放样建筑物的轴线。这些轴线的位置偏差都有一定的限值,其精度要求相对较高,故施工控制网的精度就较高。

2) 控制网点使用频繁

在施工过程中,控制点常直接用于放样。随着施工层面的逐层升高,需经常地进行轴线点位的投测,由此,控制点的使用是相当频繁的,从施工初期到工程竣工乃至投入使用,这些控制点可能要用几十次,对控制点的稳定性、使用时的方便性,以及点位在施工期间保存的可能性等,提出了比较高的要求。

3) 易受施工干扰

现代工程的施工常采用交叉作业的施工方法,使得工地上各建筑物的施工高度彼此相差较大,从而妨碍了控制点间的相互通视。因此,施工控制点的位置应分布恰当,密度应比较大,以便在放样时有所选择。

9.4 民用建筑施工测量

【要　点】

民用建筑是指住宅、医院、办公楼和学校等。民用建筑施工测量是按照设计要求,配合施工进度,将民用建筑的平面位置和高程测设出来。民用建筑的类型、结构和层数各不相同,因而施工测量的方法和精度要求也有所不同。但施工测量的过程基本一样,主要包括建筑物定位、细部轴线放样、基础施工测量和墙体施工测量等。本节以一般民用建筑为例,介绍施工测量的基本方法。

【解　　释】

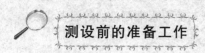

测设前的准备工作

1）熟悉图纸

设计图纸是施工测量的主要依据，测设前应充分熟悉各种有关的设计图纸，以便了解施工建筑物与相邻地物的相互关系及建筑物本身的内部尺寸关系，准确无误地获取测设工作中所需要的各种定位数据。建筑总平面图、建筑平面图、基础平面图及基础详图、立面图和剖面图都是与测设工作相关的设计图纸。在熟悉图纸的过程中，应仔细核对各种图纸上相同部位的尺寸是否一致，同一图纸上总尺寸与各有关部位尺寸之和是否一致，以免发生错误。

2）进行现场踏勘并校核定位的平面控制点和水准点

进行现场踏勘的目的是了解现场的地物、地貌及控制点的分布情况，并调查与施工测量有关的问题。在使用前应校核建筑物地面上的平面控制点点位是否正确，并应实地检测水准点的高程。通过校核，取得正确的测量起始数据和点位。

3）确定测设方案

在熟悉设计图纸、掌握施工计划和施工进度的基础上，结合实际情况和现场条件，拟定测设方案。测设方案内容包括测设方法、测设步骤、采用的仪器工具、精度要求、时间安排等。

4）准备测设数据

在每次现场测设之前，应根据设计图纸和测量控制点的分布情况，准备好相应的测设数据，并对数据进行检核，除计算必需的测设数据外，还需从以下图纸查取房屋内部平面尺寸和高程数据。

（1）从建筑总平面图上查出或计算出设计建筑物与原有建筑物或测量控制点之间的平面尺寸和高差，并以此作为测设建筑物总体位置的依据。

（2）在建筑平面图中查取建筑物的总尺寸和内部各定位轴线之间的尺寸关系，这是施工放样的基本资料。

（3）从基础平面图中查取定位轴线与基础边线的平面尺寸，以及基础布置与基础剖面的位置关系。

（4）基础高程测设的依据是从基础详图中查取的基础设计标高、立面尺寸及基础边线与定位轴线的尺寸关系。

（5）从建筑物的立面图和剖面图中，查取基础、地坪、门窗、楼板、屋面等设计高程。这是高程测设的主要依据。

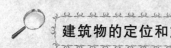

建筑物的定位和放线

在建筑物的定位和放线过程中，普遍采用全站仪。在使用全站仪的过程中，必须根据定位和放线的精度选择使用全站仪。

1）建筑物的定位

建筑物四周外廓主要轴线的交点决定了建筑物在地面上的位置，称之为定位点或角点，建筑物的定位就是根据设计条件，将这些轴线交点测设到地面上，作为细部轴线放线和基础放线的依据。

由于设计条件和现场条件不同,建筑物的定位方法也有所不同,因此,常见的三种定位方法如下。

（1）根据控制点定位。

如果待定位建筑物的定位点设计坐标是已知的,且附近有高级控制点可供利用,可根据实际情况选用极坐标法、角度交会法或距离交会法测设定位点。在这三种方法中,极坐标法是用得最多的一种定位方法。

（2）根据建筑方格网和建筑基线定位。

如果待定位建筑物的定位点设计坐标是已知的,且建筑场地已设有建筑方格网或建筑基线,可利用直角坐标法测设定位点,当然也可用极坐标法等其他方法进行测设,但直角坐标法所需要的测设数据计算较为方便,在使用全站仪或经纬仪和钢尺实地测设时,建筑物总尺寸和四大角的精度容易控制和检核。

（3）根据与原有建筑物和道路的关系定位。

如果设计图上只给出新建筑物与附近原有建筑物或道路的相互关系,且没有提供建筑物定位点的坐标,周围又没有测量控制点,建筑方格网和建筑基线可供利用,可根据原有建筑物的边线或道路中心线,将新建筑物的定位点测设出来。

具体测设方法因实际情况而定,但基本过程是一致的,就是在现场先找出原有建筑物的边线或道路中心线,再用全站仪或经纬仪和钢尺将其延长、平移、旋转或相交,得到新建筑物的一条定位轴线;然后根据这条定位轴线,用经纬仪测设角度（一般是直角）,用钢尺测设长度,得到其他定位轴线或定位点;最后检核四条定位轴线四个大角和长度是否与设计值一致。具体测设的方法如下。

如图 9-22 所示,先用钢尺沿已有建筑物的东、西墙,延长一段距离 l 得 a、b 两点,用木桩标定。将经纬仪安置在 a 点上,照准 b 点,然后延长该方向线 14.240 m 得 c 点,再继续沿 ab 方向从 c 点起量 25.800 m 得 d 点,cd 线就是用于测设拟建建筑物平面位置的建筑基线。

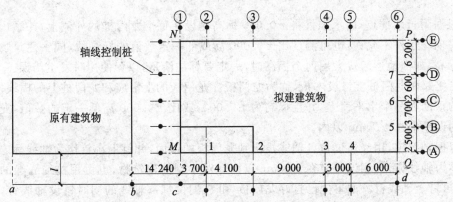

图 9-22　建筑物的定位和放线（单位:mm）

将经纬仪分别安置在 c、d 两点上,后视 a 点并转 90°沿视线方向量出距离 $l+0.240$ m,得 M、Q 两点,再继续量出 15.000 m 得 N、P 两点,M、N、P、Q 四点即为拟建建筑物外轮廓定位轴线的交点。最后还要检查 NP 的距离是否等于 25.800 m,$\angle PNM$ 和 $\angle NPQ$ 是否等于 90°,误差分别在 1/5 000 和 40″之内即可。

2）建筑物的放线

根据现场已测设好的建筑物定位点,详细测设其他各轴线交点的位置,并将其延伸到安全的地方做好标志称为建筑物的放线。然后以细部轴线为依据，按基础宽度和放坡要求用白灰撒出基础开挖边线。

（1）测设细部轴线交点。

如图 9-22 所示，在 M 点安置经纬仪，照准 Q 点，把钢尺的零端对准 M 点，沿视线方向拉钢尺分别定出 1、2、3…各点。同理可定出其他各点。测设完最后一个点后，用钢尺检查各相邻轴线桩的间距是否等于设计值，误差应小于 1/3 000。

（2）引测轴线。

在基槽或基坑开挖时，定位桩和细部轴线桩均被挖掉，为了使开挖后各阶段施工能准确地恢复各轴线位置，应在各轴线延长到开挖范围以外的地方并作好标志，这个工作叫作引测轴线，具体有设置龙门板和轴线控制桩两种形式。

① 设置龙门板法。

a、如图 9-23 所示，在建筑物四角和中间隔墙的两端，距基槽边线约 2 m 以外处，牢固地埋设大木桩，称为龙门桩。桩的一侧平行于基槽。

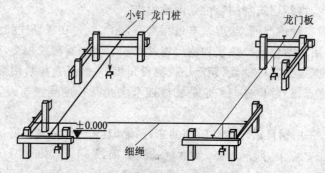

图 9-23　龙门桩与龙门板

b、根据附近水准点，用水准仪将±0.000 标高测设在每个龙门桩的外侧上，并画出横线标志。如果现场条件不允许，也可测设比±0.000 高或低一定数值的标高线，同一建筑物最好只用一个标高，如因地形起伏大用两个标高时，一定要标注清楚，以免使用时发生错误。

c、在相邻两龙门桩上钉设木板，称为龙门板。龙门板的上沿应和龙门桩上的横线对齐，使龙门板的顶面在一个水平面上，并且标高为±0.000，或比±0.000 高低一定的数值，龙门板顶面标高的误差应在±5 mm 以内。

d、根据轴线桩，用经纬仪将各轴线投测到龙门板的顶面，并钉上小钉作为轴线标志。此钉轴标志称为轴线钉，投测误差应在±5 mm 以内。对小型的建筑物，也可用拉细线绳的方法延长轴线，再钉上轴线钉。如事先已打好龙门板，可在测设细部轴线的同时钉设轴线钉，以减少重复安置仪器的工作量。

e、用钢尺沿龙门板顶面检查轴线钉的间距，其相对误差不应超过 1/3 000。

恢复轴线时，经纬仪安置在一个轴线钉上方，照准相应的另一个轴线钉，其视线即为轴线方向，往下转动望远镜，便可将轴线投测到基槽或基坑内。也可用细线绳将相对的两个轴线钉连接起来，借助于垂球，将轴线投测到基槽或基坑内。

② 设置轴线控制桩法。

由于龙门板需要较多木料，而且占用场地，使用机械开挖时容易被破坏，因此也可以在基槽或基坑外各轴线的延长线上测设轴线控制桩，作为以后恢复轴线的依据。即使采用了龙门板,为了防止被碰触,对主要轴线也应测设轴线控制桩。

轴线控制桩一般设在开挖边线 4 m 以外的地方,并用水泥砂浆加固。附近最好有固定建筑物和构筑物,这时应将轴线投测在这些物体上,使轴线更容易得到保护。但每条轴线至少应有一个控制桩设在地面上,以便今后能安置经纬仪恢复轴线。

(3) 槽开挖边线。

先按基础剖面图给出的设计尺寸计算基槽的开挖宽度 $2d$,如图 9-24 所示。

计算公式如下:

$$d = B + mh \qquad (9-9)$$

式中:B——基底宽度,可由基础剖面图查取;

$\quad\quad h$——基槽深度;

$\quad\quad m$——边坡坡度分母。

根据计算结果,在地面上以轴线为中线往两边各量出 d,拉线并撒上白灰,即为开挖边线。如果是基坑开挖,只需按最外围墙体基础的宽度、深度及放坡确定开挖边线。

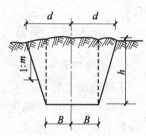

图 9-24　基槽宽度

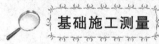

基础施工测量

为了控制基槽开挖深度,当基槽挖到接近槽底设计高程时,应在槽壁上测设一些水平桩,使水平桩的上表面离槽底设计高程为某一整分米数(例如 0.5 m),用以控制挖槽深度。如图 9-25所示,一般在基槽各拐角处均应打水平桩,在直槽上是每隔 10 m 左右打一个水平桩,然后拉上白线,线下 0.5 m 即为槽底设计高程。

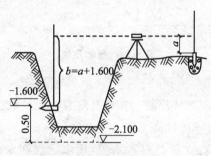

图 9-25　基槽水平桩测设

测设水平桩时,以画在龙门板或周围固定地物上的 ±0.000 标高线为已知高程点,用水准仪进行测设。水平桩上的高程误差应在 ±10 mm 以内。

例如,设龙门板顶面标高为 ±0.000,槽底设计标高为 −2.100 m,水平桩高于槽底 0.5 m,即水平桩高程为 −1.600 m,用水准仪后视龙门板顶面上的水准尺,读数 $a = 1.286$(m),水平桩上标尺的应有读数为:

$$b = 0.000 + 1.286 - (-1.600) = 2.886(\text{m})$$

测设时沿槽壁上下移动水准尺,当读数为 2.886 m 时,沿尺底水平地将桩打进槽壁,然后检核该桩的标高,如超限便进行调整,直至误差在规定范围以内。

如果是机械开挖,一般是一次挖到槽底或坑底的设计标高,因此要在施工现场安置水准仪,边挖边测,随时指挥挖土机并调整挖土深度,使槽底或坑底的标高略高于设计标高(一般为 10 cm,留给人工清土)。挖完后,为了给人工清底和打垫层提供标高依据,还应在槽壁或坑壁上打水平桩，水平桩的标高一般为垫层面的标高。当基坑底面积较大时，为便于控制整个底面的标高，应在坑底均匀地打一些垂直桩，使桩顶标高等于垫层面的标高。

垫层打好后，根据龙门板上的轴线钉或轴线控制桩，用经纬仪或用拉线挂垂球的方法，把轴线投测到垫层面上，并用墨线弹出基础中心线和边线，以便砌筑基础或安装基础模板。对于采用钢筋混凝土的基础，可用水准仪将设计标高测设于模板上。

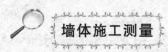
墙体施工测量

1）墙体定位

基础墙砌筑到防潮层以后，可根据轴线控制桩或龙门板上轴线钉，用经纬仪或拉细线，把这一层楼房的墙中线和边线投测到防潮层上，并弹出墨线，如图 9-26 所示，检查外墙轴线交角是否等于 90°；符合要求后，把墙轴线延伸到基础墙的侧面，画出标志，作为向上投测轴线的依据。同时把门、窗和其他洞口的边线也在外墙基础立面上画出标志。

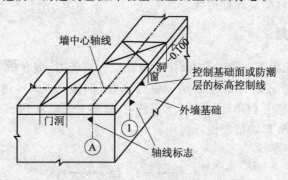

图 9-26　墙体定位

2）墙体标高的控制

墙体砌筑时，其标高常用皮数杆控制。在墙身皮数杆上根据设计尺寸，按砖和灰缝的厚度画线，并标明门、窗、过梁、楼板等的标高位置。杆上注记从 ±0.000 向上增加（图 9-27）。立墙身皮数杆同立基础皮数杆，先在立杆处打入木桩，用水准仪在木桩上测设出 ±0.000 标高位置，测量允许误差为 ±3 mm。然后，把皮数杆上的 ±0.000 线与木桩上 ±0.000 线对齐，并用钉钉牢。为了保证皮数杆稳定，可在皮数杆上加两根钉斜撑。

在墙身砌起 1 m 以后，在室内墙面上定出 +0.500 m 的标高线，以此作为该层地面施工和室内装修施工的依据。

3）二层以上楼层轴线和标高的测设

（1）轴线投测。

为了保证建筑物轴线位置的正确性，在纵、横向各确定 1～2 条轴线作为控制轴线，从底层一直到顶层，作为各层平面丈量尺寸的依据。如果不设控制轴线，而以下层墙体为依据，容易造成轴线偏移。从底层向上传递轴线有以下两种方法。

① 经纬仪投测法。

墙体砌筑到二层以上时，为了保证建筑物轴线位置的正确性，通常把经纬仪安置在轴线控制桩上。如图 9-28 所示,经纬仪安置在 A 轴、B 轴的控制桩上,瞄准底层轴线标志 a、a'、b、b',用盘左盘右取平均的方法,将轴线投测到上一层楼板边缘,并取中点作为该层中心轴线点,$a_1 a'_1$ 和 $b_1 b'_1$ 两线的交点 o' 即为该层的中心点。此时轴线 $a_1 o' a'_1$ 与 $b_1 o' b'_1$ 便是该层细部放样的依据。将所有端点投测到楼板上,用钢尺检核其间距,相对误差不得大于 1/2 000。随着建筑物不断升高,以此方法逐层向上投测。

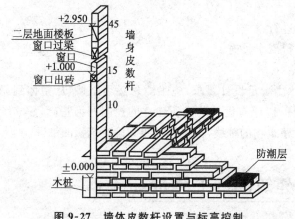

图 9-27　墙体皮数杆设置与标高控制

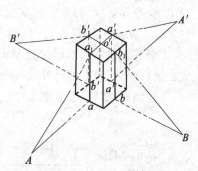

图 9-28　经纬仪投测法

② 吊垂球引测法。

用较重的垂球悬吊在楼板或柱顶边缘,当垂球尖对准基础面上的轴线标志时,垂球线在楼板或柱边缘的位置即为楼层轴线位置。画出标志线,同样可投测其余各轴线。经检测,各轴线间距符合要求即可继续施工。但当测量时风力较大或楼层建筑物较高时,投测误差较大,此时应采用经纬仪投测法。

(2) 楼层面标高的传递。

① 利用皮数杆传递。

一层楼砌好后,把皮数杆移到二层楼继续使用。为了使皮数杆立在同一水平面上,用水准仪测定楼板面四角的标高,取平均值作为二楼的地坪标高,并竖立二层的皮数杆,以后一层一层往上传递。

② 利用钢尺丈量。

在标高精度要求较高时,可直接用钢尺从墙脚±0.000 标高线沿墙面向上丈量,把高程传递上去。然后钉立皮数杆,作为该层墙身砌筑和安装门窗、过梁及室内装修,地坪抹灰时控制标高的依据。

③ 悬吊钢尺法。

在外墙或楼梯间悬吊钢尺,钢尺下端垂挂一重锤,然后使用水准仪把高程传递上去。一般需 3 个底层标高点向上传递,最后用水准仪检查传递的高程点是否在同一水平面上,误差不超过 ±3 mm。

此外,也可使用水准尺和水准仪按水准测量方法沿楼梯将高程传递到各层楼面。

框架结构的民用建筑,墙体砌筑是在框架施工后进行的,故可在柱面上画线,代替皮数杆。

【相关知识】

民用建筑施工测量的主要内容及原则

1）施工测量的主要内容

（1）在施工前建立施工控制网。

（2）熟悉设计图纸，按设计和施工要求进行放样。

（3）检查并验收，每道工序完成后应进行测量检查。

2）施工测量的原则

为了保证建筑物的相对位置及内部尺寸能满足设计要求，施工测量必须坚持"从整体到局部，先控制后碎部"的原则。首先，在施工现场，以原有设计阶段所建立的控制网为基础，建立统一的施工控制网；然后，根据施工控制网测设建筑物的轴线，再根据轴线测设建筑物的细部。

9.5 高层建筑的施工测量

【要　点】

由于高层建筑的层数多、高度高、建筑结构复杂、设备和装修标准高，特别是高速电梯的安装要求最高，因此，在施工过程中对建筑物各部位的水平位置、垂直度及轴线位置尺寸、标高等的测设精度要求都十分严格。总体的建筑限差有较严格的规定，因而对质量检测的允许偏差也有严格要求。

【解　释】

高层建筑施工控制测量

在高层建筑施工过程中有大量的施工测量工作，为了达到指导施工的目的，施工测量应紧密配合施工，具体步骤如下。

1）施工控制网的布设

高层建筑必须建立施工控制网。一般布设建筑方格网较为实用，因其使用方便，精度可以保证，自检也方便。建立建筑方格网，必须从整个施工过程考虑，打桩、挖土、浇筑基础垫层及其他施工工序中的轴线测设应均能应用所布设的施工控制网。由于打桩、挖土对施工控制网的影响较大，除了经常进行控制网点的复测校核之外，最好随着施工的进行，将控制网延伸到施工影响区之外。而且，及时地将施工控制轴线投测到相应的建筑面层上，这样便可根据投测的控制轴线，进行柱列轴线等细部放样，以备绑扎钢筋、立模板和浇注混凝土之用。为了将设计的高层建筑测设到实地，同时简化设计点位的坐标计算和在现场便于建筑物细部放样，该控制网的轴系应严格平行于建筑物的主轴线或道路的中心线。建筑方格网的布设必须与建筑总平面图相配合,以便在施工过程中能够保存最多数量的方格控制点。

建筑方格网的实施,与一般建筑场地上所建立的控制网实施过程一样,首先在建筑总平面图上设计,然后依据高等级测图点用极坐标法或直角坐标法测设在实地,最后进行校核调整,保证精度在允许的限差范围之内。

在高层建筑施工中,高程测设在整个施工测量工作中占很大比例,同时也是施工测量中的重要部分。正确而周密地在施工场地上布置水准高程控制点,能在很大程度上使管道敷设立面布置和建筑物施工顺利进行。建筑施工场地上的高程控制必须以精确的起算数据保证施工的质量要求。

高层建筑施工场地上的高程控制点,必须统一到国家水准点上或城市水准点上。高层建筑物的外部水准点高程系统应与城市水准点的高程系统统一,因为要由城市向建筑场区敷设较多管道和电缆等。

一般高层建筑施工场地上的高程控制网用三、四等水准测量方法进行施测,且应把建筑方格网的方格点纳入到高程系统中,以保证高程控制点密度,满足工程建设高程测设工作需要。所建网型一般为附合水准或是闭合水准。

2) 高层建(构)筑物主要轴线的定位

在软土地基区的高层建筑其基础常用桩基,桩基的作用在于将上部建筑结构的荷载传递到深处承载力较大的持力层中。桩基分为预制桩和灌注桩两种,一般都打入钢管桩或钢筋混凝土方桩。桩基高层建筑物施工特点是:基坑较深,且位于市区,施工场地不宽阔;建筑物的定位大都是根据建筑方格网或建筑红线进行。由于高层建筑的上部荷载主要由桩承受,所以对桩位的定位精度要求较高。一般规定,根据建筑物主轴线测设桩基和板桩轴线位置的允许偏差为 20 mm。对于单排桩则为 10 mm。沿轴线测设桩位时,纵向(沿轴线方向)偏差不宜大于3 cm,横向偏差不宜大于 2 cm。位于群桩外周边桩位,测设偏差不得大于桩径或桩边长(方形桩)的 1/10,桩群中间的桩不得大于桩径或边长的 1/5。为此在定桩位时必须依据建筑施工控制网,实地定出控制轴线,再按设计的桩位图中所示尺寸逐一定出桩位。实地控制轴线测设好后,必须进行校核,检查无误后,方可进行桩位的测设工作。

建筑施工控制网一般都确定一条或两条主轴线。因此,在建筑物放样时,按照建筑物柱列线或轮廓线与主控制轴线的关系,依据场地上的控制轴线逐一定出建筑物的轮廓线。对于目前一些几何图形复杂的建筑物,如"S"形、扇形、椭圆形、多面体形、圆筒形,可以使用全站仪采用极坐标法进行建筑物的定位。具体做法是:通过图纸将设计要素,如轮廓坐标、圆心坐标、曲线半径及施工控制网点的坐标等识读清楚,并计算各自的方向角及边长,然后在控制点上安置全站仪(或经纬仪)建立测站,按极坐标法完成各点的实地测设。将所有建筑物轮廓点定出后,再检查是否满足设计要求。

总之,根据施工场地的具体条件和建筑物几何图形的繁简情况,选择最合适的测设方法完成高层建筑物的轴线定位。

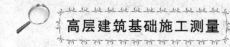

高层建筑基础施工测量

在高层建筑中,多采用箱形基础。箱形基础挖深较大,有时深达 20 m,所以施工测量要注意以下几项工作。

1）施工控制点的保存

由于施工场地狭窄，建筑设备、材料、作业区布置紧凑，基础施工过程中降水、土侧压等造成地表沉降、基坑壁水平位移等因素，对点位要采取较好的保护措施，施工场地内的点应围砌护墩，将这些点位的后视方向投测到施工范围外的建筑物上，也可瞄准远处一些地物，记录各方向读数以备日后检核控制点是否发生位移，并尽可能将坐标或轴线方向与高程引测至施工范围外作备用点位保存。

2）基坑的标定

根据建筑物的大小、几何图形的繁简程度、施工场地条件等因素，可考虑如下方案。

（1）按设计要素计算出各基坑轮廓点的施工坐标，根据施工场地上已有的导线点、建筑方格（基线）点，以极坐标法测设这些基坑轮廓点，以确定开挖范围。

（2）根据建筑红线、现有建筑物、建筑方格网（基线）、导线点等，测设建筑物的主轴线，再根据主轴线控制点测设基坑开挖范围。

（3）在施工场地上已进行了建筑物定位，根据施工场地上建筑物角桩或其轴线控制桩测设基坑开挖范围。

3）基坑支护工程的监测

通常情况下，由于施工场地狭窄，不可能采用放坡开挖施工，为保证土层的稳定，深基坑一般需要采用挡土支护措施。为此需要对基坑支护结构的变形及基坑施工对周围建筑物的影响进行现场监测，以便为基坑施工及周围环境保护问题合理的技术决策及现场的应变决定提供有效的依据。基坑支护工程的沉降监测和水平位移监测方法和一般建筑物的变形监测原理相同，结合建筑施工工地的特点，对支护工程的平面位移监测多采用视准线法。这种方法方便易行，但在狭窄的施工现场布设四条基线通常比较困难。现在，对有全站仪的单位，可以采用全站仪监测法。

在观测中应注意以下事项：

（1）基准点应选在与所有观测点通视的地方，最好做成强制对中式的观测墩，这样可消除对中误差，同时提高工作效率，而且在繁杂的工地上也比较容易保护；

（2）基准方向至少选两个，每次观测时可以检查基准线间夹角，以便间接检查基准点的稳定性；

（3）观测点应设置在支护的柱或圈梁上，应当稳固且尽可能明显，以提高成果质量；

（4）监测成果应及时反馈有关部门、单位，及时解决施工中出现的问题。

4）基坑的高程测设

高程控制测量，既可采用悬吊钢尺的方法将高程传递到基坑中，也可利用土方施工中的工作面，以水准测量方法传递高程。在坑底设置多个临时水准点，并应通过检核使其精度符合要求，供基坑中垫层、模板支护、基础浇筑等项施工的高程测设之用。

5）基础轴线的测设

在基础垫层上，根据基坑周围的导线点、建筑方格（基线）点或建筑物主轴线控制桩，在基坑底进行建筑物定位，并测设各轴线，检查各项均应符合精度要求。

某些建筑物采用箱基和桩基联合的基础形式。在测设基础各轴线后，根据桩位平面图，测设桩位。

高层建筑主体结构施工测量

高层建筑物多采用框架或框-剪结构形式和整体现浇筑施工。其每层内施工测量方法与砌体结构大致相同,以下为轴线投测方法及滑模施工中的测量工作的详细介绍。

1)轴线投测

(1)吊垂线法。

对于高层建筑,可用 10～20 kg 重的特制重锤,用直径 0.5～0.8 mm 钢丝悬吊,在 ±0.000 首层地面以靠近高层建筑物主体结构四周的轴线点为准,逐层向上悬吊引测轴线并控制建筑物的竖向偏差。在用此方法时,要采取一些必要措施,如用铅直的塑料管套在垂线上,以防风吹,并采用专用观测设备,以保证精度。

(2)经纬仪投测法。

和一般建筑物墙体工程施工中经纬仪投测轴线的方法相同,但当建筑物楼层增至一定高度时,经纬仪向上投测的仰角增大,投点精度会随着仰角的增大而降低,且观测操作也不方便。因此,必须将主轴线控制点引测到远处的稳固地点或附近大楼的屋面上,以减小仰角。为保证投测质量,使用的经纬仪必须经过严格的检验校正,尤其是照准部水准管轴应严格垂直于仪器竖轴,安置仪器时必须使照准部水准管气泡严格居中。应选无风时投测,并给仪器撑伞避光。这种方法要求有宽阔的施测场地,对于非常狭窄的施工场地,不宜应用此方法。

(3)激光铅垂仪投测轴线。

如图 9-29(a)所示,首先根据梁、柱的结构尺寸,在彼此垂直的主轴线上分别选定距轴线 0.5～1.0 m 的投测点。为提高投测精度,各点可设成强制对中式的观测墩。在各点上分别安置激光铅垂仪(或装配弯管目镜的激光经纬仪、普通经纬仪),如图 9-29(b)所示。根据观测站位置,在每层楼面相应位置都应预留孔洞,供铅垂仪照准及安放接收屏之用。根据激光读取激光靶的读数,并转动照准部,以对称的 3～4 个方向的中心为投测结果。

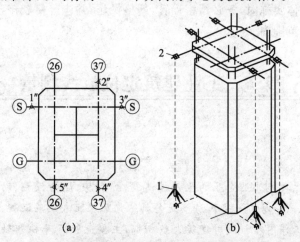

图 9-29　激光铅垂仪投测轴线

(a)选定投测点;(b)在选点上安置激光铅垂仪

2)滑模施工中的测量工作

滑模施工是在现浇混凝土结构施工中,一次装设 1 m 多高的模板,浇注一定高度的混凝土,通过一套提升设备将模板不断向上提,在模板内不断绑扎钢筋和浇注混凝土,随着模板的不断向上滑升,逐步完成建筑物的混凝土浇注工作。在施工过程中,所做的测量工作主要有铅直度和水平度的观测。

（1）铅直度观测。

滑模施工的质量关键是保证铅直度,可采用吊锤球、经纬仪投测法,但应尽量采用激光铅垂仪投测方法。

（2）标高测设。

首先在墙体上测设＋1.000 m的标高线,然后用钢尺从标高线沿墙体向上测量,最后将标高测设在支承杆上。为了减少逐层读数误差的影响,可采用数层累计读数的测法,如三层读一次尺。

（3）水平度观测。

在滑升过程中,若施工平台发生倾斜,滑出来的结构会发生偏差,将直接影响建筑物的垂直度,所以施工平台的水平度观测是十分重要的。在每层停滑间歇,用水准仪在支承杆上独立进行两次抄平,互为检核,标注红三角标记,再利用红三角标记在支承杆上每隔0.2 m弹设一分划线,以控制各支承点滑升的同步性,从而保证施工平台的水平度。

【相关知识】

高层建筑施工测量的特点

由于高层建筑施工的工程量大,且多设地下工程,同时一般多是分期施工,周期长、施工现场变化大,因而,为保证工程的整体性和局部性施工的精度要求,进行高层建筑施工测量之前,必须谨慎地制订测设方案,选用适当的仪器,并拟出各种控制和检测的措施以确保放样精度。

高层建筑一般采用桩基础,上部主体结构为现场浇筑的框架结构工程,其建筑平面、立面造型既新颖又复杂多变,因而,其施工测设方法与一般建筑既有相似之处,又有其自身独特的地方。按测设方案具体实施时,务必精密计算,严格操作,并应严格校核,保证测设误差在所规定的建筑限差允许的范围内。

9.6　工业建筑定位放线测量

【要　点】

工业建筑主要指工业企业的生产性建筑,如厂房、运输设施、动力设施、仓库等,其主体是生产厂房。一般厂房多是金属结构及装配式钢筋混凝土结构单层厂房。其放样的工作内容与民用建筑大致相似,主要包括厂房柱列轴线测设、厂房矩形控制网的测设、基础施工测量、厂房构件安装测量及设备安装测量等。

工业厂房控制网的测设

厂房的定位应该是根据现场建筑方格网进行的。由于厂房多为排柱式建筑,跨距和间距较大,但是隔墙少,平面布置较简单,所以厂房施工中多采用由柱轴线控制桩组成的厂房矩形方格网作为厂房的基本控制网,厂房控制网是在建筑方格网下测设出来的。图 9-30 中,Ⅰ、Ⅱ、Ⅲ、Ⅳ 为建筑方格网点,a、b、c、d 为厂房最外边的四条轴线的交点,其设计坐标为已知。A、B、C、D 为布置在基坑开挖范围以外的厂房矩形控制网的四个角点,称为厂房控制桩。厂房控制桩的坐标可根据厂房外轮廓轴线交点的坐标和设计间距 l_1、l_2 求出。先根据建筑方格网点 Ⅰ、Ⅱ 用直角坐标法精确测设 A、B 两点,然后由 AB 测设 C 点和 D 点,最后校核 $\angle DCA$、$\angle BDC$ 及 CD 边长,对一般厂房来说,误差不应超过 $\pm 10''$

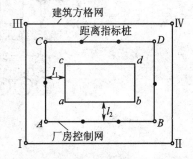

图 9-30　厂房控制网的测设

和 1/10 000。为了便于柱列轴线的测设,需在测设和检查距离的过程中,由控制点起沿矩形控制网的边,每隔 18 m 或 24 m 设置一桩,称为距离指标桩。

对于小型厂房也可采用民用建筑的测设方法直接测设厂房四个角点,再将轴线投测到控制桩或龙门板上。

对于大型或设备基础复杂的厂房,应先精确测设厂房控制网的主轴线,再根据主轴线测设厂房控制网。

工业厂房柱列轴线的测设与柱列基础放线

1) 柱列轴线的测设

根据厂房柱列平面图(图 9-31)上设计的柱间距和柱跨距的尺寸,使用距离指标桩,用钢尺沿厂房控制网的边逐段测设距离,以定出各轴线控制桩,并在桩顶钉小钉以示点位。相应控制桩的连线即为柱列轴线(又称定位轴线),并应注意变形缝等处特殊轴线的尺寸变化,按照正确尺寸进行测设。

2) 柱基的测设

用两架经纬仪分别安置在纵、横轴线控制桩上,交会出柱基定位点(即定位轴线的交点)。再根据定位点和定位轴线,按基础详图(见图 9-32)上的尺寸和基坑放坡宽度,放出开挖边线,并撒上白灰标明。同时在基坑外的轴线上,离开挖边线约 2 m 处,各打入一个基坑定位小木桩,桩顶钉小钉作为修坑和立模的依据。

由于定位轴线不是基础中心线,故在测设外墙、变形缝等处柱基时,应特别注意。

3) 基坑的高程测设

当基坑挖到一定深度时,再用水准仪在基坑四壁距坑底设计标高 0.3～0.5 m 处设置水平桩,作为检查坑底标高和打垫层的依据。

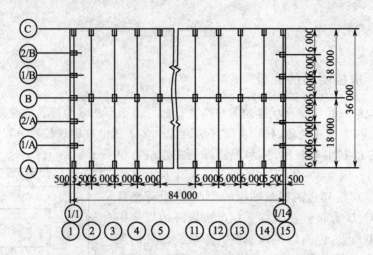

图 9-31　柱列轴线的测设

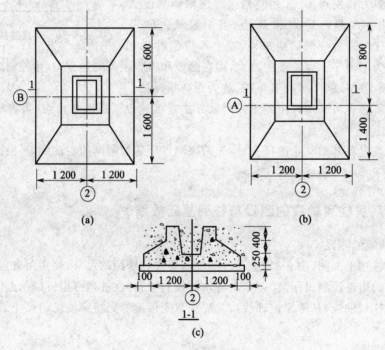

图 9-32　基础详图

(a)B 轴柱基定位；(b)A 轴柱基定位；(c)1-1 剖面图

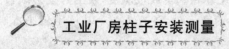

工业厂房柱子安装测量

1）安装前的准备工作

（1）在基础轴线控制桩上安置经纬仪，检测每个柱子基础（一种杯形构筑物，如图 9-33 所示）中心线偏离轴线的偏差值是否在规定的限差以内。检查无误后，用墨线将纵、横轴线标示在基础面上。

（2）检查各相邻柱子的基础轴线间距，与其设计值的偏差不得大于规定的限差。

（3）利用附近的水准点，对基础面及杯底的标高进行检测。基础面的设计标高一般为 -0.500 m，检测得的误差值不得超过 ±3 mm；杯底检测标高的限差与基础面相同。超过限差的，要对基础面进行修整。

（4）在每根柱子的两个相邻侧面上，用墨线弹出柱中线，并根据牛腿面的设计标高，自牛腿面向下精确地量出 ±0.000 及 -0.600 标志线，如图 9-34 所示。

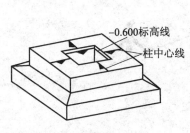

图 9-33 杯形构筑物

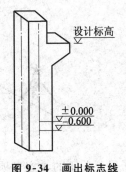

图 9-34 画出标志线

2）柱子安装测量

柱子安装的要求如下。

（1）位置准确。柱中线对轴线位移不得大于 5 mm。

（2）柱身竖直。柱顶对柱底的垂直度偏差，当柱高 $H \leqslant 5$ m 时，不得大于 5 mm；$5 < H \leqslant 10$ m 时，不得大于 10 mm；$H > 10$ m 时，不得大于 $H/1\,000$，且不超过 25 mm。

（3）牛腿面在设计的高度上。其允许偏差为 -5 mm。

在安装时，柱中线与基础面已弹出的纵、横轴线应重合，并使 -0.600 的标志线与杯口顶面对齐后将其固定。

测定柱子的垂直偏差量时，在纵、横轴线方向上的经纬仪，分别将柱顶中心线投点投至柱底。根据纵、横两个方向的投点偏差计算垂直度和偏差量。

3）柱子的校正

（1）柱子的水平位置校正。

柱子吊入杯口后，使柱子中心线对准杯口定位线，并用木楔或钢楔作临时固定，如果发现错动，可用敲打楔块的方法进行校正，事先在杯中放入少量粗砂，便于校正时使柱脚移动。

（2）柱子的铅直校正。

如图 9-35 所示，将两架经纬仪分别安置在纵、横轴线附近，离柱子的距离约为 1.5 倍柱高。先瞄准柱脚中线标志符号，固定照准部并逐渐抬高望远镜，若柱子上部的中线标志符号在视线上，说明柱子在这一方向上是竖直的，否则，应进行校正。校正的方法有敲打楔块法、变换撑杆长度法及千斤顶斜顶法等。根据具体情况采用适当的校正方法，直至柱子在两个方向上都满足铅直度要求为止。

在实际工作中，常把成排柱子都竖起来，这时可把经纬仪安置在柱列轴线的一侧，使得安置一次仪器能校正数根柱子。为了提高校正的精度，视线与轴线的夹角不得大于 15°。

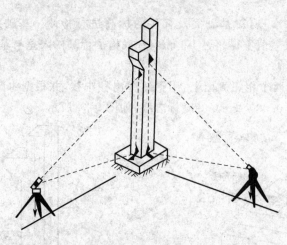

图 9-35　柱子的校正

（3）柱子铅直校正的注意事项：

① 经纬仪必须经过严格的检查和校正。操作时要注意照准部水准管气泡严格居中。

② 柱子的垂直度校正好后，要复查柱子下部中心线是否仍对准基础定位线。

③ 在校正截面有变化的柱子时，经纬仪必须安置在柱列轴线上，以防差错。

④ 避免在日照下校正，应选择在阴天或早晨，以防由于温差使柱子向阴面弯曲，影响柱子校正工作。

 工业厂房的吊车梁、轨安装测量

1）准备工作

（1）首先根据厂房中心线 AA' 及两条吊车轨道间的跨距，在实地上测设出两边轨道中心线 A_1A_1' 及 A_2A_2'，如图 9-36 所示。在这两条中心线上适当地测设一些对应的点 1、2…，以便于向牛腿面上投点。这些点必须位于直线上，并应检查其间跨是否与轨距一致。而后在这些点上安置经纬仪，将轨道中心线投测到牛腿面上，并用墨线在牛腿面上弹出中心线。

（2）在预制钢筋混凝土梁的顶面及两个端面上。用墨线弹出梁中心线，如图 9-37 所示。

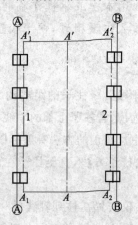

图 9-36　测设轨道中心线

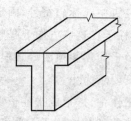

图 9-37　划出梁中心线

（3）根据基础面的标高，沿柱子侧面用钢尺向上量出吊车梁顶面的设计标高线（也可量出比梁面设计标高线高 5～10 cm 的标高线），供修整梁面时控制梁面标高用。

2）吊车梁安装测量

（1）吊装吊车梁时，吊车梁两个端面上的中心线，只要分别与牛腿面上的中心线对齐即可，其误差应小于 3 mm。

（2）吊车梁安装就位后，应根据梁面设计标高对梁面进行修整，对梁底与牛腿面间的空隙进行填实等处理。而后用水准仪检测梁面标高（一般每 3 m 测一点），其与设计标高的偏差不应大于 −5 mm。

（3）安装好吊车梁后，在安装吊车轨前还要对吊车梁中心线进行检测，检测时通常用平行线法。如图 9-38 所示，在离轨道中心线 A_1A_1' 间距为 1 m 处，测设一条平行线 aa'。为了便于观测，在平行线上每隔一定距离再设置几个观测点。将经纬仪置于平行线上，后视端点 a 或 a' 后向上投点，使一人在吊车梁上横置一木尺对点。当望远镜十字丝中心对准木尺上的 1 m 读数时，尺的零点处即为轨道中心。用此方法，在梁面上重新定出轨道中心线供安装轨道使用。

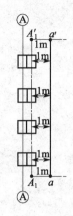

图 9-38　检测吊车梁中心线

3）轨道安装测量

（1）吊车梁中心线检测无误后，即可沿中心线安放轨道垫板。垫板的高度应根据轨道安装后的标高偏差不大于 ±2 mm 确定。

（2）轨道应按照检测后的中心线安装，在固定前，应进行轨道中心线、跨距和轨顶标高检测。

轨道中心线的检测方法同梁中心线检测方法，其允许偏差为 ±2 mm。

跨距检测方法是在两条轨道的对称点上，直接用钢尺精确丈量，检测的位置应在轨道的两端点和中间点，其最大间隔不得大于 15 m。实量值与设计值的偏差不得超过 ±3～±5 mm。

轨顶标高（安装好后的）根据柱面上已定出的标高线，用水准仪进行检测。轨顶标高的偏差不应大于 ±2 mm。检测位置应在轨道接头处及中间每隔 5 m 左右处。

 工业厂房的屋架安装测量

1）屋架安装前的准备工作

屋架吊装前，用经纬仪或其他方法在柱顶面上，测设屋架定位轴线。在屋架两端弹出屋架中心线，以便进行定位。

2）屋架的安装测量

屋架吊装就位时，应使屋架的中心线与柱顶面上的定位轴线对准，允许误差为 5 mm。屋架的垂直度可用锤球或经纬仪进行检查。其方法如下。

（1）如图 9-39 所示，在屋架上安装三把卡尺，一把卡尺安装在屋架上弦中点附近，另外两把分别安装在屋架的两端。自屋架几何中心沿卡尺向外量出一定距离，一般为 500 mm，作出标志。

（2）在地面上，距屋架中线同样距离处，安置经纬仪，观测三把卡尺的标志是否在同一竖直面内,如果屋架竖向偏差较大,则用经纬仪校正,最后将屋架固定。垂直度允许偏差为:薄腹梁为 5 mm,桁架为屋架高的 1/250。

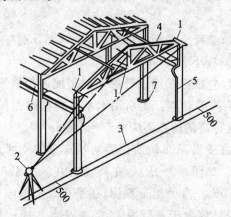

图 9-39 屋架的安装测量
1—卡尺;2—经纬仪;3—定位轴线;4—屋架;5—柱;6—吊车梁;7—柱基

【相关知识】

厂房矩形控制网放样方案制定及测设数据的计算

工业建筑同民用建筑一样,在施工测量之前,首先必须做好测设前的准备工作,通过对设计图纸的熟悉,以及对施工场地的现场踏勘,便可按照施工进度计划,制订详细的测设方案,主要内容包括确定矩形控制网、距离指标桩的点位、对应的点位的测设方法及测设数据的计算、精度要求和绘制测设草图等。

对于一般中、小型工业厂房,在其基础的开挖线以外约 4 m,测设一个与厂房轴线平行的矩形控制网,即可满足放样的需要。对于大型厂房或设备基础复杂的厂房,为了使厂房各部分精度一致,须先测设好控制网主轴线,然后根据主轴线测设矩形控制网。对于小型厂房,也可采用民用建筑定位的方法进行控制。

厂房矩形控制网的放样方案,是根据厂区平面图、厂区控制网和现场地形情况等资料制订的。在确定主轴线点及矩形控制网的位置时,必须保证控制点能长期保存,因此要避开地上和地下管线,并与建筑物基础开挖边线保持 1.5～4 m 的距离。距离指标桩的间距一般等于柱子间距的整数倍,但不应超过所用钢尺的长度。如图 9-40 所示,为某工业建筑厂区平面图,其厂区控制网为建筑方格网。现进行厂区内合成车间的施工,如图 9-41 所示,厂房矩形控制网 P、Q、R、S 四个点可根据厂区建筑方格控制网用直角坐标法进行测设,其四个角点的设计位置距离厂房轴线向外 4 m,由此可计算四个控制点的设计坐标,同时可计算各点实地测设时的放样数据,具体数据标注于测设简图 9-41 上。最后绘制放样简图。放样简图是根据设计总平面图及施工平面图,按一定比例绘制的测设简图。图上标有厂房矩形控制网四个角点的坐标及 P 点按照直角坐标法进行测设的放样数据,其各角点的测设依据厂区方格控制点进行放样。

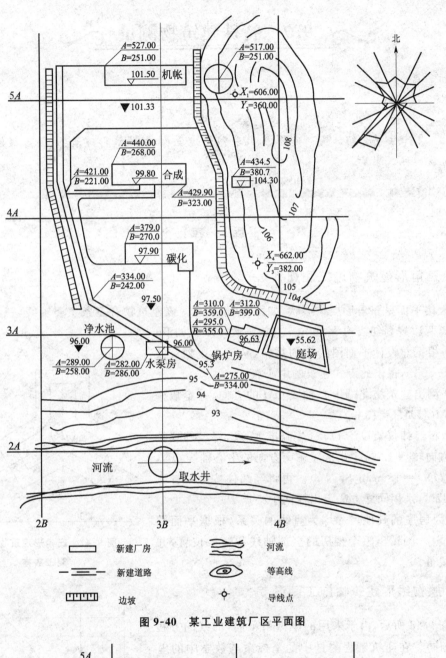

图 9-40 某工业建筑厂区平面图

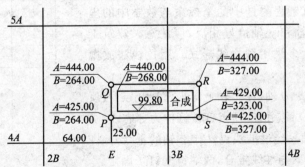

图 9-41 厂区合成车间测设简图

9.7　特殊建筑物测量

【要　点】

　　本节主要介绍三角形建筑物、抛物线形建筑物、双曲线形建筑物、圆弧形建筑物的施工测量。

【解　释】

三角形建筑物施工测量

　　某大楼平面呈三角形点式形状，如图9-42所示。该建筑物有三条主要轴线，三条轴线的交点距离两边规划红线均为30 m。其施工放样步骤如下。

　　（1）根据总设计平面图给定的数据，从两边规划红线分别量取30 m，得出此点式建筑的中心点。

　　（2）测出建筑物北端中心轴线 OM 的方向，并定出中点位置 M（|OM|＝15 m）。

　　（3）将经纬仪架设于 O 点，先瞄准 M 点，将经纬仪按顺时针方向转动120°，定出房屋东南方向的中心轴线 ON，并量取|ON|＝15 m，定出 N 点。再将经纬仪按顺时针方向转动120°，采用同样方法定出西南中心点 P。

　　（4）因房屋的其他尺寸均为直线的关系，根据平面图所给的尺寸，测设出整个楼房的全部轴线和边线位置，并定出轴线桩。

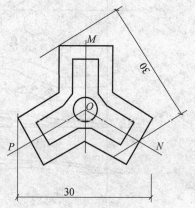

图 9-42　三角形建筑物的
施工放样

抛物线形建筑物施工测量

　　如图9-43所示，由于采用的坐标系不同，曲线的方程式也不相同。在建筑工程测量中的坐标系与数学中的坐标系有所不同，即 x 轴和 y 轴恰好相反，应注意。建筑工程中用于拱形屋顶大多采用抛物线形式。用拉线法放抛物线方法如下。

　　（1）用墨斗弹出 x、y 轴，在 x 轴上定出已知交点 O、顶点 M 及准线点 d 的位置，并在 M 点钉铁钉作为标志。

　　（2）作准线：用曲尺经过准线点 d 作 x 轴的垂线 L，将一根光滑的细铁丝拉紧与准线重合，两端钉上钉子固定。

　　（3）将等长的两条线绳松松地搓成一股，一端固定在

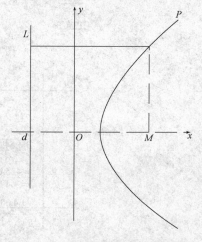

图 9-43　抛物线建筑的施工放样

M 点的钉子上,另一端用活套环套在准线铁丝上,使线绳能够沿着准线滑动。

（4）将铅笔夹在两线绳的交叉处,从顶点开始往后拖,使搓的线绳逐渐展开,在移动铅笔的同时,应将套在准线上的线头徐徐向 y 轴方向移动,并用曲尺掌握方向。使这股绳一直保持与 x 轴平行,即可画出抛物线。

双曲线形建筑物施工测量

（1）根据总平面图,测设出双曲平面图形的中心位置点和主轴线方向。

（2）在 x 轴方向上,以中心点为对称点,向上、向下分别取相应数值得到相应点。

（3）将经纬仪分别架设于各点,作 $90°$ 垂直线,定出相应的各弧分点,最后将各点连接起来,即可得到符合设计要求的双曲线平面图形。

另外,对于双曲线而言,也可采用直接拉线法放线。因为双曲线上任意一点到两个焦点的距离之差为一常数。这样,在放样时先找到两个焦点,然后做一长一短两根线绳,相差为曲线焦点的距离,两根线绳的端点分别固定在两个焦点上,作图即可。

圆弧形建筑物施工测量

1）直接拉线法

直接拉线法施工比较简单,适用于圆弧半径较小的情况。根据设计总平面图,先定出建筑物的中心位置和主轴线,再根据设计数据即可进行施工放样操作。

直接拉线法主要根据设计总平面图,实地测设出圆的中心位置,并设置较为固定的中心桩。由于中心桩在整个施工过程中要经常使用,所以桩要设置牢固并应妥善保护。同时,为了防止中心桩发生碰撞移位或因挖土被挖出,四周应设置辅助桩,以便对中心桩加以复核或重新设置,确保中心桩位置正确。使用木桩时,木桩中心处应钉一小钉。使用水泥桩时,在水泥桩中心处应埋设钢筋。将钢尺的零点对准圆心处中心桩上的小钉或钢筋,依据设计半径画圆弧,即可测设出圆曲线。

2）坐标计算法

坐标计算法适用于当圆弧形建筑平面的半径尺寸很大,圆心已远远超出建筑物平面,无法用直接拉线法时所采用的一种施工放样方法。

坐标计算法一般是先根据设计平面图给出的条件建立直角坐标系,进行一系列计算,并将计算结果列于表格,根据表格再进行现场施工放样。因此,该法在实际现场的施工放样工作比较简单,而且能够得到较高的施工精度。

【相关知识】

测量与施工进度关系

施工测量直接为工程施工服务,每道工序施工前一般均要进行放样测量,为了不影响施工的正常进行,应按照施工进度及时完成相应的测量工作。尤其是现代工程项目,规模大、机械化程度高、施工进度快,对放样测量的密切配合提出了更高的要求。在施工现场,各工序经常交叉作业,运输频繁,并有大量土方填挖和材料堆放,使测量作业的场地条件受到影响,如视线被遮挡,测量桩点被破坏等。所以,各种测量标志必须埋设稳固,并设在不易破坏和碰动的位置。此外还应经常检查,如有损坏,应及时恢复,以满足施工现场测量的需要。

第 10 章　工程建（构）筑物的变形测量

10.1　观测点的设置

【要　点】

　　沉降变形测量工作点必须数量足够、点位适当。观测点的设置要考虑三方面因素：①便于测出建筑物基础的沉降、倾斜、曲率，并绘出下沉曲线；②便于现场观测；③便于保存，不受损坏。

【解　释】

 工业与民用建筑物

　　对于民用建筑物，通常在其四个角点、中点、转角处布设工作测点。此外，一般还应考虑如下几点：

　　（1）沿建筑物的周边每隔 10～20 m 布设一个工作测点；

　　（2）设置有沉降缝的建筑物或新建建筑物与原建筑物的连接处，在沉降缝的两侧或伸缩缝的任一侧布置工作测点；

　　（3）对于宽度大于 15 m 的建筑物，在其内部有承重墙或支柱时，应在此部位设置工作点；

　　（4）为了查明建筑物基础的纵向与横向的曲率（破坏）变形状态，在其纵轴、横轴线上也应布置工作测点。

　　图 10-1 为某展览馆部分沉降变形测量工作点的布设图，该建筑物的基础为箱式基础。

　　对于一般工业建筑物来说，除在立柱的基础上布设观测点外，在其主要的设备基础四周及动荷载四周、地质条件不好处也应布设工作测点。图 10-2 为某重型机械厂的一个车间的沉降变形测量工作点的布设图。

 **超高建筑物**

　　20 世纪 80 年代以来，我国高层建筑如雨后春笋般拔地而起，1998 年仅深圳 18 层以上的高层建筑就有 700 多座。上海金茂大厦地上 88 层，地下 3 层，塔尖高达 420.5 m，当时为我国最高的建筑，居世界第三。其他超高建筑有电视塔、烟囱等。一般说来，超高层建筑物的特点是建筑物高大、重心高、基础深、层数多，因此变形测量工作的作用也就特别显著。由于超高建

筑物的特点,在变形测量工作中除进行基础的沉降观测外,还应该进行建筑物的风振观测与上部倾斜观测。

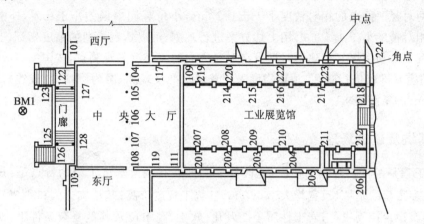

图 10-1 建筑物沉降变形测量工作点布设

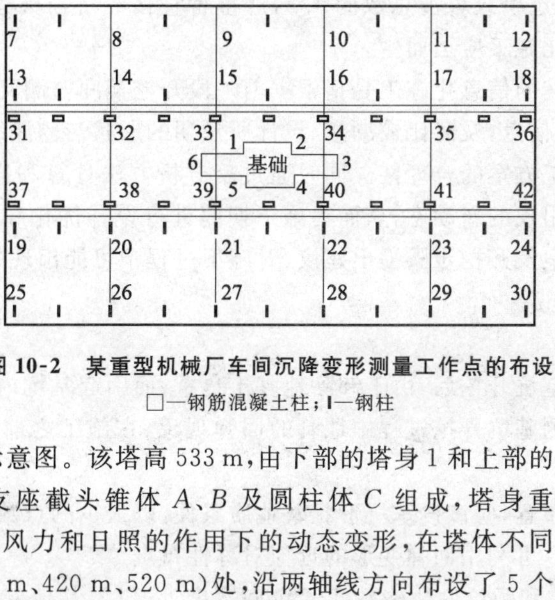

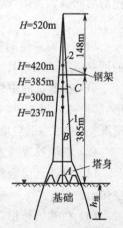

图 10-2 某重型机械厂车间沉降变形测量工作点的布设

□—钢筋混凝土柱；I—钢柱

图 10-3 为某铁塔示意图。该塔高 533 m,由下部的塔身 1 和上部的钢架 2 组成。塔身由支座截头锥体 A、B 及圆柱体 C 组成,塔身重 55 kt。为了测定铁塔在风力和日照的作用下的动态变形,在塔体不同高度(237 m、300 m、385 m、420 m、520 m)处,沿两轴线方向布设了 5 个工作点,以测定其相对底点的摆幅。

某钢铁公司大型立式煤气柜柜体全高 81.456 m,横切面为正二十边形,外接圆半径 22.373 6 m。1988 年投入使用,由于用于活塞环密封的机油向柜体外渗漏,大活塞环走轮顶升受阻,顶架拉力支撑出现裂纹。1996 年底至 1997 年 9 月,对该煤气柜进行了先后 3 期高精度变形测量,包括柜体变形、立柱倾斜、基础沉降、柜顶桁架挠度等。

图 10-3 超高建筑物变形观测点布置

观测方案设计总体思路是在煤气柜周围的狭窄空场内布设精密微型控制网,用以精确测定立柱底层中心点坐标;再在外围以一级导线精度布设外围控制网,采用小角法测定其他各层立柱中心相对于底层的位移矢量,即可计算出立柱各层中心点坐标,利用位移矢量分析柜体扭转,计算立柱垂直度,利用立柱中心点坐标拟合柜体直径和几何中心。

根据上述方案，运用现代控制网设计理论对整个方案进行精度分析研究，结果表明，精密微型控制网对径两网点的相对精度小于±1.2 mm，小角观测中误差小于±2″，外围一级导线点之间的相对精度小于1/1 000，用上述方案进行观测，可以达到预期的精度指标。

基础沉陷是利用煤气柜建造时埋设在对径方向的4个沉陷观测点，按国家二等水准要求，采用N3精密水准仪进行观测，顶架挠度采用普通水准仪观测，因为测站少、视线短，完全能够达到±2 mm的精度要求。

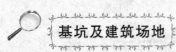

基坑及建筑场地

基坑工程是一种临时性工程，与地区性岩土性质有关。基坑工程的特点是：规模日趋增大，目前很多工程的基坑长、宽均大于100 m；基坑工程造价高；基坑临近人口稠密区的狭小场地，对位移及稳定控制很严；岩土性质千变万化；软土、高水位及其他复杂条件下，对周边建筑物、地下水、地下构筑物及管线安全造成不利影响，因此基坑工程安全事故不断。据统计，沿海地区基坑施工中，出现过事故者占总数的1/3，严重者直接经济损失达几千万元。因此，基坑安全监测反馈的信息化施工应运而生。

基坑安全监测反馈的信息化施工是指根据前一段开挖期间监测到的变形等表现的各种行为，及时获取大量岩土信息，及时比较勘察、设计所预期的形状与监测结果的差别，对原设计成果进行评价并判断施工方案的合理性。同时通过反分析方法计算和修正岩土力学参数，预测下一段工程实践可能出现的新动态，从而为施工期间进行设计优化和合理组织施工提供可靠信息。对后续开挖方案及开挖步骤提出建议，对施工过程中可能出现的险情进行预报，当出现异常情况时采取措施。

1）基坑回弹观测

深埋大型基础在基坑开挖后，由于卸除地基土自重，而引起基坑内外影响范围内相对于开挖前的回弹。为了观测基坑开挖过程中地基的回弹现象，在施工之前还应布设地基回弹观测的工作点。

回弹观测点位的布置，应该按基坑形状及地质条件，以最少的点数能测出所需各纵横断面的回弹量为原则进行。可利用回弹变形的近似对称性布点。

（1）在基坑的中央和距坑底边缘约1/4坑底宽度处，以及其他变形特征位置设点。对方形、圆形基坑可按单向对称布点，矩形基坑可按纵横向布点，复合矩形基坑可多向布点。地质情况复杂时，应适当增加点数。

（2）基坑外观测点，应在所选坑内方向线的延长线上距1.5～2倍基坑深度距离内布置。

（3）所选点位遇到旧地下管道或其他构筑物时，可将观测点位移至与之对应的方向线的空位上。

（4）在基坑外相对稳定且不受施工影响的地点，选设工作基点及寻找标志用的定位点。

（5）观测线路应组成起讫于工作基点的闭合或附合线路，使之具有检核条件。

2）地基土分层沉降观测

测定高层和大型建筑物地基内部各分层土的沉降量、沉降速度及有效压缩层的厚度，称为分层沉降观测。

分层沉降观测点应在建筑物地基中心附近约为 2 m 见方或各点间隔不大于 50 cm 的较小范围内，沿铅垂线方向上的各层土内布置。点位数量与深度，应根据分层土的分布情况确定，原则上每一土层设一点，最浅的点位应设在基础底面不小于 50 cm 处，最深的点位应在超过压缩层的厚度处，或设在压缩性低的砾石或岩石层上。

3）建筑场地沉降观测

建筑场地沉降观测包括：分别测定建筑物相邻影响范围之内的相邻地基沉降与建筑物相邻影响范围之外的场地地面沉降。

由于毗邻高低层建筑荷载差异、新建高层建筑基坑开挖、基础施工中井点降水、基础大面积打桩等原因引起的相邻地基土应力重新分布产生的附加沉降，称为相邻地基沉降。相邻地基沉降观测点可选在建筑物纵横轴线或边线的延长线上，也可选在通过建筑物重心的轴线延长线上。其点位间距应视基础类型，荷载大小及地质条件并以能测定沉降的零点线为原则进行确定。点位可选在以建筑物基础深度 1.5～2 倍距离为半径的范围内，由外墙附近向外由密到疏布设。

场地地面沉降包括：由于地下水大幅度变化、长期降雨、下水道漏水、大量堆载和卸载、地裂缝、潜蚀、砂土液化及挖掘等原因引起的一定范围内的地面沉降。场地地面沉降观测点应在相邻地基沉降观测点布设线路之外的地面上均匀布点。具体可根据地质地形条件选用平行轴线方格网法、沿建筑物四周辐射网法或散点法布设。

某工程中心挡墙采用土钉加肋柱梁支挡结构体系，土钉间距 1.2 m×1.2 m，成孔直径 127 mm，孔深 7～14 m 不等，挡土墙坡面采用 100 mm 厚 C20 等级强度的喷射混凝土。西向挡墙 AC 长 55 m，高 3～11 m，其中 BC 段长 35 m，采用人工挖孔灌注桩 14 根，自北向南编号 1～14，桩径 1.0 m，主筋为 26 根直径 25 mm 钢筋，孔深 14.5～18.0 m，桩长 15.0～18.5 m 不等，地面标高 −0.500 m，桩顶标高 ±0.000，持力层为强风化板岩。南侧挡墙 CD 长 22 m，采用与西向挡墙 AC 段相同的结构。

该工程前期挡墙曾在 BC 段发生过两次破坏，并造成一定的工程影响。西向 AB 挡墙南侧 3 m 处，从工程中心主体建筑人工挖孔桩基础揭露地层情况看，孔深 24 m 处仍为人工填土，后经查实，此处为古采石场遗址，地基土成分较为复杂。因此在原挡墙设计与施工时，工程地质情况不明是产生有失平稳的主要原因，原有挡墙排水系统不畅则增加了挡墙有失平稳破坏的可能性，采石场人工填土深度及范围的复杂性又增加了工程设计的难度与不确定性。

工程经整改后，采用现有方案设计与施工，但工程竣工后，共对其中 18 根土钉进行拉拔试验，发现其中有两根未达到设计要求。为确保工程中心主体的安全，需研究挡墙破坏机理，并在此基础上，对挡墙进行行之有效的变形监测。

挡墙变形以垂直挡墙走向为敏感方向位移，其次是墙体的沉降。墙体的沉降必然伴有前者的存在，故首先选用测小角法进行位移监测。变形测量采用测小角法。初次观测用全站仪测定测点到基点的距离，各期观测用经纬仪测小角的方法确定位移，当发现明显位移时，辅以水准测量测定挡墙沉降。观测周期视挡墙变形状况而定，初期以 1 年开始的第 1 个月为宜，变形量以小时延长为周期；辅以宏观观察位移及排水状况，位移变化加大时加强观测，监测时间以经历一个雨季为宜。

采用 J_2 经纬仪 2 测回，考虑基准点对中误差、定向误差，以及测点瞄准误差和仪器读数误差。因为此处特制固定基准点和定向点，取 $M_\alpha = \pm 5''$ 为宜，$M_{\Delta\alpha} = \pm 7''$，根据测点离基准点的距离,计算两次观测的位移中误差为 $M_{\Delta u}=\pm(1.5\sim3.0)$ mm,此类情况达到《建筑变形测量规范》二级观测要求。

从观测结果可知,除挡墙 AC 段中部附近原破坏处有超过测量中误差的位移值外,其他部位均无明显的大位移。但从整个位移速率看,尤其是考虑后期观测处于雨季的实际情况,可以认为墙体趋于稳定。

4）水利水工建筑物

新中国成立以来,修建了众多的拦河大坝,其中相当一部分已使用 20 年以上,一些大坝逐渐老化和产生破损,还有一些大坝的安全度较低或者设计洪水位偏小等。大坝的变形测量直观可靠,被视为最重要的观测项目之一（另一个重要的观测是渗流量测量）,而且基本上反映在各种荷载作用下大坝的工作形态。其内部观测也比较重要,观测成果可以用来反馈和检验设计、施工等。

水利工程建筑物的变形测量常用控制网、视准线、引张线、激光准直和垂线等方式观测。

大坝的垂直位移包括:基础沉陷和坝体在自重作用下的变形,但主要是基础的沉陷。一般根据大坝基础的坝体结构、地质结构、内部的应力分布情况,以及便于观测等因素布设工作测点。以下仅介绍混凝土重力坝、土石坝、拱坝的工作测点布设方案。

（1）混凝土重力坝。

图 10-4 所示为混凝土重力坝垂直变形测量工作点的布设。其原则是在坝顶和坝趾上平行于轴线的各段设一排工作测点,如 O_1-O_2,O_3-O_4 两排点。对于重要的坝段,不仅纵向设点,横向也应设点。另外,根据需要在电厂、消力池和溢洪道等建筑物上也应布设若干工作测点。

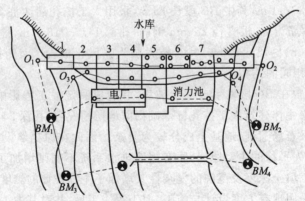

图 10-4　重力坝垂直变形测量点的布设

（2）土石坝。

图 10-5 为土石坝变形测量工作点的布设图。工作点沿坝顶通道和各级高程的马道上布设。O_1-O_2、O_3-O_4、O_7-O_8 为布设在马道上的三排工作点,O_5-O_6 为布设在坝顶通道上的一排工作点,测点间距依坝高的不同而不同。为避免仪器爬坡的不利影响,一般沿坝体的纵轴方向布设和联测。

土石坝垂直变形工作测点的布设工作原则:在坝体的主要变形部位,如最大高度处,坝内有泄水底孔部位、合龙段、坝基地形和地质变化较大的地段,沿横向布设的工作测点应适当增多;测点纵向间距为 50 m 左右,横向点数一般不少于 4 个,水库坝体的上游坝坡其正常水位以上至少要有一个测点,下游坝肩处布设一点,下游每个马道上也应布设一点。

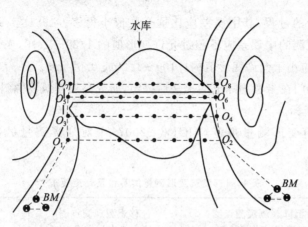

图 10-5 土石坝垂直变形测量点的布设

上述各垂直变形测量工作点应尽量同水平变形测量工作点合用。全站仪、GPS 的使用为实时监测提供方便。

水闸上的变形测量工作点的布设：在垂直水流方向的闸墩上布设一排工作点，一般每个闸墩埋设一个工作点，如果闸身较长，可在每个伸缩缝两侧各布设一个工作点。

土石坝的溢洪道、电厂及其他水利工程建筑物也应该布设相应的变形测量工作点。

（3）拱坝。

拱坝的变形测量工作点的布设类似于混凝土重力坝，图 10-6 为单拱坝垂直变形测量工作点的布设图，O_1-O_2 为一排坝顶变形工作点，O_3-O_4 为一排坝趾工作点，这样布设有利于观测。其布设工作点的原则：在拱坝上选择有代表性的拱环，一般沿坝顶每隔 40～50 m 布设一个点，同时至少在拱冠、拱环 1/4 处及两岸接头（O_1、O_2）处应各埋设一点。

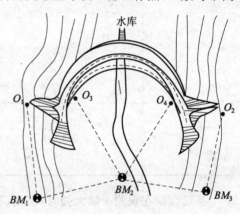

图 10-6 拱坝垂直变形测量点的布设

【相关知识】

变形测量的精度与周期

1）观测精度

目前，矿山岩层与地表移动观测、大坝变形测量、建筑物变形测量等工作进行的很多，有相应的标准和规范可供参考，有些即使没有严格的规范，也可借鉴同类型的其他观测。工业与民用建（构）筑物的变形测量，由于对象非常广泛，情况各不相同，因此虽有规程，但无法制定统一的精度标准，一般情况下是根据工程建筑物的设计允许变形值的大小及观测的目的确定，在具有研究性质的变形测量中精度往往要求更高一些。国际测绘工作者联合会（FIG）第 13 届会议（1971 年）工程测量组的讨论中，提出如果变形测量的目的是为了使变形值小于允许变形值的数值而确保建筑物的安全，其观测的中误差应小于允许变形值的 1/20～1/10。如果观测的目的是为了研究变形的过程，其中误差应比这个数值小得多。1981 年，FIG 第 16 届会议认为，为实用的目的，观测的中误差应不超过允许变形值的 $1/20\sim1/10$，或 $1\sim2$ mm；为科研的目的，观测的中误差应小于允许变形值的 $1/100\sim1/20$ 或 0.02 mm。

我国建筑设计部门在参考国际上的提法后提出，研究高层建筑物倾斜时，把允许倾斜值的 $1/20$ 作为观测精度指标。

表 10-1 为《建筑变形测量规范》（JGJ 8—2007）中对变形测量的等级及精度要求的规定。

表 10-1 建筑变形测量的等级及精度要求

变形观测等级	沉降观测观测点测站高差中误差/ mm	位移观测观测点测站高差中误差/ mm	适用范围
特级	≤±0.05	≤±0.3	特种精密工程、重要科研项目
一级	≤±0.15	≤±1.0	大型建筑物、科研项目
二级	≤±0.50	≤±3.0	中等精度要求建筑物、科研项目，重要建筑物主体倾斜观测、场地滑坡观测
三级	≤±1.50	≤±10.0	低精度建筑物、一般建筑物主体倾斜观测、场地滑坡观测

某勘察院在观测一幢大楼时，根据设计人员提出的允许倾斜度 $\alpha=0.4\%$，求得顶点的允许偏移值为 120 mm，以其 $1/20$ 作为观测中误差，即 $m=\pm6$ mm。因为根据本单位的仪器设备和技术力量，这一精度很容易达到，且在不增加更大工作量的前提下，还能达到更高的精度，因此决定进一步提高指标，取 ±2 mm 作为最后的观测中误差。

汇源大厦高 28 层，为满足湘江大道功能的需要，按托换工程监测作业的有关文献，以及托梁设计最大允许挠度 4 mm 为依据。监测精度按高精度要求的大型建筑物变形测量一级要求进行，即视线长度不大于 30 m，前后视距差不大于 0.7 m，前后视距累积差不大于 1.0 m，视线高度不小于 0.3 m，观测点测站高差中误差不大于 ±0.15 mm。此要求按特高精度要求的建筑物绝对沉降量的观测中误差 ±0.5 mm，结构段（平均构件挠度等）的观测中误差不应超过变形允许值的 $1/6$，出于科研项目需要，变形量的观测中误差可视所需提高观测精度的程度，将观测中误差乘以 $1/5\sim1/2$ 系数后相吻合。

根据沉陷速度确定观测精度，是指沉陷持续时间很长，而沉陷量又较小的基础，其观测精度要求相对高些。

2）观测周期

变形测量周期以能系统反映所测变化过程而又不遗漏其变化时刻为原则，根据单位时间变形量的大小及外界因素的影响确定。当观测中发现异常时应加强观测次数。

现以某一基础沉陷的观测过程为例，说明观测频率的确定方法。

如图 10-7 所示，在荷载影响下，基础下土层的压缩是逐渐实现的。因此，基础的沉陷也是逐渐增加的。在砂类土层上的建筑物。其沉陷在施工期间已大部分完成。此时基础的沉陷可分为 4 个阶段：

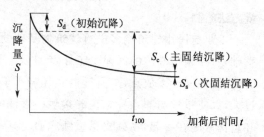

图 10-7 基础下土层的压缩过程

（1）第 1 阶段，在施工期间，随基础上部压力的增加，沉陷速度较大，年沉陷值达 20～70 mm；

（2）第 2 阶段，沉降显著减慢，年沉降量大约达 20 mm；

（3）第 3 阶段，为平稳下沉阶段，其速度为每年 1～2 mm；

（4）第 4 阶段，沉降很小，基本稳定。

根据这种情况，在观测精度要求相同时，沉降观测的频率可以是变化的。

具体来说，在施工阶段，观测次数与时间间隔视地基加载情况而定，一般在增荷 25%、50%、75%、100% 时才各测一次；运营阶段，观测周期第 1 年 3～4 次，第 2 年 2～3 次，第 3 年后可每年 1 次。观测期限一般不少于规定：砂土地基 2 年，膨胀土地基 3 年，黏土地基 5 年，软土地基 10 年。在掌握了一定规律或变形稳定之后，可减少观测次数，这种根据计划（或荷载增加量）进行的变形测量称为正常情况下的关系观测。当出现异常情况，如基础附近地面荷载突增，四周大量积水，长时间连续降水，突然发生大量沉降、不均匀沉降或严重裂缝时，应缩短周期，加强观测。

10.2 沉降观测

【要　点】

沉降观测，是定期地测量变形测量工作点的高程变化情况，根据各工作点间的高差变化，计算建筑物（或地表）的沉降量 W_i，倾斜率 i，曲率 K，构件倾斜及沉降速率，确定沉降变形对建筑物破坏影响程度，为采取必要的建筑物保护措施提供数据资料。

【解　释】

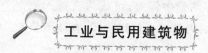

工业与民用建筑物

目前，常采用水准测量方法进行沉降变形测量。中、小型厂房和土木工程建筑物的沉降观测，一般采用普通水准测量方法；高大混凝土建筑物和大型水利工程建筑物，如大型的工业厂房、摩天大楼、大坝等，要求沉降观测的中误差不大于 ± 1 mm，因而要求采用精密的水准测量方法施测。

工业与民用建筑物多进行建筑物基础的沉降观测。对于建造在 $8 \sim 10$ m 以上的基坑中的基础，需要测定基坑的回弹。工作点的标志通过预留的钻孔与地表相通，测量时需要自制悬挂的重锤，为便于下放重锤，重锤的直径需小于钢套管的直径；预留钢管和重锤的直径不能相差过大，以使重锤与测点标志正确接触。重锤的重量为钢尺比长时的拉力（一般为 15 kg）。钢尺和重锤紧固在一起，精确丈量重锤底面与某一整刻度的长度（例如到 1 m 刻度长为 1.065 m）。测量时，将缠在绞车或皮夹上的钢尺悬挂重锤，经导向滑轮垂直放入预留的钢套管，使重锤底面和标志的顶端接触。按水准测量程序后视标尺，取读数 $a = 1.543$ m，前视钢尺的读数 $b' = 8.646$ m。因重锤底面到 1 m 刻划的实际长度为 1.065 m，所以加常数为 0.065 m。故此前视的正确读数为 8.711 m，AB 点间的高差 h_{AB} 为：

$$h_{AB} = a - b' = 1.543 - 8.711 = -7.168 (\text{m})$$

为了消除重锤与标志间的接触误差和防止意外发生，应该独立施测 3 遍，其互差不应超过 ± 1 mm。深孔悬挂重锤的安装如图 10-8 所示。

工业与民用建筑物的沉降观测的水准路线应布设成附合水准路线形状，如图 10-9 所示。与一般水准测量相比，其不同之处是视距较短，一般不超过 25 m。因此，一次安装仪器可以观测几个前视点。为了减少系统误差的影响，要求在不同的观测周期，将水准仪安置在相同的位置进行观测。对于中小型厂房，采用三等水准测量。对于大型厂房、连续型生产设备的基础和动力设备的基础、高层混凝土框架结构建筑物等，采用二等水准测量精度施测。

埋设在建筑物基础上的工作点，埋设之后应开始第一次观测，随后随着建筑物荷载的逐步增加进行重复观测。在运行期间重复观测的周期可根据沉降速度的快慢而定，每月、每季、每半年或每年一次，直到沉降停止为止。

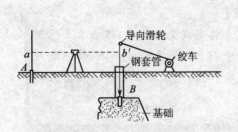

图 10-8　深孔悬挂重锤的安装

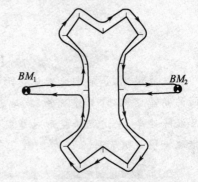

图 10-9　高程控制点与观测工作点的布设

对沉降是否进入稳定阶段的判断，应由沉降量与时间关系曲线判定。对重点观测或科研观测工程，若最后 3 个周期观测中，每周期沉降量不大于 $2\sqrt{2}$ 测量中误差，可认为已进入稳定阶段；一般观测工程，若沉降速度小于 $0.01 \sim 0.02$ mm/d，可认为已进入稳定阶段，具体取值宜根据各地区地基土的压缩性确定。

由于工业与民用建筑物的范围小，所以施测的水准路线一般都比较短，并且路线的高程闭合差也很小，一般不超过 $\pm 1 \sim \pm 2$ mm，所以闭合差可按测站平均分配，也可按距离比例尺分配。

水工建筑物

对于大坝沉降观测，其观测的程序应视观测站工作点到控制点的距离而定。如果距离较近，如图 10-6 所示，可构成二等水准路线 $BM_1 - O_1 - O_2 - BM_3$、$BM_2 - O_3 - O_4 - BM_2$，两条一并进行观测。如图 10-4、图 10-5、图 10-6 所示，大坝变形测量路线两端的首末工作点 O_1、O_2、O_3、O_4、O_5、O_6、O_7、O_8 等点，习惯上被称为工作基点。如果高程控制点（BM_1、BM_2、BM_3）到工作基点的距离较远，不便于一次测量时，需先进行工作基点联测。

1）工作基点与高程控制基点的联测

工作基点与高程控制基点的联测路线可布设成附合水准路线，采用复测水准支线等形式。一般按一等水准测量精度的要求和有关规定施测。每千米高差中数的中误差不大于 ± 0.5 mm，可采用 S 级精密水准仪和铟瓦水准尺施测。

由于沉降观测工作局限在某个固定范围，且观测线路是固定的，观测工作重复进行，所以可将仪器位置和立尺点作出标记，以便日后每次都可把仪器和标尺置于相同位置，这样既可便于测量，又可削弱部分系统误差的影响。

联测工作每年进行 $1 \sim 2$ 次，并尽可能固定在某一时刻。应选择外业观测条件最佳季节，以减弱外界观测条件对观测成果的影响。

2）工作点的观测

大坝沉降观测工作点的沉降量是根据工作控制点 $O_1 - O_2$，$O_3 - O_4$ 等测定的。一般采用精密水准仪按二等水准操作规定施测，高差中数中误差不得超过 ± 1.0 mm。

由于沉降观测在施工时便要开始，所以测量工作受施工的影响较大，而且大部分在廊道内进行，有的廊道高度过小，有的廊道底面呈阶梯形高低不平，使得立尺和架设仪器都受到一定的限制，并导致视距过短，有的甚至不到 3 m。因此测站数相对增多，根据实际经验对工作点的观测作补充规定如下：

（1）设置固定的置镜点和立尺点，保证往、返测和复测采用同一线路；

（2）使用固定仪器和标尺；

（3）仪器到标尺的距离不得超过 40 m，每站前、后视距差不得大于 0.3 m，前、后视距的累积差不得大于 1 m，基、辅差不得超过 0.25 mm；

（4）每次进出廊道观测前后，仪器和标尺都需凉置半小时后再进行观测；

（5）在廊道内观测使用手电筒照明。

大坝沉降观测周期，在施工期间和运转初期应当缩短，观测次数增加；运转后期，当已掌握了变形规律后，观测的次数可适当减少；特殊情况下，如暴雨、洪峰、地震期，除按规定周期观测外，还应增加观测次数。

在工作基点控制下，工作点均需组成附合水准路线。每次观测均需加标尺的长度改正。根据距离短、测站多的特点，对附合水准路线闭合差，采取按测段测站数多少进行分配的方法，然后根据工作基点的高程推算各工作点的高程。对钢管标志点还要加钢管的温度改正。

【相关知识】

监测内容

建(构)筑物的结构裂缝和变形是指建(构)筑物及其地基基础在自重和外力作用下,在一定时间一定区段内所产生的裂缝、变形。有关数据的测定及分析、处理的目的在于监视建(构)筑物在施工及使用过程中的变形反应,同时也是验证地质勘察资料和结构设计数据的可靠程度,研究其变形的原因和规律,以便采取相应的对策。

(1)建筑变形包含建筑物本身(基础与上部)、建筑地基及其场地的变形。建筑物上部结构从变形测量角度讲,主要内容包括以下几个方面。

① 倾斜观测。

测定建筑物顶部由于地基存在差异沉降或受外力作用而产生的垂直偏差。通常在顶部和墙基设置观测点,定期观测其相对位移值,也可直接观测顶部中心相对于底部中心点的位移值,然后计算建筑物的倾斜度。

② 位移观测。

测定建筑物因受侧向荷载作用的影响而产生的水平位移量,观测点的建立视工程情况和位移方向而定。

③ 裂缝观测。

测定建筑物因基础局部不均匀沉降或其他约束和荷载作用,而使墙体、框架结构等出现的裂缝,一般在裂缝的两侧设置观测标志,定期观测其位置的变化,以获取裂缝的大小和走向等资料。

④ 挠度观测。

测定建筑物中,特别是梁板构件产生的挠曲程度。其方法是:测定设置在建筑物垂直面内不同高度的观测点,相对于某一水平基准点的位移值。

⑤ 摆动和转动观测。

测定高层建筑物顶部和高耸建筑物在风振、地震、日照及其他外力作用下的摆动和扭曲程度。

(2)对一项具体的变形测量工作,其内容一般需要根据观测对象的性质、观测目的等因素确定。因此,为达到变形测量的目的,一般要求变形测量具有以下特点。

① 明确的针对性。

② 掌握变形的规律。全面考虑,以便正确反映建筑物的变形情况。为了解变形的整个过程,大型工程建筑物的变形测量往往在建筑物的设计阶段就开始考虑,并作出相应的设计,然后在建筑物的施工及整个运营期间进行定期观测,如大坝、高层建筑等。但大多数变形测量是在后期补设标志点进行观测,如:工矿区地表移动范围内的各种建筑物的变形测量。

将观测结果进行整理,再以荷载或时间为横坐标,以累积变形为纵坐标,绘制各种变形过程曲线，以便了解变形的幅度、趋势，预估可能稳定的时间及建筑物的安全情况，为建筑物提供可靠的预测和预报。

10.3 倾斜观测

【要 点】

已建成的建（构）筑物，因基础不均匀沉降，往往引起上部结构发生倾斜，测定建筑物的倾斜有两类方法：一类是直接测定建筑物的倾斜；另一类是通过测量建筑物基础的高程变化，来计算建筑物的倾斜。

【解 释】

直接测定建筑物倾斜方法

测定建筑物的倾斜有两类方法：一类是直接测定建筑物的倾斜，该方法多用于基础面积过小的超高建筑物，如：摩天大楼、水塔、烟囱、铁塔；另一类是通过测量建筑物基础的高程变化，按式(10-1)计算建筑物的倾斜。

$$i = \frac{W_3 - W_2}{S_{23}}, \text{mm/m} \tag{10-1}$$

直接测定建筑物倾斜方法中，吊挂悬垂线方法是一种最简单的方法。根据建筑物各高度的偏差可直接测定建筑物的倾斜，但是不便经常出现在建筑物上固定吊挂悬垂线的情况，因此对于超高建筑物多采用经纬仪投影或测水平角的方法测定倾斜。图10-10中 A, B 分别为设计在建筑物同一竖线上的平、高两点。当建筑物发生倾斜时，高 B 相对于平点 A 移动了某一数值 e，则建筑物的倾斜值 i 为：

$$i = \tan\alpha = e/h \tag{10-2}$$

因此，为了确定建筑物的倾斜，必须得到 e、h 值。h 一般为已知数据。当 h 为未知时，按图10-11所示，可在地面上设两条基线，用三角测量的方法测定，这时，经纬仪应设置在距建筑物较远的地方（距离最好在 $1.5h$ 以上，以减少仪器纵轴不垂直的影响）。设 A、B 两点无法摆设仪器，难于作点位投影工作，现介绍高点 B 偏移平点 A 的移动值 e 的解析求法。设 a 为设计铅垂线 AB 的平面投影位置，b' 点为空间 B' 点的投影位置。围绕 A、B' 点在地面上选定基线 $1-2$，$2-3$（按 $5''$ 小三角基线丈量精度量取基线边），在 1、2、3 三点间用前方交会法，按 $5''$ 小三角的精度要求测定 A、B' 平面坐标（可假定 $X_1 = 0$，$Y_1 = 0$，$\alpha_{1-2} = 0°00'00''$，$H = 0$）和高程 H_A，H_B，则：

$$h = H_B - H_A, \quad e = \sqrt{(Y_B' - Y_A)^2 + (X_B' - X_A)^2} \tag{10-3}$$

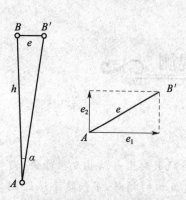

图 10-10　建筑物的倾斜观测

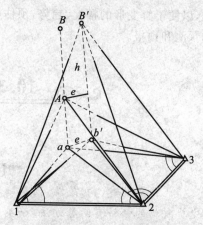

图 10-11　解析法求偏移量

此外,还可以用测量水平角的方法测定倾斜,图 10-12 给出的是用这种方法测定烟囱倾斜的例子。在距烟囱 1.5h 处的相互垂直两方向线上,标出两个固定标志,以此作为测站。在烟囱上标出观测目标 1、2、3、4,同时选定通视良好的远方不动点 M_1 和 M_2。然后在测站 1 架设经纬仪测量水平角(1)、(2)、(3)、(4),并计算角 $[(2)+(3)]/2$ 和 $[(1)+(4)]/2$。角值 $[(1)+(4)]/2$ 表示烟囱的下部勒脚中心 b 的方向, $[(2)+(3)]/2$ 表示烟囱上部中心点 a 的方向,只要知道测站 1 到烟囱中心的距离 S_1,就可根据 a、b 的方向差 $\delta = a - b$,按式(10-4)计算偏斜量 e_1。

$$e_1 = \delta''_1 \times S_1/\rho'', \rho'' = 206\,265'' \qquad (10\text{-}4)$$

同样,在测站 2 观测水平角(5)、(6)、(7)、(8),同理可求得烟囱的另一方向上的偏移量 e_2,用矢量相加的办

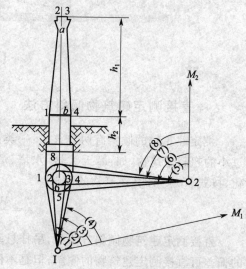

图 10-12　烟囱的倾斜测量

法即可求得烟囱的上部相对于勒脚中心的偏移量 e_0,从而可利用式(10-4)计算烟囱的倾斜。

 测定坝体倾斜的方法

对于大坝等水利工程建筑物,各坝段的基础地质条件不同,有的坝段位于坚硬岩石处,有的位于软岩处,有的位于岩石破碎带,其含岩度各不相同。由于坝体的结构关系,坝段的重量不相等。水库蓄水后,库区地表承受较大的静水压力,使地基失去原有平衡。这些因素都会导致坝体产生不均匀下沉。

目前,常采用的测定坝体的方法有以下几种。

1）水准测量方法

前面已经介绍各类型变形测量均在建筑物基础的重要部位设站。通过水准观测求得各点的高程,可以求得各工作点的下沉值,从而计算倾斜值。

2）液体静力水准测量方法

液体静力水准测量方法是利用一种特制的静力水准仪,测定两点间的高差变化,以计算倾斜。

3）气泡式倾斜仪测量方法

由一个高灵敏度的气泡水准管 e 和一套精密测微器组件构成气泡式倾斜仪。如图 10-13 所示，q 为测微杆，h 为读数盘，k 为指标。气泡式水准管 e 固定在支架 a 上，支架可绕 c 点转动，支架 a 下装有弹簧片 d，使支架 a 与底板 b 接触，在底板 b 下装有置放装置 m，s 为测微杆连接器，与底板紧固在一起。通过 m 将倾斜仪安置在需要的位置上以后，转动读数盘 h，使测微杆 q 上下移动，压动支架 a 使气泡水准管 e 的气泡居中。此时在度盘上读出初始读数 h_0；若基础发生倾斜变形，仪器气泡会发生偏移；为求取倾斜值需重新转动读数盘 h 使气泡居中，读出读数 h_j，$j=1,2,3,\cdots,n$，n 为观测周期数；将初始读数 h_0 与周期读数 h_j 相减，即可求得倾斜角。

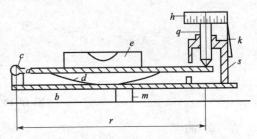

图 10-13 气泡式倾斜仪的结构

a—支架；b—底板；c—点 c；d—弹簧片；
e—气泡水准管；h—读数盘；k—指标；
m—置放装置；q—测微杆；s—测微杆连接器

国产的气泡倾斜仪灵敏度为 $2''$，总的观测范围为 $1°$，仅适用于较大倾角和小范围的局部变形测量。

【相关知识】

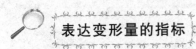

表达变形量的指标

表达变形量的常用数据指标：移动指标，下沉 W_i、水平移动 U_i；变形指标，倾斜 i、曲率 K、水平变形 $\pm\varepsilon$。

1）移动指标

设 i 为变形测量点的编号，如图 10-14 所示。某点的下沉 W_i 和水平移动 U_i 可按式（10-5）和式（10-6）计算。

（1）下沉。

$$W_i = H_i - H_{0i} \tag{10-5}$$

式中：H_i——第 i 点计算时刻的高程；

$\quad\quad H_{0i}$——第 i 点初始高程。

（2）水平移动。

$$U_i = L_i - L_{0i} \tag{10-6}$$

式中：L_i——第 i 点到控制点 B 的计算时刻的长度；

$\quad\quad L_{0i}$——第 i 点到控制点 B 的初始长度。

2）变形指标

由于图 10-14 中各点的下沉、水平移动各不相同，便产生点位的相对变化，同时也产生了变形，变形指标如下。

（1）倾斜。

可用相邻工作点 2 和 3 的下沉差除以两点间的距离 S_{23} 求得。

$$i = \frac{W_3 - W_2}{S_{23}}, \text{mm/m} \tag{10-7}$$

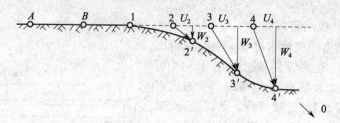

图 10-14　点位移动剖面图

（2）曲率。

根据两曲线段的倾斜 i_{23} 和 i_{34} 求得两曲线段中点的切线，用切线的倾斜差，即两切线的交角 Δi 除以两曲线段中点的间距，便可求得此段距离内的平均倾斜变化——地表弯曲的平均曲率值 K，如图 10-15 所示。

$$K_{234} = \frac{i_{34} - i_{23}}{\frac{1}{2}(S_{23} + S_{34})}, \text{ mm/m}^2 \text{ 或 } 10^{-3}/\text{m} \tag{10-8}$$

地表曲率也可以用其倒数（即曲率半径）表示：$\rho = 1/K$。

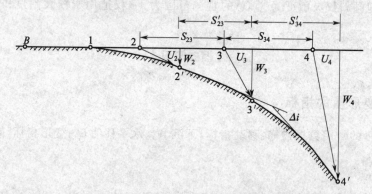

图 10-15　曲率计算原理

10.4　水平位移观测

【要　点】

水平位移观测的任务是测定建筑物在平面位置上随时间变化的移动量。当要测定某大型建筑物的水平位移时，可以根据建筑物的形状和大小，布设各种形式的控制网进行水平位移观测。当要测定建筑物在某一特定方向上的位移量时，可以在垂直于待测定的方向上建立一条基准线，定期测量观测标志偏离基准线的距离，就可以了解建筑物的水平位移情况。

【解　释】

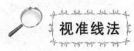
视准线法

由经纬仪的视准面形成基准面的基准线法，称为视准线法。该法又分为角度变化法（即小角法）和移位法（即活动觇牌法）两种。

角度变化法是利用精密光学经纬仪，精确测出基准线与置镜端点到观测点视线之间所夹的角度。由于这些角度很小，观测时只用旋转水平微动螺旋即可。

设 α 为观测的角度，d_i 为测站点到照准点之间的距离，观测标志偏离基准线的横向偏差 ρ_i 为：

$$\rho_i = \frac{\alpha''}{\rho''} \cdot d_i \tag{10-9}$$

在角度变化法测量中，通常采用 T_2 型经纬仪，角度观测 4 个测回。距离 d_i 的丈量精度要求不高，以 1/2 000 的精度往返丈量一次即可。

移位法是直接利用安置在观测点上的活动觇牌测定偏离值。其专用仪器设备为精密视准仪、固定觇牌和活动觇牌。操作步骤如下。

（1）将视准仪安置在基准线的端点上，将固定觇牌安置在另一端点上。

（2）将活动觇牌仔细地安置在观测点上，视准仪瞄准固定觇牌后，将方向固定下来，然后由观测员指挥观测点上的工作人员移动活动觇牌，待觇牌的照准标志刚好位于视线方向上时，读取活动觇牌上的读数。然后再移动活动觇牌从相反方向对准视线进行第二次读数，每定向一次要观测 4 次，即完成一个测回的观测。

（3）在第二测回开始时，仪器必须重新定向，其步骤相同，一般对每个观测点需进行往、返各测 2~6 个测回。

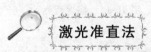
引张线法

引张线法是在两固定端点之间用拉紧的金属丝作为基准线，用于测定建筑物水平位移。该法的装置由端点、观测点、测线（不锈钢丝）与测线保护管四部分组成。

在引张线法中假定钢丝两端固定不动，引张线是固定的基准线。由于各观测点上之标尺是与建筑物体固定连接的，所以对于不同的观测周期，钢丝在标尺上的读数变化值，就是该观测点的水平位移值。引张线法常用在大坝变形观测中，引张线安置在坝体廊道内，不受旁折光和外界影响，观测精度较高。根据生产单位的统计，三测回观测平均值的中误差可达 0.03 mm。

激光准直法

激光准直法可分为两类：一类是激光束准直法。它是通过望远镜发射激光束，在需要准直的观测点上用光电探测器接收。由于这种方法是以可见光束代替望远镜视线，用光电探测器探测激光光斑能量的中心，所以常用于施工机械导向的自动化和变形观测。另一类是波带板激光准直系统。波带板是一种特殊设计的屏，能把一束单色相干光会聚成一个亮点。波带板激光准直系统由激光器点源、波带板装置和光电探测器或自动数码显示器三部分组成。两类方法中，后一类方法的准直精度高于前一类，其准直精度可达 $10^{-6} \sim 10^{-7}$ 以上。

观测点的位置

建筑物观测点应选在墙角、柱基及裂缝两边等处；地下管线观测点应选在端点及转角点中间部位；护坡工程观测点应按待测坡面成排布点；测定深层侧向位移的观测点位置与数量，应按工程需要确定。

10.5 建筑物的挠度和裂缝的观测

【要　点】

建筑物的挠度观测包括建筑物基础、建筑物主体及独立构筑物（如独立墙、柱）的挠度观测。建筑物或某一构件发现裂缝后，除应增加沉降观测次数外，还应对裂缝进行观测。

【解　释】

挠度观测

建筑物的挠度观测包括：建筑物基础、建筑物主体及独立构筑物（如独立墙、柱）的挠度观测。对于高层建筑物，较小的面积上有较大的集中荷载，从而导致基础和建筑物的沉陷，其中不均匀的沉陷将导致建筑物的倾斜，使局部构件产生弯曲并导致裂缝的产生。对于房屋类的高层建筑物，这种倾斜与弯曲将导致建筑物的挠度，而建筑物的挠度可由观测不同高度的倾斜换算求得，也可采用准线呈铅直的激光准直方法求得。

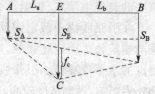

图 10-16　挠度观测

1）建筑物基础挠度观测

建筑物基础挠度观测（图 10-16）可与建筑物沉降观测同时进行。观测点应沿基础的轴线或边线布设，每一基础不得少于 3 点。观测方法、标志设置与沉降观测相同。挠度值 f_c 可按式（10-10）计算。

$$f_c = \Delta S_{AE} - \frac{L_a}{L_a + L_b}\Delta S_{AB}, \Delta S_{AE} = S_E - S_A, \Delta S_{AB} = S_B - S_A \tag{10-10}$$

式中：S_A——基础 A 点沉降量，mm；

S_B——基础 B 点沉降量，mm；

S_E——基础 E 点沉降量，mm；

L_a——AE 的距离，m；

L_b——EB 的距离，m。

跨中的挠度值为：

$$f = \Delta S_{AE} - \frac{1}{2}\Delta S_{AB} \tag{10-11}$$

2）建筑物主体挠度观测

建筑物的主体挠度观测，除观测点应按建筑物结构类型在各个不同高度或各层处沿一定垂直方向布设外，其标志设置、观测方法与建筑物主体倾斜观测相同。通过建筑物上不同高度点相对底部点的水平位移值确定挠度值。

3）独立构筑物挠度观测

独立构筑物的挠度观测，除可采用建筑物主体挠度观测要求外，还可在观测条件允许时，采用挠度计、位移传感器等设备直接测定挠度值。

挠度观测的周期应根据荷载情况考虑设计、施工要求确定。整体变形的观测中误差不应超过允许垂直偏差的 1/10，结构段变形的观测中误差不应超过允许值 1/6。

裂缝观测

建筑物发现裂缝，除了要增加沉降观测的次数外，应立即进行裂缝变化的观测。为了观测裂缝的发展情况，要在裂缝处设置观测标志。设置标志的基本要求是：当裂缝开展时标志就能相应地开裂或变化，正确反映建筑物裂缝发展情况。

裂缝观测有如下三种形式。

1）石膏板标志

用厚 10 mm、宽约 50～80 mm 的石膏板（长度视裂缝大小而定）在裂缝两边牢固固定。当裂缝继续发展时，石膏板也随之开裂，从而观察裂缝继续发展的情况。

2）白铁片标志

如图 10-17 所示，用两块白铁片，一片取 150 mm×150 mm 的正方形，固定在裂缝的一侧。并使其一边和裂缝的边缘对齐。另一片为 50 mm×200 mm，固定在裂缝的另一侧，并使其中一部分紧贴相邻的正方形白铁片。当两块白铁片固定好以后，在其表面均涂上红色油漆。如果裂缝继续发展，两白铁片将逐渐拉开，露出正方形白铁片上原来没有被油漆覆盖的部分，其宽度即为裂缝加大的宽度，可用尺子量出。

3）金属棒标志

如图 10-18 所示，在裂缝两边钻孔，将长约 10 cm，直径 10 mm 以上的钢筋头插入，并使其露出墙外约 2 cm 左右，用水泥砂浆填灌牢固。在两钢筋头埋设前，应先把外露一端锉平，在上面刻画十字线或中心点，作为量取间距的依据。待水泥砂浆凝固后，量出两金属棒间距，并进行比较，即可掌握裂缝发展情况。

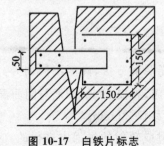

图 10-17 白铁片标志

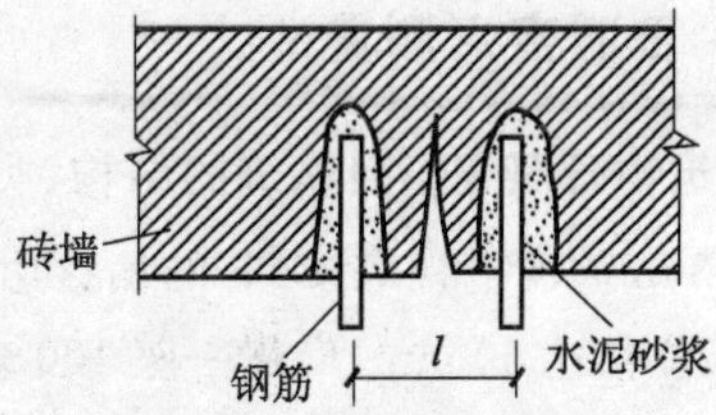

图 10-18 金属棒标志

【相关知识】

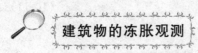

建筑物的冻胀观测

裂缝对建筑物或构件的变形反应更为敏感,裂缝观测方法有如下两种。

(1) 抹石膏。如果裂缝较小可在裂缝末端抹石膏作标志,如图 10-19 所示。石膏有凝固快、不收缩不干裂的特性,当裂缝继续发展,后抹的石膏也随之开裂,便可直接反映裂缝的发展情况。

(2) 设标尺。若裂缝较宽且变形较大,可在裂缝的一侧钉置一金属片,另一侧埋置一钢筋钩,端头磨尖,在金属片上刻出明显不易被涂掉的刻划。根据钢筋钩与金属片上刻划相对位移,便可了解裂缝的发展情况。如图 10-20 所示,设置的观测标志应稳固,有足够的韧度,以免因受碰撞变形而失去观测作用。

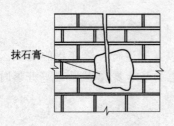

图 10-19　抹石膏观测裂缝变形

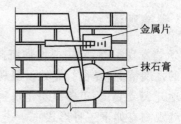

图 10-20　设标尺观测裂缝变形

10.6　日照和风振变形测量

【要　点】

塔式建筑物在温度荷载和风荷载作用下会产生来回摆动,因而需要对建筑物进行动态观测,即日照和风振观测。如美国纽约"帝国大厦"高 102 层,观测结果表明,在风动荷载作用下,最大摆动达 7.6 cm。

【解　释】

日照变形测量

建筑物日照变形因建筑的结构、类型、材料,以及阳光照射方位、高度不同而异。如湖北一座 183 m 高的电视塔,24 h 的偏移达 130 mm;四川某饭店,高仅 18 m,阳面与阴面温差 10℃时,顶部位移达 50 mm;广州一座 100 多米的建筑,24 h 偏移仅 20 mm。

日照变形测量是在高耸建筑物或独立高柱受强光照射或辐射的过程中进行的,应测定建筑物或独立高柱上部由于朝阳面与背阳面温差引起的偏移及其变化规律。

当利用建筑物内部竖向通道观测时，应以通道底部中心位置作为测站点，以通道顶部垂直对应于测点的位置作为观测点。采用激光铅直仪观测法，在测站点上安置激光铅直仪，在观测点上安置接收靶，每次观测可从接收靶读取或量出顶部观测点的水平位移值和位移方向，也可借助附于接收靶上的标示光点设施，直接获得每次观测的激光中心轨迹图，然后反转其方向即为实施日照变形曲线图。

当从建筑物或独立高柱外部观测时，观测点应选在受热面的顶部或受热面上部的不同高度处与底部（视观测方法需要布置）的适中位置，并设置照准标志，独立高柱也可直接照准顶部与底部中心线位置。测站点应选在与观测点连线呈正交的两条方向线上，其中一条最好与受热面垂直，距观测点的距离约为照准目标高度的 1.5 倍的固定位置处，并埋设标石。也可采用测角前方交会法或方向差交会法。对于独立高柱的观测，按不同量测条件，可选用经纬仪投点法、测顶部观测点与底部观测点之间的夹角法或极坐标法。按上述方法观测时，两个测站对观测点的观测应同步进行。所测顶部的水平位移量与位移方向，应以首次测算的观测点坐标值或顶部观测点相对底部观测点的水平位移值作为初始值，与其他各次观测的结果相比较后计算求取。

日照变形测量精度，可根据观测对象的不同要求和不同观测方法，具体分析确定。用经纬仪观测时，观测点相对测站点的点位中误差，对投点法不应大于 ± 1.0 mm，对测角法不应大于 ± 2.0 mm。

日照变形测量的时间，宜选在夏季的高温天气进行。一般观测项目，可在白天的时间段观测，开始于日出前，停止于日落后，每隔约 1 h 观测一次；对于有科研要求的重要建筑物，可在全天 24 h 内，每隔约 1 h 观测一次。每次观测的同时，应测出建筑物向阳面与背阳面的温度，并测定风速与风向。

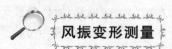

风振变形测量

风振变形观测应在高层、超高层建筑物受强风作用的时间段内同步测定建筑物的顶部风速、风向和墙面风压及顶部水平位移，以获取风压分布、体型系数及风振系数。

顶部水平位移观测可根据要求和现场情况选用如下方法。

（1）激光位移计自动测记法。当位移计发射激光时，从测试室的光线示波器上可直接获取位移图像及相关参数。

（2）长周期拾振器测记法。将拾振器设在建筑物顶部天面中间，由测试室内的光线示波器记录观测结果。

（3）双轴自动电子测斜仪（电子水枪）测记法。测试位置应选在振动敏感的位置，仪器 x 轴与 y 轴（水枪方向）及建筑物的纵横轴线一致，并用罗盘定向，根据观测数据计算出建筑物的振动周期和顶部水平位移值。

（4）加速度计法。将加速度传感器安装在建筑物顶部，测定建筑物在振动时的加速度，通过加速度积分求解位移。

（5）GPS差分载波相位法。将一台 GPS 接收机安置在距待测建筑物一段距离且相对稳定的基准站上，另一台接收机的天线安装在待测建筑物楼顶。接收机周围 5° 以上应无建筑物遮挡或反射物。每台接收机应至少同时接收 6 颗以上卫星信号，数据采集频率不应低于 10 Hz。两台接收机同步记录 15～20 min 数据作为一测段，视要求确定具体测段数。通过专门软件对接收的数据进行动态差分处理，根据获得的 WGS—84 大地坐标即可求得相应位移值。

（6）经纬仪测角前方交会法或方向差交会法。该法适应于在缺少自动测记设备和观测要求不高时建筑物顶部水平位移的测定，但作业中应采取措施防止仪器受强风影响。

风振位移的观测精度，如用自动测记法，应视所用设备的性能和精确程度要求具体确定。如采用经纬仪观测，观测点相对测站点的点位中误差不应大于 ±15 mm。

由实测位移值计算风振系数 β 时，可采用下列公式：

$$\beta = \frac{(S_{均} + 0.5A)}{S_{均}} \tag{10-12}$$

或

$$\beta = \frac{(S_{静} + S_{动})}{S_{静}} \tag{10-13}$$

式中：$S_{均}$——平均位移值，mm；

A——风力振幅，mm；

$S_{静}$——静态位移，mm；

$S_{动}$——动态位移，mm。

【相关知识】

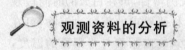 观测资料的分析

主要分析归纳建筑物变形过程、变形规律、变形幅度，分析建筑物变形的原因，变形值与引起变形因素之间的关系，进而判断建筑物的工作情况正常与否。在矿山地表的移动区，要注意分析地表变形值和建筑物本身的变形值之间的关系，在积累大量观测数据后，又可进一步找出建筑物变形的内在原因和规律，从而修正设计理论和设计所采用的经验系数。这一阶段的工作可分为以下三类。

1）成因分析（定性分析）

成因分析是对结构本身（内因）与作用在建筑物上荷载（外因）以及测量本身加以分析、考虑，确定变形值变化的原因和规律性。

2）统计分析

根据成因分析，对实测资料加以统计，从中寻找规律，并导出变形值与引起变形的有关因素之间的函数关系，如露天矿边坡点位移动与降水量间的关系。此时，一般采用一元回归和多元回归的方法。

3）变形值预报和安全判断

在成因分析和统计分析基础上，可根据求得的变形值与引起变形因素之间的函数关系，预报未来变形值的范围，并判断建筑物的安全程度。

第11章　建筑施工测量工作的管理

11.1　施工测量技术质量管理

【要　　点】

施工测量工作是工程施工总体的全局性、控制性工序,是工程施工各环节之初的先导性工序,也是该环节终了时的验收性工序。

【解　　释】

施工测量放线的基本准则

(1)学习与执行国家法令、规范,为施工测量服务,对施工质量与进度负责。

(2)应遵守"先整体后局部"的工作程序,即先测设精度较高的场地整体控制网,再以控制网为依据进行各局部建(构)筑物的定位、放线。

(3)应校核测量起始依据(如设计图纸、文件,测量起始点位、数据等)的正确性,坚持测量作业与计算工作步步校核。

(4)测量方法应科学、简捷,精度应合理、相称,仪器精度选择应适当,使用应精心,在满足工程需要的前提下,力争做到费用节省。

(5)定位、放线工作应执行的工作制度为:经自检、互检合格后,由上级主管部门验线;此外,还应执行安全、保密等有关规定,保管好设计图纸与技术资料,观测时应当场做好记录,测后应及时保护好桩位。

施工测量验线工作的基本准则

(1)验线工作最好从审核施工测量方案开始,在施工的各阶段,应对施工测量工作提出预见性的要求,做到防患于未然。

(2)验线的依据应原始、正确、有效,设计图纸、变更洽商与起始点位(如红线桩、水准点)及其数据(如坐标、高程)应同样如此。

(3)测量仪器设备应按检定规程的有关规定进行定期检校。

(4)验线的精度应符合规范要求,主要包括:

① 仪器的精度应适应验线要求,并校正完好;

② 应按规程作业，观测中误差应小于限差，观测的系统误差应采取措施进行改正；

③ 验线本身应先行附合（或闭合）校核。

（5）独立验线，观测人员、仪器设备、测法及观测路线等应尽量与放线工作无关。

（6）验线的部位应为放线中的关键环节与最弱部位，主要包括：

① 定位依据与定位条件；

② 场区平面控制网、主轴线及其控制桩（引桩）；

③ 场区高程控制网及±0.000高程线；

④ 控制网及定位放线中的最弱部位。

（7）验线方法及误差处理主要包括：

① 场区平面控制网与建（构）筑物定位，应在平差计算中评定其最弱部位的精度，并实地验测，精度不符合要求时应重测；

② 细部测量可用不低于原测量放线的精度进行检测，验线成果与原放线成果之间的误差处理如下：

a. 两者之差若小于$\sqrt{2}/2$限差时，对放线工作评为优良；

b. 两者之差略小于或等于$\sqrt{2}$限差时，对放线工作评为合格（可不必改正放线成果，或取两者的平均值）；

c. 两者之差若大于$\sqrt{2}$限差时，对放线工作评为不合格，并令其返工。

建筑施工测量质量控制管理

1）测量外业工作

（1）测量作业原则：先整体后局部，高精度控制低精度。

（2）测量外业操作应按照有关规范的技术要求进行。

（3）测量外业工作作业依据必须正确可靠，并坚持测量作业步步有校核的工作方法。

（4）平面测量放线、高程传递抄测工作必须闭合交圈。

（5）钢尺量距应使用拉力器并进行拉力、尺长、温差改正。

2）测量计算

（1）测量计算基本要求：方法科学、依据正确、计算有序、步步校核、结果可靠。

（2）测量计算应在规定的表格上进行。在表格中抄录原始起算数据后，应换人校对，以免发生抄录错误。

（3）计算过程中必须做到步步校核。计算完成后，应换人进行检算，检核计算结果的正确性。

3）测量记录

（1）测量记录基本要求：原始真实、内容完整、数字正确、字体工整。

（2）测量记录应用铅笔填写在规定的表格上。

（3）测量记录应当场及时填写清楚，不允许转抄，保持记录的原始真实性；采用电子仪器自动记录时，应打印出观测数据。

4）施工测量放线检查和验线

（1）建筑工程测量放线工作必须严格遵守"三检"制和验线制度。

① 自检:测量外业工作完成后,必须进行自检,并填写自检记录。

② 复检:由项目测量负责人或质量检查员组织进行测量放线质量检查,发现不合格项立即改正以达到合格要求。

③ 交接检:测量作业完成后,在移交给下道工序时,必须进行交接检查,并填写交接记录。

(2)测量外业完成并经自检合格后,应及时填写《施工测量放线报验表》并报监理验线。

5)建筑施工测量主要技术精度指标

建筑施工测量各项的精度指标要求见表11-1~表11-7。

表11-1 建筑方格网的主要技术要求

等级	边长/m	测角中误差/(")	边长相对中误差
一级	100~300	±5	1/40 000
二级	100~300	±10	1/20 000

表11-2 建(构)筑物平面控制网主要技术指标

等级	适用范围	测角中误差/(")	边长相对中误差
一级	钢结构、超高层、连续程度高的建筑	±8	1/24 000
二级	框架、高层、连续程度一般的建筑	±13	1/15 000
三级	一般建(构)筑	±25	1/8 000

表11-3 水准测量的主要技术要求

等级	每千米高差中数偶然中误差 m_Δ/mm	仪器型号	水准标尺	观测次数		往返较差、附合线路或环线闭合差/mm		检测已测测段高差之差/mm
				与已知点联测	附合线路或环线	平地	山地	
三等	±3	DS$_1$ DS$_3$	铟瓦双面	往、返 往、返	往 往、返	±12$\sqrt{L}$ ±3$\sqrt{n}$	±4$\sqrt{n}$	±20$\sqrt{L}$
四等	±5	S$_3$	双面	往、返	往	±20$\sqrt{L}$	±6$\sqrt{n}$	±30$\sqrt{L}$
			单面	两次仪器高测往返	变仪器高测两次	±5$\sqrt{n}$		

注:1. n 为测站数;

2. L 为线路长度,单位为千米(km)。

表11-4 基础外廓轴线限差

长度 L、宽度 B 的尺寸/m	限差/mm	长度 L、宽度 B 的尺寸/m	限差/mm
$L(B) \leqslant 30$	±5	$90 < L(B) \leqslant 120$	±20
$30 < L(B) \leqslant 60$	±10	$120 < L(B) \leqslant 150$	±25
$60 < L(B) \leqslant 90$	±15	$150 < L(B)$	±30

表 11-5　轴线竖向投测限差

项目		限差/mm
每层		3
总高 H/m	$H\leqslant30$	5
	$30<H\leqslant60$	10
	$60<H\leqslant90$	15
	$90<H\leqslant120$	20
	$120<H\leqslant150$	25
	$150<H$	30

表 11-6　各部位放线限差

项目		限差/mm
外廓主轴线长度 L/m	$L\leqslant30$	±5
	$30<L\leqslant60$	±10
	$60<L\leqslant90$	±15
	$90<L\leqslant120$	±20
	$120<L\leqslant150$	±25
	$150<L$	±30
细部轴线		±2
承重墙、梁、柱边线		±3
非承重墙边线		±3
门窗洞口线		±3

表 11-7　标高竖向传递限差

项目		限差/mm
每层		3
总高 H/m	$H\leqslant30$	5
	$30<H\leqslant60$	10
	$60<H\leqslant90$	15
	$90<H\leqslant120$	20
	$120<H\leqslant150$	25
	$150<H$	30

【相关知识】

施工测量工作的管理制度

1）组织管理制度

（1）测量管理机构设置及职责。

（2）各级岗位责任制度及职责分工。

（3）人员培训及考核制度。

2）技术管理制度

（1）资料管理及测量成果制度。

（2）自检复线及验线制度。

（3）护桩及交接桩制度。

3）仪器管理制度

（1）仪器定期检校、检定及维护保管制度。

（2）仪器操作规程及安全操作制度。

11.2　建筑施工测量技术资料管理

【要　点】

技术资料不但是测量的基本依据，而且是绘制竣工图的依据，并有一定的保密性。

【解　释】

建筑施工测量技术资料管理原则

（1）测量技术资料应进行科学规范化管理。

（2）测量原始记录必须做到：表格规范，格式正确，记录准确，书写完整，字迹清晰。

（3）对原始资料数据严禁涂改或凭记忆补记，且不得用其他纸张进行转抄。

（4）各种原始记录不得随意丢失，必须专人负责，妥善保管。

（5）外业工作起算数据必须正确可靠，计算过程科学有序，严格遵守自检、互检、交接检的"三检制"。

（6）各种测量资料必须数据正确，符合表格规范，测量规程，格式正确方可报验。

（7）测量竣工资料应汇编有序、齐全，整理成册，并有完整的签字交接手续。

（8）测量资料应注意保密，并妥善保管。

 施工测量技术资料的编制

1）资料编制管理

施工测量技术资料应采用打印的形式并以手工签字，签字必须使用档案规定用笔（黑色钢笔或黑色签字笔）。

2）工程定位测量记录

（1）业主委托测绘院或具有相应测绘资质的测绘部门根据建筑工程规划许可证（附件）建筑工程位置及标高依据，测定建筑物的红线桩。

（2）施工测量单位应依据测绘部门提供的放线成果、红线桩及场地控制网（或建筑物控制网），测定建筑物位置、建筑物±0.000绝对高程、主控轴线，并填写《工程定位测量记录》报监理单位审核。

（3）定位抄测示意图须标出平面坐标依据、高程依据。如果按比例绘图时坐标依据、高程依据超出纸面，可将之与现场控制点用虚线连接，标出相对位置即可。平面坐标依据、高程依据资料要复印附在《工程定位测量记录》后面。

（4）使用仪器须注明该仪器出厂编号及检定日期。

（5）工程定位测量完成后，应由建设单位申报具有相应测绘资质的测绘部门验线。

3）基槽验线记录

施工测量单位应根据主控轴线和基底平面图，检验建筑物集水坑、基底外轮廓线、电梯井坑、垫层标高（高程）、基槽断面尺寸和坡度等，填写《基槽验线记录》报监理单位审核。

4）楼层平面放线记录

放线简图应标明楼层外轮廓线、楼层重要尺寸、控制轴线及指北针方向。

5）楼层标高抄测记录

抄测说明可写明+0.500 m（+1.000 m）水平控制线标高、标志点位置、测量工具等，如需要可画简图说明。

6）建筑物垂直度、标高观测记录

施工单位应在结构工程完成和工程竣工时，对建筑物标高和垂直度进行实测并记录，填写《建筑物垂直度、标高观测记录》报监理单位审核。

7）施工测量放线报验表

测量放线作业完成并经自检合格后，方可向监理报验，并填写《施工测量放线报验表》。

8）资料编号的填写

（1）施工测量技术资料表格的编号由分部工程代号（2位）、资料类别编号（2位）和顺序号（3位）组成，每部分之间用横线隔开。

① 分部工程代号：地基与基础01、主体结构02、建筑装饰装修03。

② 资料类别编号：施工测量记录C3。

③ 顺序号：根据相同表格按时间自然形成的先后顺序号填写。

（2）施工测量放线报验表编号按时间自然形成的先后顺序从001开始，连续标注。

【相关知识】

测量放线的技术管理

1）图纸会审

图纸会审是施工技术管理中的一项重要程序。开工前，要由建设单位组织建设、设计及施工单位有关人员对图纸进行会审。通过会审把图纸中存在的问题（如尺寸不符、数据不清，新技术、新工艺、施工难度）提出来，加以解决。因此，会审前要认真熟悉图纸和有关资料。会审记录要经相关方签字盖章，会审记录是具有设计变更性质的技术文件。

2）编制施工测量方案

在认真熟悉放线有关图纸的前提下，深入现场实地勘察，确定施测方案。方案内容包括施测依据，定位平面图，施测方法和顺序，精度要求，有关数据。有关数据应先进行内业计算，填写在定位图上，尽量避免在现场边测量边计算。

初测成果要进行复核，确认无误后，对测设的点位加以保护。

填写测量定位记录表，并由建设单位、施工单位施工技术负责人审核签字，加盖公章，归档保存。

在城市建设中，要经城市规划主管部门到现场对定位位置进行核验（称验线）后，才能施工。

3）坚持会签制度

在城市建设中，土方开挖前，施工平面图必须经有关部门会签后，才能开挖。已建城市中，地下各种隐蔽工程较多（如电力、通讯、煤气、给水、排水、光缆等），挖方过程中与这些隐蔽工程很可能相互碰撞，要事先经有关部门签字，摸清情况，采取措施，可避免问题发生。否则，对情况不清，急于施工，一旦隐蔽物被挖坏、挖断，不仅会造成经济损失，还有可能造成安全事故。

11.3　建筑工程施工测量安全管理

【要　点】

测量人员必须在制订测量方案时，根据现场情况按"预防为主"的方针，在每个测量环节中落实安全生产的具体措施。

【解　释】

工程测量的一般安全要求

（1）进入施工现场的作业人员，必须首先参加安全教育培训，考试合格后方能上岗作业。

未经培训或考试不合格者,不得上岗。

（2）不满 18 周岁的未成年人,不得从事工程测量工作。

（3）作业人员服从领导和安全检查人员的指挥,工作时,思想集中,坚守岗位。未经许可,不得从事非本工种作业,严禁酒后作业。

（4）施工测量负责人,每日上班前必须集中本项目部全体人员,针对当天任务,结合安全技术措施内容和作业环境、设施、设备安全状况,以及本项目部人员技术素质、自我保护的安全知识、思想状态,有针对性地进行班前活动,提出具体注意事项,跟踪落实,并做好记录。

（5）六级以上强风和下雨、下雪天气,应停止露天测量作业。

（6）作业中出现不安全险情时,必须立即停止作业,组织撤离危险区域,报告上级领导解决,不准冒险作业。

（7）在道路上进行导线测量、水准测量等作业时,要注意来往车辆,防止发生交通事故。

建筑工程施工测量安全管理

（1）进入施工现场的人员必须戴好安全帽,系好帽带;按照作业要求正确穿戴个人防护用品,着装要整齐;在没有可靠安全防护设施的高处（2 m 以上,如悬崖和陡坡）施工时,必须系好安全带;高处作业不得穿硬底和带钉易滑的鞋,不得向下投掷物体;严禁穿拖鞋、高跟鞋进入施工现场。

（2）施工现场行走要注意安全,避让现场施工车辆,避免发生事故。

（3）施工现场不得攀登脚手架、井字架、龙门架、外用电梯,禁止乘坐非载人的垂直运输设备上下。

（4）施工现场的各种安全设施、设备和警告、安全标志等未经领导同意不得任意拆除和随意挪动。确实因为测量通视要求等需要拆除安全网的安全设施,要事先与总包方相关部门协商,并及时予以恢复。

（5）在沟、槽、坑内作业必须经常检查沟、槽、坑壁的稳定情况,上下沟、槽、坑必须走坡道或梯子,严禁攀登固壁支撑上下,严禁直接从沟、槽、坑壁上挖洞攀登或跳下。间歇时,不得在槽、坑坡脚下休息。

（6）在基坑边沿进行架设仪器等作业时,必须系好安全带并挂在牢固可靠处。

（7）配合机械挖土作业时,严禁进入铲斗回转半径范围。

（8）进入现场作业面必须走人行梯道等安全通道,严禁利用模板支撑攀登上下,不得在墙顶、独立梁及其他高处狭窄而无防护的模板上面行走。

（9）地上部分轴线投测采用内控法作业的,在内控点架设仪器时要注意上方洞口安全,防止洞口坠物发生人员和仪器事故。

（10）发生伤亡事故必须立即报告领导,抢救伤员,保护现场。

建筑变形测量安全管理

（1）进入施工现场必须佩戴好安全用具。安全帽戴好并系好帽带,穿戴整齐进入施工现场。

（2）在场内、场外道路进行作业时,要注意来往车辆,防止发生交通事故。

（3）作业人员处在建筑物边沿等可能坠落的区域应系好安全带,并挂在牢固位置,未到达安全位置不得松开安全带。

（4）在建筑物外侧区域立尺等作业时，要注意作业区域上方是否交叉作业，防止上方坠物伤人。

（5）在进行基坑边坡位移观测作业时，必须佩戴安全带并挂在牢固位置，严禁在基坑边坡内侧行走。

（6）在进行沉降观测点埋设作业前，应检查所使用的电气工具，如电线橡皮套是否开裂、脱落，检查合格后方可进行作业，操作时佩戴绝缘手套。

（7）观测作业时拆除的安全网等安全设施应及时恢复。

【相关知识】

施工测量中的两种管理体制

目前国内建筑工程公司与市政工程公司多为公司—项目部（工程处）两级管理。由于各工程公司规模与管理体制不同，施工测量的管理体系也不一样。一般规模较大的工程公司开始重视施工测量，多在公司技术质量部门设专业测量队，由工程测量专业工程师与测量技师组成，配备全站仪与精密水准仪等成套仪器，负责各项目部（工程处）工程的场地控制网的建立、工程定位及对各项目部（工程处）放线班组所放主要线位进行复测验线，此外，还可担任变形与沉降等观测任务。项目部（工程处）设施工放线班组，由高级或中级放线工负责，配备一般经纬仪与水准仪，其任务是根据公司测量队所定的控制依据线位与标高，进行工程细部放线与抄平，直接为施工作业服务。另一种施工测量体制是仅次于较大工程公司规模的工程公司，由于对施工测量工作的重要性与技术难度认识不足，以精减上层为名只是在项目部（工程处）设施工测量班组，由放线工组成，受项目工程师或土建技术员领导，测量班组的任务包括工程场地控制网的测设、工程定位及细部放线抄平，验线工作多由质量部门负责，由于一般质检人员的测量专业知识有限，验线工作一般效果不理想。

实践证明，上述两种施工测量管理体制，以前者效果为宜，具体反映在以下三个方面：

（1）测量专业人才与高新设备可以充分发挥作用，不同水平的放线工也能因材施用；

（2）测量场地控制网与工程定位的质量有保证，并能承接大型、复杂工程测量任务；

（3）有专业技术带头人，有利于实践经验的交流总结和人员的系统培训，这是不断提高测量工作质量的根本。

11.4　竣工总平面图及竣工图的编绘

【要　点】

竣工总平面图是指在施工后，施工区域内地上、地下建筑物及构筑物的位置和标高等的编绘与实测图纸。

【解　释】

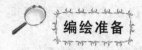

1）决定竣工总平面图的比例尺

竣工总平面图的比例尺，应根据企业的规模大小和工程的密集程度参考下列规定确定：

（1）小区内为 1/500 或 1/1 000。

（2）小区外为 1/1 000～1/5 000。

2）绘制竣工总平面图图底坐标方格网

为了能够长期保存竣工资料，竣工总平面图应采用质量较好的图纸。聚酯薄膜具有坚韧、透明、不易变形等特性，可作为图纸用。

3）展绘控制点

以图底上绘出的坐标方格网为依据，将施工控制网点按坐标展绘在图上。展点对所邻近的方格而言，其允许偏差为 ±0.3 mm。

4）展绘设计总平面图

在编绘竣工总平面图之前，应根据坐标方格网，先将设计总平面图的图面内容按其设计坐标，用铅笔展绘于图纸上，作为底图。

竣工总平面图的绘制要求

（1）根据设计资料展点成图。凡按设计坐标定位施工的工程，应以测量定位资料为依据，按设计坐标（或相对尺寸）和标高编绘。

（2）根据竣工测量资料或施工检查测量资料展点成图。在工业与民用建筑施工过程中，在每一个单位工程完成以后，应进行竣工测量，并提出该工程的竣工测量成果。

（3）展绘竣工位置时的要求。根据上述资料编绘成图时，对于厂房应使用黑色墨线绘出该工程的竣工位置，并应在图上注明工程名称、坐标和标高及有关说明。对于各种地上、地下管线，应用各种不同颜色的墨线绘出其中心位置，注明转折点及井位的坐标、高程及有关注明。

竣工总平面图的绘制方法

1）分类竣工总平面图的编绘

对于大型企业和较为复杂的工程，如将厂区地上、地下所有建筑物和构筑物都绘在一张总平面图上，会使图面线条密集，不易辨认。为了使图面清晰醒目，便于使用，可根据工程的密集与复杂程度，按工程性质分类编绘竣工总平面图。

2）综合竣工总平面图的内容

综合竣工总平面图即全厂性的总体竣工总平面图，包括地上、地下一切建（构）筑物和竖向布置及绿化情况等。

3）竣工总平面图的图面内容和图例

竣工总平面图的图面内容和图例，一般应与设计图取得一致。图例不足时，可补充编绘。

4）竣工总平面图的附件

为了全面反映竣工成果，便于生产管理、维修和日后企业的扩建或改建，与竣工总平面图有关的一切资料，应分类装订成册，作为竣工总平面图的附件保存。

5）随工程的竣工相继进行编绘

工业企业竣工总平面图的编绘，最佳方法是随着单位或系统工程的竣工，及时地编绘单位工程或系统工程平面图，并由专人汇总各单位工程平面图编绘竣工总平面图。

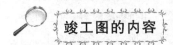

竣工图的内容主要包括：工艺平面布置图等竣工图；建筑竣工图、幕墙竣工图；结构竣工图；建筑给水、排水与采暖竣工图；燃气竣工图；建筑电气竣工图；智能建筑竣工图（综合布线、保安监控、电视天线、火灾报警、气体灭火等）；通风空调竣工图；地上部分的道路、绿化、庭院照明、喷泉、喷灌等竣工图；地下部分的各种市政、电力、电信管线等竣工图。

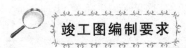

（1）各项新建、扩建、改建、技术改造、技术引进项目，在项目竣工时均要编制竣工图。项目竣工图应由施工单位负责编制。如行业主管部门规定设计单位编制或施工单位委托设计单位编制竣工图的，应明确规定施工单位和监理单位的审核和签字认可责任。

（2）竣工图应完整、准确、清晰、规范、修改到位，真实反映项目竣工验收时的实际情况。编制竣工图必须采用不褪色的黑色绘图墨水，文字材料不得使用红色墨水、复写纸、一般圆珠笔和铅笔等。

（3）文字应采用仿宋字体，大小应协调，严禁有错、别、草字。划线应使用绘图工具，不得徒手绘制。重新绘制的竣工图用纸张，应与原设计图样的纸张颜色接近，不要反差太大，原设计图上的内容不许用刀刮或补贴，应做到无污染、无涂抹和覆盖。

（4）竣工图应图面整洁、反差明显，文字材料字迹应工整清楚、完整无缺，内容清晰。

（5）按施工图施工没有变动的，由竣工图编制单位在施工图上加盖并签署竣工图章。一般性设计变更及符合杠改或划改要求的变更，可在原图上进行更改，加盖并签署竣工图章。

（6）涉及结构形式、工艺、平面布置、项目等重大改变及图面变更面积超过 1/3 的，应重新绘制竣工图。重新绘制的图样必须有图名和图号，图号可按原图号编号。

（7）同一建（构）筑物重复的标准图、通用图可不编入竣工图中，但应在图样目录中列出图号，指明该图所在的位置并在编制说明中注明；不同建（构）筑物应分别编制。

（8）建设单位应负责或委托有资质的单位编制项目总平面图和综合管线竣工图。

（9）竣工图图幅应按《技术制图 复制图的折叠方法》（GB/T 10609.3—2009）要求统一折叠成 A4 幅面（297 mm×210 mm），图标栏应露在外面。

（10）编制竣工图总说明及各专业的编制说明，叙述竣工图的编制原则、各专业目录及编制情况。竣工图均应按单项工程进行整理，专业竣工图应包括各部位、各专业深化（二次）设计的相关内容，不得漏项和重复。

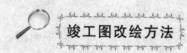

竣工图改绘方法

凡在施工中，按照施工图没有变更的，在新的原施工图上加盖竣工图标志后即可作为竣工图。

1）在施工蓝图上改绘

凡工程现状与施工图不相符的内容，全部要按工程竣工现状清除，准确地在蓝图上予以修正，即将工程图纸会审提出的修改意见、工程洽商或设计变更上的修改内容、无工程洽商时施工过程中建设单位和施工单位双方协商的修改内容，均应如实地改绘在蓝图上。其要求如下：

（1）变更洽商记录的内容必须如实反映在设计图上，如在图上无法反映，必须在图中相应部分加以文字说明，注明有关洽商记录的编号，并附上该洽商记录的复印件。

（2）无较大变更的，应将修改内容如实地改绘在蓝图上，修改部位要用线条标明，并注明××××年××月××日洽商第××条。修改的附图或文字均不得超过原设计图的图框。

（3）凡结构形式变化、工艺变化、平面布置变化、项目变化及其他重大变化，或在一张图纸上改动部分超过1/3及修改后图面混乱、分辨不清的个别图纸，均应重新绘制。

2）在二底图上修改

在二底图上及时修改洽商的内容，应做到与施工同步进行。要求在图样上做一个修改备考表，修改的内容应与洽商变更的内容相对应，做到不看洽商原件即知修改的部位及基本内容，且要求图面整洁、字迹清晰。备考表形式见表11-8。

表 11-8　备考表

洽商编号	修改日期	修改内容	修改人	备注
2012—01	2013.3.2	A 断面尺寸由 250 mm 增加到 300 mm，其配筋不变	×××	—

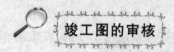

竣工图的审核

（1）竣工图编制完成以后，监理单位应督促和协助竣工图编制单位检查其竣工图编制情况，发现不准确或短缺时要及时修改和补发。

（2）竣工图内容应与施工图设计、设计变更、洽商、材料变更、施工及质检记录相符合。

（3）竣工图应按单位工程、装置或专业进行编制，并配有详细的编制说明和目录。

（4）竣工图应使用新的或干净的施工图，并按要求加盖并签署竣工图章。

（5）一张更改通知单涉及多图的，如果图样不在同一卷册时，应将复印件附在有关卷或在备考表中说明。

（6）国外引进项目、引进技术或由外方承包的建设项目，外方提供的竣工图应由外方确认。

【相关知识】

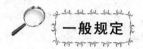
一般规定

（1）绘制竣工总平面图的依据有以下两点：

① 设计总平面图、单位工程平面图、纵横断面图和设计变更资料；

② 定位测量资料、施工检查测量及竣工测量资料。

（2）对于地下管道及隐蔽工程，回填前应实测其位置及标高，作出记录，并绘制草图。

（3）竣工总平面图的比例尺宜为1∶500，其坐标系统、图幅大小、注记、图例符号及线条应与原设计图一致。原设计图没有的图例符号，可使用新的图例符号，并应符合现行总平面图设计的有关规定。

（4）竣工总平面图应根据现有资料及时编绘。

重新编绘时，应详细实地检核；对不符之处，应实测其位置、标高及尺寸，按实测资料绘制。

（5）竣工总平面图编绘完以后，应经原设计及施工单位技术负责人的审核、会签。

实训一　水准路线测量

一、实训目的

(1) 掌握普通水准测量的观测及其记录计算方法。

(2) 根据观测数据进行水准测量的闭合差调整及求出待定点高程。

二、实训器具

每组 4 人,配备 DS3 型水准仪 1 台、水准尺 2 根、尺垫 2 个、木桩 3～5 根、斧子 1 把、记录板 1 块。自备铅笔、橡皮、计算器。

三、实训场地

由指导教师指定室外实训场地。

四、实训步骤

在实训场地选定一条闭合(或附合)水准路线,已知水准点 A,待求高程点为 B、C 点。路线长度以安置 4～6 个测站为宜。根据实地情况在 A、B、C 点间设若干转点。

(1) 第 1 站安置水准仪在 A 点与转点 1(拼音缩写 ZD1、英文缩写 TP1)之间,前、后视距离大约相等,视线长不超过 100 m。按一个测站上的水准测量程序测量两点间的高差,并记入表格。

(2) 迁至第 2 站,继续上述操作程序,直至最后闭合回到 A 点(或另一个已知水准点)。

(3) 根据已知点高程及各测站高差,计算水准路线的高差闭合差,并检查高差闭合差是否超限。限差公式为:

$$f_{h容} = \pm 12\sqrt{n}$$

或

$$f_{h容} = \pm 40\sqrt{L}$$

式中:$f_{h容}$——限差,mm;

　　　n——测站数;

　　　L——水准路线的长度,km。

(4)若高差闭合差在容许范围内,对高差闭合差进行调整,计算各待定点的高程。

五、注意事项

(1)原始记录不能涂改、不能转抄。

(2)在每次读数之前,要消除视差,并使水准管气泡严格居中。

(3)在已知点和待定点上不能放置尺垫,但转点必须用尺垫;在仪器迁站时,前视点的尺垫

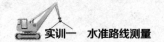

不能移动。

六、应交作业

（1）普通水准测量记录手簿，见实训附表 1-1。

实训附表 1-1　普通水准测量记录手簿

观测日期：＿＿＿＿＿　　仪器：＿＿＿＿＿　　班组：＿＿＿＿＿　　记录者：＿＿＿＿＿

观测时间：自＿＿至＿＿　天气：＿＿＿＿＿　观测者：＿＿＿＿＿　校核者：＿＿＿＿＿

测站	点号	后视读数/m	前视读数/m	高差/m	高程/m	备注

（2）水准路线略图。

（3）水准测量成果计算表，见实训附表 1-2。

实训附表 1-2　水准测量成果计算表

计算日期：＿＿＿＿＿　　计算者：＿＿＿＿＿　　校核者：＿＿＿＿＿

测段编号	点名	距离(测站数)	实测高差/m	改正数/m	改正后高差/m	高程/m	备注

（4）实训小结。

实训二 经纬仪的认识及水平角测量

一、实训目的

(1) 认识 J_6 级经纬仪的基本构造及各螺旋的名称与功能。

(2) 练习经纬仪对中、整平、瞄准与读数的方法,掌握其操作要领。

(3) 练习测回法测量水平角。

二、实训器具

经纬仪 1 台(含经纬仪脚架 1 个),记录夹 1 个,全班领标杆 3 根。每人准备水平角观测记录表 1 张。

三、实训步骤

1) 认识经纬仪

(1) 照准部:包括望远镜及其制动、微动螺旋,水平制动和微动螺旋,竖盘,管水准器,圆水准器及读数设备(DJ6-1 型与 TDJ6 型读数设备不同,以 TDJ6 型为主)。

DJ6-1 型仪器有复测器扳手(度盘离合器)。

TDJ6 型仪器有光学对中器及竖盘指标自动归零开关(或称补偿器开关)及度盘变换螺旋(或称拨盘螺旋)。

(2) 度盘部分:玻璃度盘,从 $0°\sim360°$ 顺时针刻划,DJ6-1 型的最小刻划为 $30'$,TDJ6 型的最小刻划为 $1°$。

(3) 基座部分:有脚螺旋、轴座固定螺旋(不可随意旋松,以免仪器脱落)。

2) 经纬仪的安置

(1) 在地面上作一标志,可在水泥地上画十字作为测站点。

(2) 松开三脚架,安置于测站上,使高度适当,架头大致水平。打开仪器箱,手握住仪器支架,将仪器取出,置于架头上。一手紧握支架,一手拧紧连接螺旋。

(3) 对中:挂上垂球,平移三脚架,使垂球尖大致对准测站点,并注意架头水平,用脚踩固定三脚架。对中差较小(1~2 cm)时,可稍松连接螺旋,两手扶住基座,在架头上平移仪器,使垂球尖端准确对准测站点,误差不超 3 mm。

TDJ6 型照准部有光学对中器。用这种仪器对中步骤如下。

① 用垂球对中:首先使三脚架面要基本安平,并调节基座螺旋大致等高,然后悬挂垂球对中。

② 粗平:圆水准器气泡居中,以便使仪器的竖轴基本竖直。

③ 操作光学对中器:旋转光学对中器的目镜使分划板分划圈清晰,推拉目镜筒看清地面

的标志。略松中心连接螺旋,在架头上平移仪器(尽量不转动仪器),直到地面标志中心与对中器分划中心重合,最后旋紧连接螺旋。这样做可保证对中误差不超过 1 mm。

④ 整平:松开水平制动螺旋,转动照准部,使水准管平行于任意一对脚螺旋的连线,两手同时向内(或向外)转动这两只脚螺旋,使气泡居中。然后,将仪器绕竖轴转动 90°,使水准管垂直于原来两脚螺旋的连线,转动第三只脚螺旋,使气泡居中。如此反复操作,以使仪器在两垂直的方向,气泡均为居中时为止。

3）起始目标配置度盘为 0°00′00″ 的方法

(1) DJ6−1 型经纬仪调为 0°00′00″ 的操作步骤:

① 扳上复测器扳手,首先转动测微轮,使测微尺上读数为 00′00″;

② 旋转照准部,边看水平度盘的度数,边旋转照准部,当靠近 0° 时,固定水平制动螺旋,旋转水平微动螺旋,使 0° 分划平分双指标线,当达到准确对准 0°00′00″ 时,扳下复测器扳手,此时度盘读数保持住 0°00′00″;

③ 松开水平制动螺旋,望远镜精确瞄准左目标 A。

(2) TDJ6 型经纬仪对 0°00′00″ 的步骤:

① 将望远镜精确瞄准左目标 A;

② 把拨盘螺旋的杠杆按下并推进螺旋,接着旋转拨盘螺旋使度盘的 0° 分划线对准分微尺的 0 分划线,立即放松;

③ 再按一下杠杆,此时拨盘螺旋弹出,确保度盘处于正确的方位。

4）瞄准目标的方法

先用望远镜上瞄准器粗略瞄准目标,然后再从望远镜中观看,若目标位于视场内,固定望远镜制动螺旋和水平制动螺旋。仔细调物镜对光螺旋使目标影像清晰,并消除视差。再调望远镜和水平微动螺旋,使十字丝的纵丝单丝平分目标(或将目标夹在双丝中间),准确瞄准目标。

5）读数方法

TDJ6 型经纬仪属于分微尺测微器读数法,分微尺的长度正好是度盘 1° 分划间隔。分微尺的 0～6,表示 0′～60′,共 60 小格,每格为 1′。分微尺的 0 分划线是读数指标线,0 分划线的位置是读数的位置,先读整度数,再从 0 向整度分划线数有几个小格,估读到 0.1′,即 6″。

6）水平角测量方法

测回法测量水平角 $\angle AOB$ 步骤如下:

(1) 安置仪器于 O 点,对中,整平,垂球对中误差应小于 3 mm,用光学对中器,应达到 1 mm。整平不超过 1 格。

(2) 以正镜(盘左)位置,起始目标 A 对 0°00′00″(或略大于 0°)开始观测。读记水平度盘读数 a_1。

(3) 观测右目标 B。当上一步完成左目标 A 观测之后(对于 DJ6−1 型,应先扳上复测器扳手,对于 TDJ6 型无此项操作),松开水平制动螺旋,顺时针转照准部,瞄准右侧目标 B,读记水平度盘读数 b_1,求出上半测回(盘左)水平角角值 $\beta_左$ 为:

$$\beta_左 = b_1 - a_1$$

(4) 松望远镜和水平制动螺旋,纵转望远镜,逆时针旋转照准部以倒镜(盘右)位置瞄准目标 B,读记水平度盘读数 b_2。

（5）逆时针转动照准部瞄准目标 A，读记水平盘读数 a_2。下半测回（盘右）水平角角值 $\beta_右$ 为：

$$\beta_右 = b_2 - a_2$$

上半测回角值与下半测回角值之差不应超过 $40''$，在限差范围内，取其平均值作为一测回角值 β。

四、注意事项

（1）只有在盘左位置时，对起始目标度盘配置某一度数开始观测，盘右不得再重新配置，以确保正倒观测时，水平度盘位置不变。

（2）对于 TDJ6 仪器，用拨盘螺旋配置好度数之后，切勿忘记按一下杠杆，以使拨盘螺旋弹出。

（3）转动照准部之前，切记应先松开水平制动螺旋，否则会带动度盘，并会对仪器造成机械磨损。

五、应交作业

每人应交测回法记录表，并回答下列问题。

（1）分别叙述 DJ6－1 型和 TDJ6 型经纬仪，起始目标水平度盘配置 $90°00'00''$ 的步骤。

（2）计算水平角时，为什么要用右目标读数减左目标读数（即箭头减箭尾）？如果不够减应如何计算？

（3）为什么使用光学对中器对中时，经纬仪必须先粗平？

实训三 视距测量

一、实训目的

(1) 学会视距测量的观测、记录和计算。
(2) 掌握视距测量原理及误差。

二、实训器具

经纬仪 1 台,水准尺 1 根,小钢尺 1 个,记录板 1 块,测伞 1 把。

三、实训内容

练习经纬仪视距测量的观测与记录。

四、实训要求

(1) 每人测量周围 4 个固定点,将观测数据记录在实验报告中,并用计算器算出各点的水平距离与高差。
(2) 水平角、竖直角读数到分,水平距离和高差均计算至 0.1 m。

五、实训步骤

(1) 在测站上安置经纬仪,对中、整平后,量取仪器高 i(精确到厘米),设测站点地面高程为 H_0。
(2) 选择若干个地形点,在每个点上立水准尺,读取上、下丝读数、中丝读数 v(可取与仪器高相等,即 $v=i$)、竖盘读数 L 并分别记入视距测量手簿。竖盘读数时,竖盘指标水准管气泡应居中。
(3) 用公式 $D=kl\sin^2 L$ 及 $h=D/\tan L+i-v$ 计算平距和高差。用下列公式计算高程:

$$H_i = H_0 + D/\tan L + i - v$$

六、注意事项

(1) 视距测量前应校正竖盘指标差。
(2) 标尺应严格竖直。
(3) 仪器高度、中丝读数和高差计算精确到厘米、平距精确到分米。
(4) 一般用上丝对准尺上整米读数,读取下丝在尺上的读数,心算视距。

七、应交作业

每人上交视距测量实训报告一份。

实训四　工程坐标系的建立

一、实训目的

(1) 明确工程坐标系的概念及建立工程坐标系的必要性。
(2) 掌握建立工程坐标系的基本知识。
(3) 初步具有建立工程坐标系的能力。

二、实训要求

(1) 理解建立工程坐标系的必要性。
(2) 掌握相对变形公式的使用和长度变形的允许值的计算。
(3) 掌握建立工程坐标系的四种途径。

三、实训内容

(1) 某工程施工控制测量,测区范围较小,测区中心距离 123°中央子午线约 52 km,平均高程为 130 m。试计算该测区中心处的长度综合变形值,并判断是否需要建立工程坐标系。

(2) 欲建立一条东西走向高速公路,经初步勘测,高程自西向东逐渐降低,各点高程数据见实训附表 4-1。本路线(纬度 46°)每 1′经度差对应的地面距离大约为 1314 m。为保证各点的长度综合变形值均小于 2.5 cm/km,请为该工程设计工程坐标系的具体方案。

实训附表 4-1　高程数据

	端点(东)	1	2	3	端点(西)
经度	124°00′	124°00′	123°30′	123°00′	122°30′
高程	500 m	700 m	800 m	1 000 m	1 200 m

四、应交作业

(1) 建立工程坐标系的认识报告。
(2) 习题的解决方案。

实训五 民用建筑物定位测量

一、实训目的

掌握民用建筑物定位测量的基本方法。

二、实训器具

J₆ 经纬仪 1 台,卷尺 1 个,标杆 2 个,记录夹 1 个,斧头 1 把,木桩 8 个。

三、实训步骤

如图 5-1 所示,西边为原有的旧建筑物,东边为待建的新建筑物。假设新建筑物轴线 AB 在原建筑物轴线 MN 的延长线上。两建筑物的间距及新建筑物的长与宽,根据场地大小由教师规定。实习步骤如下。

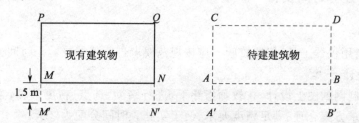

实训附图 5-1 民用建筑物定位测量

(1)引辅助线:作 MN 的平行线 M'N',即为辅助线。做法是:先沿现有建筑物外墙面 PM 与 QN 墙面向外量出 MM' 与 NN',大约 1.5~2.0 m,并使 MM'＝NN',在地面上定出 M' 和 N' 两点,定点需打木桩,桩上钉钉子,以表示点位。连接 M' 和 N' 两点即为辅助线。

(2)经纬仪置于 M' 点,对中整平,照准 N' 点,然后沿视线方向,根据图纸上所给的 NA 尺寸(要注意如图上给出的是建筑物间距,还应化为现有建筑物至待建建筑物轴线间距,并查待建建筑物长 AB。本次实习由教师规定),从 N' 点用卷尺量距依次定出 A'、B' 两点,地面打木桩,桩上钉钉子。

(3)仪器置于 A' 点,对中整平,测设 90°角在视线方向上量 A'A＝M'M,在地面打木桩,桩顶钉钉子定出 A 点。再沿视线方向量新建筑物宽 AC,在地面打木桩,桩顶钉钉子定出 C 点。

注意:需用盘右重复测设,取正倒镜平均位置最终定下 A 点和 C 点。

同样方法,仪器置于 B' 点测设 90°,定出 B 点与 D 点。

(4)检查 C、D 两点之间距离应等于新建筑物的设计长,距离误差允许为 1/2 000。在 C 点和 D 点安经纬仪测量角度应为 90°,角度误差允许为 ±30″。

实训六　控制测量综合实训

一、实训目的

(1) 熟悉控制网建立的基本过程。

(2) 熟练精密测量仪器规范的操作方法。

(3) 熟悉四等平面控制网建立的各项技术要求。

(4) 提高对建立控制网的基本理论知识的认识。

(5) 掌握控制网测量数据处理及资料整理的方法。

(6) 能够独立完成四等平面控制网的建立。

(7) 能够独立完成二等水准网的建立。

(8) 熟悉编写建立控制网的总结报告。

二、实训内容与时间安排

1) 准备工作

实训动员、借用仪器工具、仪器校验。应按规范要求进行仪器校验。时间分配为 1 天。

2) 控制网设计

完成四等控制网的图上设计，在教师指导下，进行踏勘、选点、精度估算、方案的论证和设计书的编写。要求方案合理、满足精度要求、便于实施。时间分配为 2 天。

3) 控制网的布设

在教师指导下，选择合理的控制网方案，分组完成实地踏勘、选点与埋石，做点之记。要求每个学生都参加，并做好点位略图。时间分配为 1 天。

4) 角度观测

(1) 一个或两个三角点上不少于四个方向的水平角和垂直角的观测和记录。要求取得合格的观测成果。分配时间为 3 天。

(2) 观测记簿成果并整理计算。要求完成测站平差。分配时间为 1 天。

5) 水平角观测成果的检查与概算

(1) 依几何条件进行三角网全部外业观测成果的检查与验算。观测成果的检查要求对超限观测值重测。分配时间为 1 天。

(2) 三角测量概算，通过各项归算将观测结果投影到高斯平面上。要求按步骤以图、表形式完成。分配时间为 1 天。

6) 精密水准测量

(1) 每个学生不少于 1 km 单程二等水准测量的观测和记录。要求取得合格的观测成果。分配时间为 3 天。

（2）水准路线外业观测成果的验算和成果表的编算。要求计算各点水准高程。分配时间为 1 天。

7）全站仪导线测量（或电磁波测距）

（1）掌握全站仪的使用方法和边长的记录方法。要求熟悉全站仪的使用与边长的测量。分配时间为 1 天。

（2）按规范要求，测定控制网的边长，进行各项改正，并进行边长改化与归算。分配时间为 1 天。

（3）按城市测量规范的技术要求，选出并测定一个八边形（至少）的闭合导线。要求记录完整。分配时间为 2 天。

（4）根据边长、垂直角完成三角高程的计算。要求计算正确。分配时间为 1 天。

8）成果整理

整理外业观测数据资料，准备控制网的平差计算。要求进行成果计算。分配时间为 2 天。

9）控制网平差

用表格形式，完成控制网的平差计算。要求采用条件平差或间接平差方法。分配时间为 3 天。

10）实习报告

书写实习报告，整理上交。要求内容齐全、书写认真。分配时间为 3 天。

11）机动

下雨、路途时间。分配时间为 1 天。

三、实训器具

1）三角测量小组

每组领取 DJ₂ 型经纬仪（附脚架）1 套、小平板 1 副、测伞 1 把、花杆 5 根、2 m 钢卷尺 1 把、记录板 1 块、对讲机 3 个、工具包 1 只、斧头 1 把、砍刀 1 把、归心投影用纸和三四等水平方向观测手簿若干、垂直角观测记录手簿若干（数量视分组情况而定）。自备铅笔、小刀、三角板、计算器等文具用品。

2）精密水准测量小组

每组借用 S1 型精密水准仪（带脚架）1 套、精密水准尺 1 副、尺垫 2 只、扶杆 4 根、30～50 m 测绳（或皮尺）1 条、记录板 1 块、工具包 1 只、木桩若干、斧头 1 把、一二等精密水准测量观测记录手簿若干（数量视分组情况而定）。自备铅笔、小刀、计算器等文具用品。

3）其他仪器

全站仪（包括脚架）1 套或者测距仪 1 套、反射器（包括脚架和基座）2 个、对讲机 3 个、2 m 钢卷尺 3 把、工具包 1 只、通风干湿温度计 1 只、空盒气压计 1 盒、测伞 1 把、测距仪观测记录手簿若干（数量视分组情况而定）。自备铅笔、小刀等文具用品。

4）其他工具

埋石用工具如锹镐、钢标及工具的借用、钢标的装配安排在实习过程中，具体时间由指导教师根据实训进度情况确定。

四、实训步骤

1）仪器的检验

（1）经纬仪的检验。

① 视准轴误差的检验。

② 水平轴倾斜误差的检验（对于 J_1 型仪器，c、i 的绝对值都应小于 $10''$，对于 J_2 型仪器应小于 $15''$）。

③ 垂直轴倾斜误差的检验。

（2）水准仪的检验。

① 水准仪视准轴和水准管轴不平行检验（$i \leqslant 15''$）。

② 水准仪调焦透镜运行误差的检验（一、二等水准测量的仪器 $v \leqslant \pm 0.5$ mm）。

③ 光学测微器隙动差和分划值误差的检验（测微器分划线偏差不大于 0.001 mm，$\Delta \leqslant 2$ 格）。

（3）密水准标尺的检验。

① 水准标尺分划面弯曲差的测定（$f \leqslant 4$ mm）；

② 标尺的零点误差和零点不等差的测定。

2）高程控制网的建立

（1）高程控制点外业选点。

① 控制网技术设计。

② 由指导教师带领选二等水准路线。

③ 选线要求：

a. 尽量沿公路、铁路及其他坡度较小的道路；

b. 避开土质松软的地段；

c. 避免通过大城市、火车站和来往车辆与行人较多的道路；

d. 尽量避免跨过湖泊、沼泽、山谷、较宽的河流及其他障碍物。

④ 选点方法：

a. 水准点位置应选在能保证埋设标石（或木桩）的稳定、安全和长期保存的地方，以便观测和利用；

b. 每选定一水准点，应在点位上打一木桩，桩上标明该点的点号，按要求认真绘制水准点点之记；

c. 在选点过程中，须按规定绘制水准路线图。

⑤ 选点工作结束后，应提交下列资料：

a. 水准点点之记、水准路线图；

b. 扼要说明测区的自然地理情况、选点的组织实施情况及埋石和观测工作的建议。

⑥ 受条件限制，埋设标石这项工作略去，只是在选点上埋设木桩。

（2）外业测量。

① 水准观测的一般规定如下：

a. 选择有利的观测时间，使水准观测在标尺分划线处成像清晰、稳定进行。下列情况下，不应进行一、二等水准测量:日出后与日落前约半个小时;太阳中天前后各约 2 h;气温突变时;风力大于四级而使标尺和仪器不能稳定时。

b. 观测前半个小时,应将仪器置于露天阴影下,使仪器与外界气温趋于一致。

c. 在相邻测站上,一、二等水准观测步骤应相反。

d. 一个测段的测站数应为偶数。

e. 一、二等水准路线应进行往返测,由往测转为返测时,两标尺应互换位置。

f. 二等精密水准测量作业限差与技术要求,见实训附表 6-1、实训附表 6-2。

实训附表 6-1　二等精密水准测量观测限差(使用仪器:DS$_1$)

等级	最大视线长度	前后视距差	任一测站前后视距累积差	视线高度	上下丝读数平均值与中丝读数之差	基辅分划读书差	一测站观测两次高差之差	检测间歇点高差之差
二	≤50 m	≤1.0 m	≤3.0 m	≤0.3 m	≤3.0 mm	≤0.4 mm	≤0.6 mm	≤1.0 mm

实训附表 6-2　二等水准路线主要技术指标

等级	每千米高差中数中误差		路线往、返测高差不符值	附合路线或环线闭合差	检测已测段高差之差	水准网中最弱点相对于起算点的高程中误差
	偶然中误差	全中误差				
二	±1 mm	±2 mm	±4$\sqrt{L_s}$	±4$\sqrt{L}$	±6$\sqrt{L_i}$	±20 mm

② 一、二等水准测量的观测方法。

a. 奇、偶站观测程序为(精密水准测量)。

往测奇数测站的观测程序:后→前→前→后。

往测偶数测站的观测程序:前→后→后→前。

返测奇数测站的观测程序:前→后→后→前。

返测偶数测站的观测程序:后→前→前→后。

b. 在一个测站上的观测步骤(以奇数站为例)为:

(a) 首先将仪器整平。保证望远镜转动时,符合水准气泡两端影像的分离不得超过 1 cm (自动安平水准仪只需将圆水准器整置居中)。

(b) 望远镜对准后视水准标尺,转动倾斜螺旋使符合水准气泡两端影像分离不得大于 2 mm(自动安平水准仪没有这一要求),用下、上视距丝平分水准标尺的相应基本分划读取视距。读数时标尺分划的位数和测微器的第 1 位数共 4 个数字要连贯读出。

(c) 接着转动倾斜螺旋使气泡影像精密符合,并转动测微螺旋使楔形丝照准基本分划,读分划线三位数与测微器二位数。

(d) 旋转望远镜照准前视水准标尺,使气泡精密居中(自动安平水准仪没有这一要求),用楔形丝照准基本分划并进行读数,然后按下、上视距丝读取视距。

(e) 用楔形丝对准辅助分划进行读数。

(f) 再转向后视标尺,转动倾斜螺旋使气泡影像精密符合,进行辅助分划的读数。

至此一个测站的观测工作即告结束。以上为奇数站的"后→前→前→后"观测程序,偶数站的观测程序为"前→后→后→前"。

（3）内业计算。

计算水准点概略高程的步骤如下。

① 计算高程闭合差 f_h：

$$f_h = \sum h - (H_终 - H_起) \tag{实训 6-1}$$

$$f_{h允} = \pm 4\sqrt{L} \tag{实训 6-2}$$

式中：L——水准路线长度，km。

② 计算每段的高差改正数 V_{D_i}（当 $f_h \leqslant f_{h允}$）：

$$V_{D_i} = -\frac{f_h}{\sum D} \cdot D_i \tag{实训 6-3}$$

③ 计算所求点的高程 H_i：

$$H_i = H_i - 1 + h_i + V_{D_i} \tag{实训 6-4}$$

取水准路线各测段之往返测所求点的高程平均值作为最终值，在计算机上用平差软件进行平差。

3）平面控制网的建立

（1）平面控制点外业选点。

① 控制网技术设计（实训内容在课程设计部分完成）。

② 由指导教师带领选四等控制网。

③ 平面控制点位置应避开土质松软的地区，选在能保证埋设标石（或木桩）稳定、安全和长期保存的地方，以便观测和利用。

④ 控制点应选在四周开阔，展望良好，易于扩展，土质坚实的地方。相邻的控制点之间能够通视。

⑤ 充分利用制高点和原有三角点。

⑥ 每选定一控制点，应在点位上打一木桩，桩上标明该点的点号，按要求认真绘制平面控制点点之记，并绘制略图。

⑦ 控制点要有足够的密度。

⑧ 选点工作结束后，应提交下列资料：

a. 平面控制点点之记、平面控制网略图；

b. 扼要说明测区的自然地理情况、选点的组织实施情况及埋石和观测工作的建议。

⑨ 受条件限制，标石的埋设这项工作略去，只是在选点上埋设木桩。

（2）水平角观测的一般规定。

① 一测回中不得变动望远镜焦距。观测前要认真调整望远镜焦距，消除视差。转动望远镜时，不要握住调焦环，以免碰动焦距。

② 在各测回中，应将起始方向的读数均匀地分配在度盘和测微器上。其零方向各测回度盘位置应按下式计算：

$$\frac{180°}{m}(i-1) + \tau'(i-1) + \frac{\omega}{m}\left(i - \frac{1}{2}\right) \tag{实训 6-5}$$

式中：m——测回数；

　　i——测回序号($i=1,2,3,\cdots,n$);

　　τ'——减弱度盘短周期误差的变动量,对于 $J_1(T_3)$ 型仪器,$\tau'=4'$,对于 $J_2(T_2,010)$ 型仪器,$\tau'=10'$;

　　ω——测微盘(尺)分格数,对于 J_1 型仪器,$\omega=60$ 格,对于 $J_2(T_2,010)$ 型仪器,$\omega=600''$。

　　③ 在上、下半测回间纵转望远镜,使一测回的观测在盘左和盘右进行。

　　④ 下半测回与上半测回照准目标的顺序相反,并保持每一观测目标的操作时间大致相等。

　　⑤ 仪器转动应平稳、匀称,在半测回中照准部的旋转方向应保持一致,不得反转。在上、下半测回观测之前照准部应按将要转动的方向先转 1~2 周。

　　⑥ 观测中,照准部的水准器的气泡偏离中央,对于 J_1、J_2 型仪器不得超过 1 格。气泡位置超过 1 格时,应在测回之间重新整置仪器。

　　⑦ 各等级水平角观测均在通视良好、成像清晰稳定时进行。如晴天的日出、日落和中午前后,如果成像模糊或跳动剧烈,不进行观测。

　　⑧ 二、三、四等水平角观测一般在白天进行。

　　(3) 三角网。

　　三角网的布设按照工程测量三角锁(网)的规格及精度要求布设四等三角网,规格及其精度见实训附表 6-3。

实训附表 6-3　规格及其精度

等级	平均边长	单三角形任意角	测角中误差	三角形最大闭合差	最弱边长相对中误差
四等	2 km	30°	$\pm2.5''$	9.0″	1/4 0000

　　① 角度测量。

　　a. 全圆测回法观测水平角步骤如下:

　　(a)将仪器安置于测站点上,对中、整平。

　　(b)选择与测站相对较远的目标 A 作为零方向。

　　(c)盘左位置,精确瞄准目标 A,配置水平度盘起始读数,读取该读数,并在观测手簿上记录。

　　(d)顺时针方向旋转照准部,依次瞄准目标 B、C、D,读取水平度盘读数并记录。

　　(e)归零,为了检查观测过程中水平度盘是否有方位变动,需顺时针方向再次瞄准零方向 A 并读取水平度盘读数,记录,这一步骤称为"归零"。

　　注意:两次零方向读数之差称为半测回归零差,对于 J2 经纬仪观测,半测回归零差应不大于 $\pm8''$。

　　以上(c)~(e)步称为上半测回。上半测回观测顺序为 $A\to B\to C\to D\to A$。

　　(f)倒转望远镜使仪器成盘右位置,逆时针旋转照部,照准零方向 A,读取度盘读数并记录。

　　(g)逆时针旋转照部,依次照准目标 D、C、B,读取相应的读数,并记入观测手簿中。

　　(h)归零,逆时针旋转照部,瞄准目标 A,读取水平度盘读数,并记录。计算归零差并检查其是否超限。

　　以上(f)~(h)步为下半测回。下半测回观测顺序为 $A\to D\to C\to B\to A$。

上、下半测回合起来称为一个测回。

b. 水平角观测限差参见实训附表 6-4。

实训附表 6-4　观测限差

仪器	两次重合读数差	半侧回归零差	一测回 2C 互差	同一方向各测回互差
J₂	3″	8″	13″	9″

c. 若有超限应重测。重测规定如下：

（a）一个测回内 2C 互差或同一方向的测回互差超限时，应重测超限方向并联测零方向。

（b）零方向的 2C 互差超限，该测回应全部重测。一测回中的重测方向数超过测站方向数的 1/3 时（包括三个方向，有一个方向重测），也应重测全部测回，重测数仍按超限方向数计算。

（c）全部基本测回中，重测的方向测回数不应超过全部方向测回总数的 1/3，否则基本测回作废，全部成果重测。

（d）基本测回成果和重测成果均应记入手簿。但重测与基本测回成果不取中数，每一测回每一方向只取一个符合限差的结果参加测站平差。

d. 测站观测精度的评定。

一测回方向观测中误差：

$$\mu = \pm K \frac{\sum |v|}{n} \qquad \text{（实训 6-6）}$$

$$K = \frac{1.253}{\sqrt{m(m-1)}} \qquad \text{（实训 6-7）}$$

式中：m——测回数；

n——观测方向数；

$\sum |v|$——各方向测回观测值的改正数 v 的绝对值之和。

测站平差值的中误差：

$$M = \pm \frac{\mu}{\sqrt{m}} \qquad \text{（实训 6-8）}$$

e. 水平角分组观测。

当测站上观测方向多于 6 个，应采用分组观测，分为两组观测，每组观测的方向数大致相等，观测时两组都要连测两个共同的方向，其中最好有一个是共同的零方向。两组中每一组的观测方法、测站的检核项目、作业限差和测站平差等与前面所述的一般方向观测法相同。

如果以 0 为测站点，要观测七个方向，若选 1、2、4、5、6 五个方向作为第一组，1、3、6、7 四个方向作为第二组，按以下步骤进行：

（a）在测站安置经纬仪，对中、整平后，选定 1、2、4、5、6 五个目标。

（b）盘左位置，安置水平度盘读数略大于 0°，瞄准起始目标 1，读取水平度盘读数并记入观测手簿；顺时针方向转动照准部，依次瞄准 2、4、5、6、1 各目标，分别读取水平度盘读数并记入观测手簿，检查半测回归零差是否超限。

（c）盘右位置，逆时针方向依次瞄准 1、6、5、4、2、1 各目标，分别读取水平度盘读数并记入观测手簿，检查半测回归零差是否超限。

（d）取各方向盘左盘右读数的平均值作为这一测回中的方向观测值。

（e）再选定 1、3、6、7 四个目标作为第二组观测，观测程序跟第一组一样。

② 距离测量。

a.将测距仪和电子经纬仪在测站上连接好并对中、整平。

b.用经纬仪照准觇牌中心，测量水平角和垂直角。

c.按 V/H 键即可将天顶距和水平角传入测距仪内（光学经纬仪则需要人工输入角度值）。

d.俯仰测距仪，用垂直制动螺旋固定，再用垂直微动螺旋和水平调整螺旋精确照准反射镜中心，开始测距。

e.按 MSR 即开始测距。置入天顶距后，仪器将自动换算平距和高差，按 S/H/V 即实现斜距、平距和高差之间的相互转换；或者用全站仪测距把三角网各边边长测出。电磁波测距野外观测值要加上一些改正数。

③ 内业计算。

a.三角网的概略计算。

（a）三角形闭合差的改正。计算各三角形的闭合差，然后按"一大二小三平均"的规则进行改正。

（b）按余切公式计算各三角点的坐标：

$$x = \frac{x_A \cdot \cot\beta + x_B \cdot \cot\alpha - y_A + y_B}{\cot\alpha + \cot\beta} \qquad \text{（实训 6-9）}$$

$$y = \frac{y_A \cdot \cot\beta + y_B \cdot \cot\alpha - x_A + x_B}{\cot\alpha + \cot\beta} \qquad \text{（实训 6-10）}$$

也可计算各边的方位角，再计算各点的坐标：

$$x_P = x_A + S \cdot \cos\alpha_{AP} \qquad \text{（实训 6-11）}$$

$$y_P = y_A + S \cdot \sin\alpha_{AP} \qquad \text{（实训 6-12）}$$

b.三角锁（网）精度估算：

$$m_{\lg s}^2 = m_{\lg b}^2 + r''^2 \cdot \frac{1}{P_{\lg s}} \qquad \text{（实训 6-13）}$$

$$m'' = r'' \sqrt{2} \qquad \text{（实训 6-14）}$$

式中：$m_{\lg b}$——起算边长对数中误差；

m''、r''——测角中误差和方向中误差；

$\dfrac{1}{P_{\lg s}}$——三角形的图形权倒数。

c.三角形条件闭合差的检验（m_β 测角中误差）：图形条件闭合差 $\sqrt{3} \cdot m_\beta''$；圆周条件闭合差 $\sqrt{n} \cdot m_\beta$；极条件闭合差 $\sqrt{[\delta\delta]} \cdot m_\beta$；测角中误差 $\sqrt{\dfrac{WW}{3n}}$；基线条件闭合差 $\sqrt{m_{\lg D01}^2 + m_{\lg D02}^2 + [\delta\delta] \cdot m_\beta}$；坐标方位角条件闭合差 $\sqrt{2m_{\alpha0}^2 + n \cdot m_\beta}$。

在计算机上用平差软件进行平差。

4）导线网

导线测量野外观测作业主要是观测各转折角和各导线边边长，以确定各导线点的平面位置。

（1）角度测量。导线点上有两个方向则按测回法观测,有三个或三个以上的方向时按全圆观测法、分组观测法或全组合测角法观测。

三、四等导线的水平角是按方向观测法观测,其测回数随仪器的不同而不同。应观测的测回数见实训附表 6-5。

实训附表 6-5 方向观测法测回数

仪器	三等	四等
	测回数	
T_3	12	8
T_2	16	12

导线点上水平角按全圆观测法观测时,测回数见实训附表 6-6。

实训附表 6-6 全圆观测法测回数

仪器	三等	四等
	测回数	
J_3	9	6
J_2	12	9

导线水平角观测步骤、记录、计算与三角测量中角度测量相同。

（2）距离测量。距离测量与三角测量中的距离测量相同。

（3）内业计算。

① 计算方位角闭合差 f_β。附合导线:

$$f_\beta \leqslant \pm 2\sqrt{2 \cdot m_{T0}^2 + n \cdot m_\beta^2}$$

（实训 6-15）

闭合导线:

$$f_\beta \leqslant \pm 2\, m_\beta \sqrt{n}$$

（实训 6-16）

式中:m_{T0}——已知方位角中误差;

  m_β——各等级测角中误差;

  n——转折角个数。

②计算改正后的转折角。

③计算坐标闭合差 f_x、f_y。

④计算全长相对闭合差 K:

$$K = \frac{f}{\sum D}$$

（实训 6-17）

$$f = \sqrt{f_x^2 + f_y^2}$$

（实训 6-18）

对于四等导线要求 $K \leqslant 1/40\,000$。

⑤计算各点坐标:

$$X_i = X_{i-1} + \Delta X + v_{\Delta X}$$

（实训 6-19）

$$Y_i = Y_{i-1} + \Delta Y + v_{\Delta Y}$$

（实训 6-20）

（4）导线的精度估算：

① 附合导线平差后中点的点位中误差：

$$M_z = \sqrt{t_{C,z}^2 + u_{C,z}^2 + t_{Q,z}^2 u_{Q,z}^2} \qquad （实训 6-21）$$

$$t_{C,z} = \frac{1}{2}\sqrt{nm_s^2 + \lambda^2 L^2} \qquad （实训 6-22）$$

$$u_{C,z} = \frac{m_\beta}{\rho}L\sqrt{\frac{(n+2)(n^2+2n+4)}{192(n+1)n}} \qquad （实训 6-23）$$

$$t_{Q,z} = \frac{1}{2}m_{AB} \qquad （实训 6-24）$$

$$u_{Q,z} = \frac{m_\alpha}{\rho}\cdot\frac{L}{2\sqrt{2}} \qquad （实训 6-25）$$

式中：n——导线边数；

　　m_s——边长测量中误差；

　　λ——测距系统误差系数；

　　L——导线全长；

　　m_{AB}——边长的中误差；

　　m_α——起始方位角中误差；

　　m_β——测角中误差。

② 支导线终点点位误差：

$$M = \sqrt{nm_s^2 + \lambda^2 L^2 + \frac{m_\beta^2}{\rho^2}L^2\cdot\frac{n+1.5}{3}} \qquad （实训 6-26）$$

五、资料整理

（1）水准仪、经纬仪仪器检验资料。

（2）水准点、三角点或导线点点之记。

（3）二等水准观测记录簿。

（4）水准网的平差成果。

（5）水准网概算成果。

（6）水准点计算成果。

（7）三角网、导线网水平角观测记录簿。

（8）三角网、导线网距离观测记录簿。

（9）三角网、导线网平差成果。

（10）三角网、导线网概算成果。

（11）三角点、导线点的坐标成果。

（12）三角点归心投影资料。

（13）技术总结报告。

六、应交作业

实习结束后，每人应编写一份实习总结报告，要求内容全面、概念正确、语句通顺、文字简练、书写工整、插图和数表清晰美观。报告按统一格式编号并装订成册，与实习资料成果一起上交。实习报告按以下提纲编写：

1）序言

实训（或作业）名称、目的、时间、地点；实训（或作业）任务、范围及组织情况等。

2）测区概况

测区的地理位置、交通条件、居民、气候、地形、地貌等概况，测区已有测绘成果及资料分析与利用情况、标石保存情况等。

3）仪器的检验

（1）经纬仪的检验。

（2）水准仪和水准标尺的检验。

4）平面控制网的布设及施测

简要叙述平面控制网的布设及施测中的各项主要工作：

（1）平面控制网的布设方案及控制网略图、最佳布网方案的论证；

（2）选点、造标、埋石方法及情况；

（3）施测技术依据及施测方法；

（4）观测成果质量分析。

5）高程控制网的布设及施测

（1）高程控制网的布设方案及控制网略图（含水准网及三角高程网）。

（2）选线、埋石方法及情况。

（3）施测技术依据及施测方法。

（4）观测成果质量分析。

6）控制网概算

（1）平面控制网概算内容及计算。

（2）高程控制网概算内容及计算。

7）平差计算

（1）平面控制网的平差计算。

（2）高程控制网的平差计算。

8）问题及处理

实训中发生、发现的问题及处理情况。

9）收获建议

实训收获、体会及建议。

参考文献

[1] 国家质量监督检验检疫总局,国家标准化管理委员会.GB/T 18314—2009 全球定位系统(GPS)测量规范[S].北京:中国标准出版社,2009.

[2] 孔达.工程测量[M].北京:高等教育出版社,2007.

[3] 王光遐,马国庆,张金元.测量放线工岗位培训教材[M].北京:中国建筑工业出版社,2004.

[4] 覃辉.建筑工程测量[M].北京:中国建筑工业出版社,2007.

[5] 杨国清.控制测量学[M].2 版.郑州:黄河水利出版社,2010.

[6] 赵泽平.建筑施工测量[M].郑州:黄河水利出版社,2005.

[7] 纪明喜.工程测量[M].北京:中国农业出版社,2005.

[8] 林玉祥.控制测量实训指导书[M].北京:测绘出版社,2010.

[9] 杨晓明,苏新洲.数字测绘基础[M].北京:测绘出版社,2005.

[10] 李晓莉.测量学实验与实习[M].北京:测绘出版社,2006.

[11] 朱建军.变形测量的理论与方法[M].长沙:中南大学出版社,2004.

[12] 李向民.建筑工程测量[M].北京:机械工业出版社,2011.

[13] 梁玉成.建筑识图[M].北京:中国环境科学出版社,2004.

专注只为您认可

我们都选择华中建筑！

怎样找到华中建筑书籍?

　　为了便于读者在茫茫书海中准确快速地找到华中建筑书籍，我们在所有书籍的书脊上标记"**华中建筑Logo**"，一目了然，醒目突出。

为什么要选华中建筑施工类书籍?

1.关注阅读感受，图书设计更加人性化

　　平时读书时，纸张太白，晃得眼干眼涩眼疲劳有木有？书本太重，不方便随身携带有木有？格式呆板，看几页就视觉疲劳想睡觉有木有？华中建筑为您解决这些困扰——

①使用**轻型纸**，其特点是白度低、质轻环保，既有效缓解视觉疲劳，更方便携带；

②内容设计上，我们尽量做到理论结合实践，以**实例**为主，帮您尽快掌握应用；

③版式设计上，我们尽量做到**突出重点、风格明快**，通过特殊标志和变换字体的方式缓解您的阅读疲劳，帮助您更快更准地把握重点。

2.贴心售后服务，为您的学习和工作保驾护航

　　如果您对我们的图书有什么意见和建议，或想了解更多图书资讯，欢迎您随时与我们联系，我们时刻准备着为您服务。**有问题，Q我吧!（读者服务QQ：2278878021）**

　　我们在不断探索中进步，您的需求是我们前进的动力。我们希望通过我们的专注与努力，为奋斗在建筑领域的朋友们提供高品质、超实用的施工类图书，为您的学习和工作助一臂之力！

华中建筑施工类精品图书推荐

图解建筑技术30天快速上岗系列
图解木工30天快速上岗
图解砌筑工30天快速上岗
图解钢筋工30天快速上岗
图解水暖工30天快速上岗
图解模板工30天快速上岗
图解测量放线工30天快速上岗

无师自通学清单计价
建筑工程工程量清单计价细节解析与实例详解
市政工程工程量清单计价细节解析与实例详解
安装工程工程量清单计价细节解析与实例详解
装饰装修工程工程量清单计价细节解析与实例详解
园林绿化工程工程量清单计价细节解析与实例详解

从入门到精通系列丛书
防水工程施工
建筑结构加固施工
混凝土结构与砌体结构施工（第二版）

最新工程建设图例图形符号速查速用手册
城镇建设工程常用图例符号速查速用手册
通用设备与装置常用图形符号速查速用手册
房屋建筑安装工程常用图例符号速查速用手册
房屋建筑土建工程常用图例符号速查速用手册

建设工程施工技术交底记录细节解析与典型实例
钢结构工程
砌体结构工程
地基与基础工程
混凝土结构工程

建筑识图入门300例
土建工程施工图（第二版）
钢结构工程施工图（第二版）
建筑电气工程施工图（第二版）
建筑装饰装修工程施工图（第二版）
建筑给水排水工程施工图（第二版）